JSP Web
技术及应用教程

本书受天津外国语大学"十三五"综投专业建设项目支持

"十三五"高等学校数字媒体类专业系列教材

"部校共建"新闻学院系列教材

高雅荣　主　编
赵　江　副主编

U0316818

中国铁道出版社有限公司

CHINA RAILWAY PUBLISHING HOUSE CO., LTD.

内 容 简 介

本书从实用角度出发，详细讲述 JSP Web 技术的基础知识及应用。主要内容分为三部分：第一部分是静态网页制作 HTML 的知识，重点讲述 HTML、DIV+CSS 以及 JavaScript 的基本语法，所讲标记均在 HTML5 中可用；第二部分是 JSP 动态网页制作的知识，主要讲述 JSP Web 的基本语法、常用对象、JSP 标记、数据库以及 JavaBean 的使用方法；第三部分通过图书管理系统案例的开发过程，讲述 Spring、MVC、Hibernate 等设计模式。本书结合具体实例对 JSP Web 技术进行介绍，有助于读者快速掌握和运用 JSP Web 知识。

本书适合作为高等院校计算机、软件工程、数字媒体技术以及教育技术等相关专业的教材，也可作为软件开发人员和计算机技术爱好者的参考用书。

图书在版编目（CIP）数据

JSP Web技术及应用教程/高雅荣主编. —北京：
中国铁道出版社，2019.1（2020.7重印）
"十三五"高等学校数字媒体类专业系列教材
ISBN 978-7-113-25140-6

Ⅰ.①J… Ⅱ.①高… Ⅲ.①JAVA语言-网页制作
工具-高等学校-教材 Ⅳ.①TP312.8②TP393.092

中国版本图书馆CIP数据核字（2019）第005168号

书　　名：JSP Web 技术及应用教程
作　　者：高雅荣

策　　划：魏　娜　　　　　　　　　　读者热线：（010）63549508
责任编辑：陆慧萍　包　宁
封面设计：侯双双
封面制作：刘　颖
责任校对：张玉华
责任印制：樊启鹏

出版发行：中国铁道出版社有限公司（100054，北京市西城区右安门西街 8 号）
网　　址：http://www.tdpress.com/51eds/
印　　刷：北京建宏印刷有限公司
版　　次：2019 年 1 月第 1 版　　2020 年 7 月第 2 次印刷
开　　本：787 mm×1 092 mm　1/16　印张：16　字数：334 千
书　　号：ISBN 978-7-113-25140-6
定　　价：45.00 元

P 前言
reface

Internet 技术的发展和应用在计算机行业中占据重要的地位。网络应用程序开发的知识和技能则是计算机软件应用及相关专业人员的必备技能之一。

JSP（Java Server Pages）是由 Sun Microsystems 公司倡导、许多公司参与共同建立的一种动态技术标准。JSP 具有 Java 技术完全面向对象、面向网络等特点，简单易用，一经推出，即被人们关注并迅速成为商业应用的服务器端语言。

本书以 MyEclipse+Tomcat 为开发平台，结合 MySQL 数据库以及可视化数据库管理工具 Navicat for MySQL，以图书馆图书管理系统为案例，结合多个小实例，由浅入深、循序渐进地介绍了 HTML+CSS+JavaScript 静态网页开发技术及 JSP Web 动态网页开发技术的基本内容，以 JSP Web 应用技术为核心。

全书共 9 章，可分为三部分，第一部分为第 1 章和第 2 章，主要讲解静态网页制作 HTML 的知识，第二部分为第 3 章～第 6 章，主要讲解 JSP 动态网页制作的知识，第三部分为第 7 章～第 9 章，主要讲解图书管理系统案例的开发过程。各章的主要内容包括：

第 1 章 Web 开发技术概述，包括网站的创建与管理、C/S 和 B/S 结构的比较、Web 开发环境的建立等。

第 2 章 HTML 开发技术，包括 HTML、CSS、JavaScript 脚本语言的基本知识和运用。

第 3 章 JSP 语言基础，包括 JSP 的组成、基本语法、常用指令和 JSP 动作等内容。

第 4 章 JSP 内置对象，包括 request、response、session、application、out 等常用内置对象的使用方法。

第 5 章 Java Web 访问数据库，包括 JDBC 概述、JDBC 常用接口、数据库连接与数据库操作技术等。

第 6 章 JSP 与 JavaBean 技术，包括 JavaBean 的概念、属性、创建方法以及 JavaBean 与数据库之间的操作。

第 7 章 软件模型构建与架构选型，包括系统需求分析、软件开发体系与架构。

第 8 章 MVC 设计模型，包括 Spring、Spring MVC 以及 Hibernate 的基本知识。

第 9 章 系统设计与编程实现，以图书馆图书管理系统为课程设计的案例，详细讲述了系统实现的全过程。

　　本书适合作为高等院校计算机应用、软件工程、数字媒体技术等专业，以及相关专业的 JSP 网络程序设计教材，也可作为 JSP 爱好者和网站开发人员的参考用书。

　　本书由高雅荣任主编，赵江任副主编，其中，第 1 章～第 6 章由高雅荣编写，第 7 章～第 9 章由赵江编写。全书由高雅荣统稿。

　　由于编者水平有限，书中难免存在疏漏和不足之处，敬请读者批评指正。

编　者

2018 年 9 月

C目录
Contents

Web 开发技术概述

　　随着"互联网+"行动计划的提出，各个传统行业意识到将互联网与本行业进行深度融合、创造新的发展生态的重要性，以及利用信息通信技术和互联网平台重塑结构、开放生态的必要性。而互联网平台离不开网站的开发。

1.1 网站的创建与管理

网站（Web Site）是存放于网络服务器上的完整信息的集合体，网站中的文字、图像、声音及视频等信息由一个或多个网页以一定的方式组织在一起。

网页（Web Pages）是网站的元素，是可以通过互联网访问的、由许多互相链接的超文本组成的一种提供信息的手段。一般在网页设计中称为 Web 页。

在建立 Web 页之前，首先要创建 Web 站点。

1.1.1 Web 站点的准备

创建一个本地站点就是在本地计算机上建立一个文件夹，将所有与网站相关的文件都放在该文件夹中，原因有三个：一是方便文件的管理，保证各种媒体文件和说明文档等路径的正确引用；二是在网页中，尤其是动态网页的许多功能必须要建立站点才能实现；三是利于本地站点的内容与远程站点实现同步更新。

网站目录结构对网站的维护、扩充和移植等都有影响，下面对其进行说明。

（1）按照板块或内容建立各级子目录，一般采用 2 ～ 3 层。如果是大型网站可以采用更多层的树形目录结构。站点中文件夹名和文件名用英文、数字和下画线，尽量不要使用中文，便于浏览器解析。例如："通知通告"板块对应 news 文件夹，该板块的图像存放在 news 文件夹的子文件夹 images 中。

（2）建立特定目录。特定目录一般存放特定信息或公共信息，例如：WebRoot 文件夹存放对外发布的 Web 成品，也就是 Web 开发的 HTML 页面、JSP 页面、JavaScript 脚本文件，以及 css 等文件；而 css 文件夹就是 WebRoot 文件夹的子文件夹，专门存放建立的各种样式表的 css 文件。

（3）网站的首页一般命名为 index 或者 default，存放在根目录下。各个功能板块的首页也要如此。

1.1.2 Web 站点的需求分析和栏目规划

需求分析是软件设计与开发中必不可少的一个步骤，Web 网站的开发也不例外。在需求分析阶段完成网站总体设计和相关的数据库设计,并且要确定网站开发所需要的软件、网站的主要功能、网站的运行环境、硬件配置、互联网的接入方式、所需的费用等。

在需求分析结果的基础上进行网站栏目规划也是 Web 网站开发的一个很重要的任务。栏目规划决定着网站的可读性，成功的栏目规划可以引导浏览者在网页间完成访问和跳转。网站栏目的划分需要遵循以下基本原则。

（1）栏目的目录设计要简洁，层次结构清晰，方便对网站的管理，能引导浏览者顺畅地访问网站内容。

（2）栏目的内容要紧扣主题、突出重点，栏目有主次之分，网站中最重要的信息和用户经常访问的内容放在主栏目内，其他信息（如网站的版权信息、联系方式等）放在辅栏目中。

（3）方便用户使用网站，一般规律是浏览者能在 3 ～ 5 次单击后就可以查阅到想了解的问题。如果是大型网站，所要呈现的栏目、信息太多，可以采用分类的组织形式。像京东商城，就把所有的商品进行分类，并且对每一类商品，又进行了二次分类，在一级栏目的导航下，又建立了二级栏目，如图 1-1 所示。

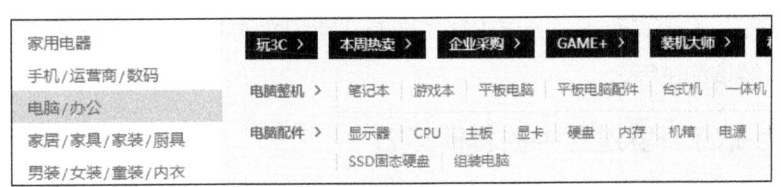

■ 图 1-1　二级栏目

1.1.3　确定 Web 站点的组织与风格

确定 Web 站点的组织与风格在网站的设计中是至关重要的。一个成功的网站在具体设计前需要组织好基本要素，例如：关于站点需明确 Web 站点名称、站点徽标、版权陈述、E-mail 和电话等信息；关于网页则需确定网页标题、内容、指向主页或其他网页的链接等基本要素。

网站的风格是指 Web 站点的页面布局（又称网页框架）、页面布局的实现方式，主色调和统一的字体格式、图素风格等。优秀的网页布局能反映网站中各个栏目的重要程度，可以将最重要的信息直观地提供给浏览者。传统的页面布局种类很多，例如"国"字形、"厂"字形等，大多采用单栏、两栏或者三栏布局，还有更多栏布局。流行的视差布局类型有全屏布局、瀑布流、无缝拼图布局等。总之，无论采用何种页面布局，Web 站点的组织与风格应注意页面的简洁性和高效性。Web 站点的组织与风格确定需要遵循以下基本原则。

（1）符合企业的行业属性，突出企业的文化理念。浏览者浏览网站时，通过网页色彩、图片、布局等网站元素，可以直观地感受到企业所传递的理念及特征。

（2）符合浏览者的浏览习惯。按照网页内容的重要性排序，将最常使用的功能置于醒目的位置，让用户花最少的时间和鼠标移动找到所需信息，方便用户查找及使用。

（3）图文搭配，重点突出。人对图片的认知度远高于文字，适当使用图片可以提高用户的关注度，但是不要过度，过多的干扰图片会让浏览者不知所措。

（4）利于搜索引擎优化。网页中要减少 Flash 和大图片的使用，多用文字描述，以便搜索引擎容易收录网站，让用户找到所查询的内容。

1.1.4　Web 站点的开发与测试

根据 Web 站点的需求分析，安装网站开发工具软件，配置开发环境，搭建本地服务器，具体操作在后续相关小节详细介绍。

组织团队开发网站，通常开发团队由项目负责人、设计人员、程序员、网页制作人员和美工组成。其中，项目负责人负责站点内容的总体设计、进度和人员安排等；设计人员负责站点页面布局和整个站点程序的设计、数据库设计等；程序员主要负责服务器端程序开发等；网页制作人员负责开发网页工作等；美工负责制作动画和图片。

Web 站点开发完毕，需要发布到 Internet 进一步对其进行测试。测试的目的是找出网页制作中存在的各种问题，并将其改正。测试内容主要有功能和性能测试、安全性和稳定性测试、浏览器兼容性测试、链接测试等。

1.1.5　Web 站点开发过程中的其他环节

在 Web 站点开发过程中除了上述的主要步骤以外，还有一些必需的环节。

（1）域名注册。互联网中的用户大多是通过域名来访问网站的，例如在浏览器的地址栏中输入：www.tjfsu.edu.cn，即可访问天津外国语大学网站。域名具有唯一性，一个网站在发布之前，必须到相关的域名管理部门注册域名，网站通过注册域名，才能在 Internet 上有唯一标识，用户通过域名访问网站，浏览网站的信息。站点的域名要考虑网站的性质及信息内容，要简洁、易记。

（2）运行安全和维护管理。Web 站点开发成功后，企业可以根据情况选择虚拟主机方式、服务器租用或托管方式、铺设专线方式将站点发布到 Internet 网上供用户访问。由于互联网的开放环境，维护 Web 站点的安全性变得尤为重要，安全问题也多，如身份和数据窃取、非授权存取、错误路由、拒绝服务等。企业要维护服务器中的站点程序、对 Web 站点内容进行更新或修改、及时清除垃圾页面或图片、备份数据库等。另外，对服务器也要修复其操作系统的漏洞，配置好各种服务器的相关参数。

（3）Web 站点的推广。网站正式开通后，要合理地宣传站点，使其发挥应有的作用。站点推广活动可以采用比较简单的免费方式，如通过群发邮件、QQ 群、微信群、各大论坛等。为了达到更好的推广效果，也可以利用搜索引擎及与一些网站做友情链接等付费方式来推广。

1.2　C/S 结构与 B/S 结构

C/S 结构和 B/S 结构是运用于网络应用程序开发的两种体系结构，是当今网络开发架构的两大主流技术。

1.2.1　C/S 结构

C/S（Client/Server）结构由美国 Borland 公司研发，是一种基于用客户端 / 服务器端来描述 Web 的体系结构，用户通过客户端提出请求，服务器端响应客户的请求，数据库设置在服务器端。C/S 结构如图 1-2 所示。该结构对服务器要求较高，服务器通常采用高性能的 PC、工作站或小型机，采用大型数据库系统，如 Oracle 或 SQL Server。在客户端需要安装专用的客户端软件，这种方式开发的软件系统最适合应用于局域网。在 2000 年以前，C/S 结构是网络应用开发的主流。随着 Internet 的普及，远程访问的需求越来越多，对于远程访问，C/S 结构则需要专门的技术、专门设计来处理分布式的数据，客户端也需要安装专用的软件，维护和升级成本较高。

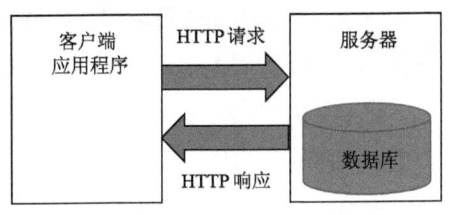

■ 图 1-2　C/S 结构图

1.2.2　B/S 结构

B/S（Browser/Server）结构由美国 Microsoft 公司研发，是浏览器和服务器结构，是对 C/S 结构的改进。客户端需要安装一种浏览器，并通过浏览器向 Web 服务器发送请求，Web 服务器接收远程或本地的请求，然后借助中间件把请求中的信息发送到数据库服务器，并从其获取相关数据，再把结果数据逐级传回客户端的浏览器。B/S 结构如图 1-3 所示。在这种结构下，用户只要在能上网的环境进行操作即可，而不用安装任何专门的客户端软件，Web 数据库服务器安装数据库，可跨平台访问和操作，易于数据保护和管理。特别是在跨平台语言（如 Java）出现后，B/S 结构则成为网络应用软件开发的主流。

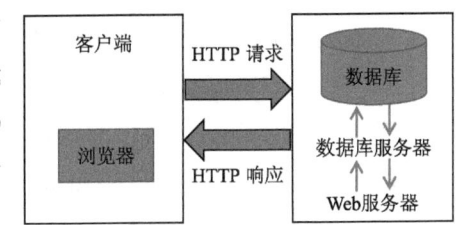

■ 图 1-3　B/S 结构图

1.3　Web 页开发工具

Web 页一般分为静态网页和动态网页两种。静态网页并不是指网页中的所有元素都是静止不动的，动态网页也不是指在静态网页中加入 GIF 动画等元素后的网页。静态网页与动态网页是相对应的，静态网页只能对用户的请求做出响应，由 HTML（超文本标记语言）开发，文件扩展名一般为 .htm、.html、.shtml 或 .xml 等。动态网页是指在网页文件中除 HTML 标记以外，还嵌入了实现特定功能的程序代码，这些程序代码使动态网页中的数据能通过后台自动更新，交互性强，即服务器端根据客户端的不同请求动态产生网页内容。动态网页 URL（Uniform Resource Locator，统一资源定位器）不固定，可含有"？、=、&"等参数符号，可以进行查询、提交等操作。动态网页由各种服务器端技术开发，文件扩展名与所采用的技术一致，例如 PHP（Hypertext Preprocessor）开发的动态网页扩展名为 .php，JSP（Java Server Pages）开发的动态网页扩展名为 .jsp。

1.3.1 静态网页开发工具

　　静态网页是一个静态文件，发布到 Web 服务器后，内容就不会再变化，如果要修改网页内容，必须修改其源代码，再重新上传到服务器上。静态网页在编辑过程中可以随时通过浏览器查看效果，该效果与访问 Web 服务器是一致的。静态网页 HTML 文件的编辑工具有很多，可用任意一款文本编辑器进行编辑，如 Windows 操作系统中的记事本或写字板、Word 字处理软件，或者一些专业的网页编辑软件，如 EditPlus、FrontPage、Dreamweaver 等。

　　静态网页的代码不区分大小写，以文件的形式存储在相应的文件夹内。用户在浏览器地址栏中输入该静态网页的 URL，按【Enter】键，向 Web 服务器发送请求，Web 服务器找到此静态文件的位置，并将其转换为 HTML 流传送到用户的浏览器，浏览器收到 HTML 流，根据静态网页代码中的标记显示此网页的内容。Web 站点工作原理如图 1-4 所示。

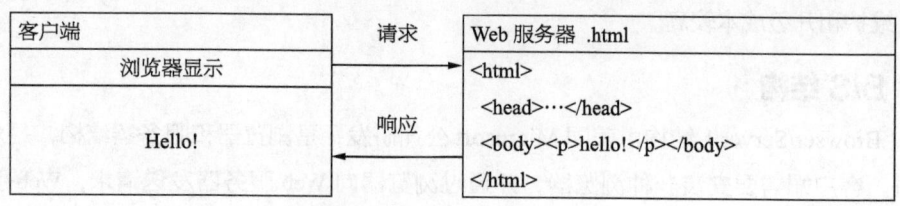

■ 图 1-4　Web 站点工作原理

　　下面以记事本为开发工具，编写第一个静态网页 hello.html 并进行浏览。

第一步：打开记事本，输入图 1-5 所示的 HTML 代码。

第二步：将代码保存为 hello.html 文件。

第三步：在资源管理器中双击该文件，即可在浏览器中浏览文件，结果如图 1-6 所示。

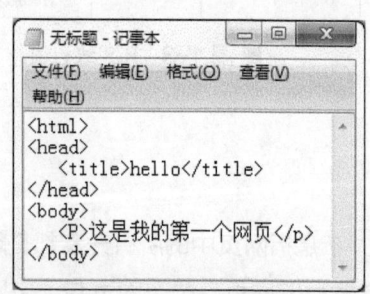

■ 图 1-5　HTML 网页编辑窗口

■ 图 1-6　HTML 网页浏览

1.3.2 动态网页开发工具

　　动态网页是相对静态网页而言的，用户可以在不同的时间浏览到不同的信息，从用户访问网页的角度看，动态网页与静态网页没有什么区别，动态网页内容的信息仍然像静态网页一样包含文字、图像、音视频等。但是，动态网页的开发、管理和维护等方面与静态网页有较大的差别。动态网页相对复杂，其开发工具和访问使用都与静态网页不一样。本书主要介绍动态网页 JSP

Web 应用程序开发，以访问 JSP 网页为例说明其工作原理。用户浏览 JSP 网页时，通过客户端浏览器发送访问请求，Web 服务器查找所请求的 JSP 执行网页文件后，如果发现网页中没有包含 Java 程序片段，则 Web 服务器将页面内容直接响应给客户端；如果 JSP 网页中包含 Java 程序片段，则将 Java 代码内容传递给 Java 服务器，由 Java 服务器对 Java 程序段进行编译、解释等操作，将结果集整合到 HTML 页，并将 HTML 页返回给 Web 服务器，由 Web 服务器响应发送给客户端，浏览器收到 HTML 流，将其解析显示相应的内容。JSP 工作原理如图 1-7 所示。

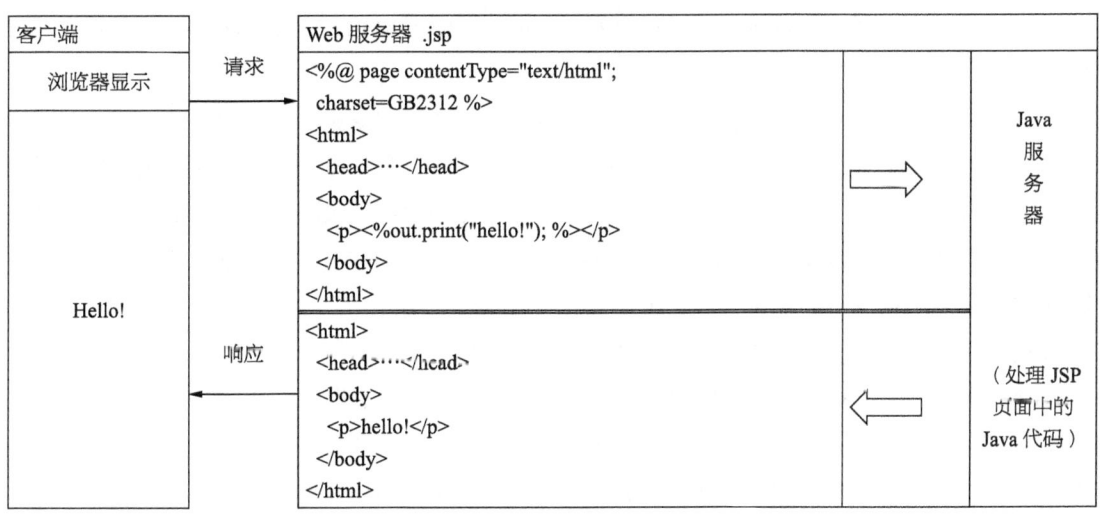

■ 图 1-7　JSP 工作原理

编写、发布和运行动态网页，必须先搭建良好的开发运行环境方可进行。本书仅介绍 JSP Web 应用程序的运行环境和开发工具的安装与配置。

1. JDK 的安装与配置

JDK（Java Development Kit）是由 Sun Microsystems 公司提供的 Java 开发工具包，是主要用于桌面、企业级 Web 开发，以及移动设备上的 Java 应用程序。JDK 安装包可从 Oracle 官方网站的 http://www.oracle.com/technetwork/java/javase/downloads/jdk8-downloads-2133151.html 下载，注意选择适合所用操作系统的安装包。目前，基于 Windows 操作系统的 JDK 安装包最新版本是 JDK 11，它适用于 64 位 Windows 操作系统。本书下载的是 jdk-8u162-windows-x64.exe，并实现了书中的实例。

JDK 的安装过程比较简单，在资源管理器中双击该文件，根据安装向导的提示逐步安装即可。安装期间用户也可以更改默认的 JDK 安装路径，用户根据安装向导安装即可完成。

JDK 安装完毕，安装程序提示是否继续安装 JRE。JRE（Java Runtime Environment，Java 程序的运行环境）包含 JVM（即 Java 虚拟机），此外还有所有 Java 基本类库的 jar 包（存放在 lib 目录下）。这些 jar 包解压之后就是 .class 文件。简而言之，如果计算机只是运行 Java 程序，则只安装 JRE（即只安装 Java 程序的运行环境）即可；如果需要编写 Java 程序，那么开发环境 JDK

和运行环境 JRE 都需要安装。

JDK 安装完毕，需要进一步进行 Java 运行环境的基本配置。

（1）右击桌面上的"计算机"图标，在弹出的快捷菜单中选择"属性"命令，单击"高级系统设置"选项，弹出"系统属性"对话框，选择"高级"选项卡，单击"环境变量"按钮，弹出图 1-8 所示的"环境变量"对话框。

（2）在"环境变量"对话框的"系统变量"区域，单击"新建"按钮，弹出"新建系统变量"对话框，输入变量名 JAVA_HOME、变量值 C:\Program Files (x86)\Java\jdk1.8.0_162（即 JDK 的安装目录）。

（3）设置变量 classpath 和 path。变量 classpath 设置方法与变量 JAVA_HOME 相同，其变量值为 %JAVA_HOME%\lib\dt.jar;%JAVA_HOME%\lib\tools.jar（即 Java 所有需要引用的类所在的目录）。对于 path 变量，如果在系统变量列表中已经存在，选中该变量，单击"编辑"按钮修改变量值，在已有变量值后面输入";%JAVA_HOME%\bin;%JAVA_HOME%\jre\bin;"即可。反之，如果 path 变量不存在，则需要建立，其值为 %JAVA_HOME%\bin，即编译和执行 Java 程序所必需的 java.exe 和 javac.exe 文件所在的目录。注意：文件夹和文件名不区分大小写。

（4）测试 JDK。检验 JDK 环境是否安装配置成功，需要单击"开始"按钮，在"搜索程序和文件"框内输入 cmd，打开 DOS 命令窗口，输入 java –version 命令，如果能够显示出 Java 版本信息，显示图 1-9 所示的测试结果，说明 JDK 正确安装并设置完毕。

■ 图 1-8 "环境变量"对话框

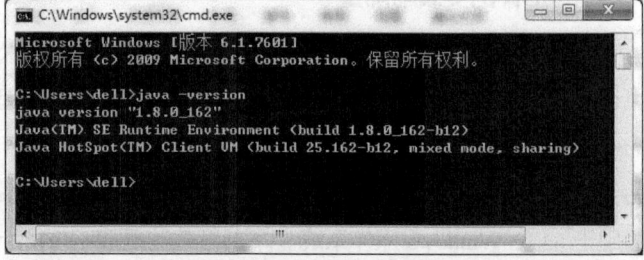

■ 图 1-9 测试结果

2. Web 服务器 Tomcat 的安装与配置

Tomcat 是 Apache 组织、Sun 和其他一些公司以及个人共同开发的，是一个免费开源的 Servlet 容器，是一个可以直接提供 Web 服务的 JSP Web 服务器应用运行平台。目前，Apache Tomcat 的版本是 apache-tomcat-9.0.5.exe，Tomcat 各种版本的安装包都可以从网站 https://tomcat.apache.org 下载。另外，网站也提供了 Tomcat 的免安装版，结构良好、性能稳定，下载免安装版的压缩文件将其解压到 D 盘，然后将解压的文件夹命名为 Tomcat，配置相应的环境变量，这里不再详细讲述。由于 MyEclipse 2016 默认支持到的 Tomcat 版本是 8.0，本教程选择下载安装的软件版本为 apache-tomcat-8.0.53.exe，可以通过官网下载页面中的 8.0.53 版本的 32-bit/64-bit Windows Service Installer 超链接下载。下面介绍 Apache Tomcat 8.0.53 的安装与配置方法。

（1）双击 Tomcat 安装包 apache-tomcat-8.0.53.exe，依照安装向导进行安装。在图 1-10 所示的安装对话框中，设置 User Name 和 Password 的值均为 admin，Connector Port 的值可用默认值 8080。单击 Next 按钮，继续安装。

（2）在安装过程中会弹出"Java Virtual Machine path selection"对话框，在其中会对已安装的 Java 安装目录进行检测并显示出来，单击 Next 按钮，继续后续安装。安装过程中可更改安装路径为 D:\Apache Software Foundation\Tomcat 8.0。

（3）测试 Tomcat 是否安装成功。在安装过程的最后，选择 Run Apache Tomcat 选项，单击 Finish 按钮，完成并结束 Apache Tomcat 的安装操作。打开浏览器，在地址栏中输入 http://localhost:8080 或 HTTP://127.0.0.1:8080，如果打开图 1-11 所示的页面，表示 Tomcat 服务器安装成功，且已启动正常运行。

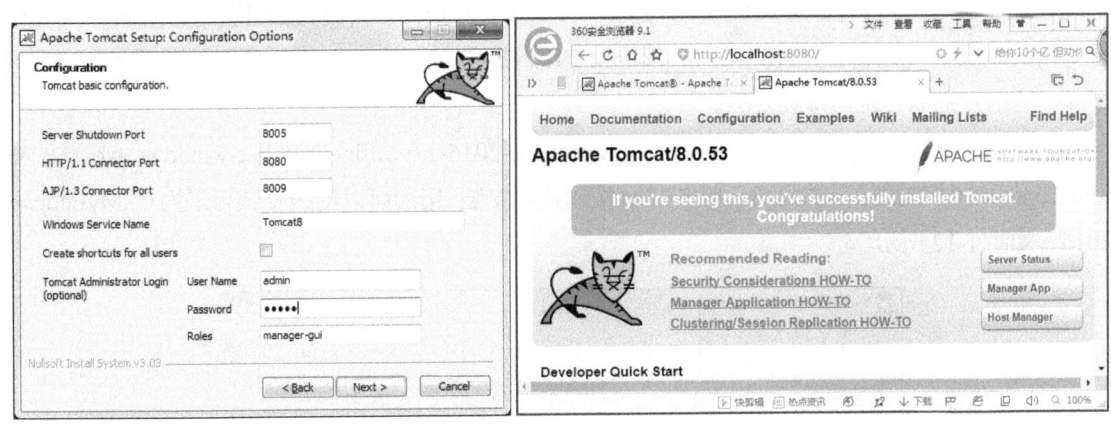

■ 图 1-10　设置安装参数对话框　　■ 图 1-11　测试安装成功页面

注意：

① 安装 Tomcat 之前，必须已经安装并成功配置 JDK。

② Tomcat 服务器默认端口号为 8080，如果该端口号已被占用，则 Tomcat 服务器将无法启动，需要对 Tomcat 服务器进行端口号等方面的配置。

（4）配置 Tomcat 服务器。Java Web 应用由一组 HTML 文件、Servlet 文件、JSP 文件和其他相关的 class 组成。每种组件在 Web 应用中都有固定的存放目录。了解 Tomcat 的目录结构、掌握每个子文件夹的作用很重要。例如，想更改端口号，需修改 conf 文件夹下的 server.xml 中的相关参数。发布 Web 应用程序，默认在 Webapps 文件夹下创建这个 Web 应用的目录结构。

通过配置文件 server.xml 配置 Tomcat 服务器占用的端口号、Web 服务的虚拟目录和部署 Web

应用程序等操作。这里讲解修改端口号的方法，其他的操作在后续 JSP Web 应用程序的服务目录内容部分讲解。

用记事本打开 server.xml 文件，找到

```
<Connector port="8080" protocol="HTTP/1.1"
           connectionTimeout="20000"
           redirectPort="8443" />
```

将 Connector port 变量的参数值 8080 改成新的端口号，如 9090，并重新启动 Tomcat 服务器即可。

3. MyEclipse 集成安装环境的安装与配置

安装和配置完 JDK 和 Tomcat 后，JSP 就具备了基本的运行条件。下面需要安装 JSP 开发工具以便进行 JSP Web 应用程序的开发。JSP 开发工具很多，其中 MyEclipse（MyEclipse Enterprise Workbench）企业级工作平台功能非常强大，它是在 Eclipse 基础上集成自己的插件开发而成的，主要用于 Java、Java EE 以及移动应用的开发，支持包括 Java Servlet、AJAX、JSP、JSF、Struts、Spring、Hibernate、EJB3、JDBC 数据库链接工具等多项功能。可以对数据库和 Java EE 的开发、发布以及 Tomcat 服务器进行整合，极大地提高了工作效率。早期的 MyEclipse 需要与特定版本的 Eclipse 配套使用，而 MyEclipse 6.0 及以上版本有了独立的安装包，安装包可以从官网 http://www.myeclipsecn.com 下载，目前版本是 MyEclipse 2017 CI 10。本教程使用较稳定的版本 MyEclipse 2016，这里介绍其安装与集成方法。

（1）安装 MyEclipse 2016。双击文件 myeclipse-2016-1.0-offline-installer-windows.exe，进入 MyEclipse2016 安装界面，依据提示单击 Next 按钮逐步安装，用户可以更改安装目录为 C:\MyEclipse 2016，如图 1-12 所示。

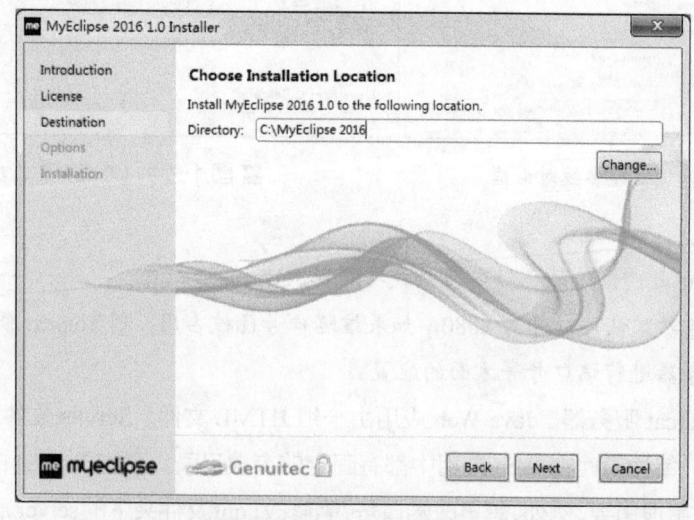

■ 图 1-12　更改安装目录

在安装过程中，用户需要选择其安装的体系结构，如图 1-13 所示。选择哪一种与用户的操作

系统、内存大小均有关。如果 Windows 操作系统是 32 位，那么必须选择与之匹配的 32 bit；操作系统是 64 位，内存是 4 GB，也尽量选择 32 bit；操作系统是 64 位，内存大于 4 GB 时，可选择 64 bit 的 MyEclipse 安装。

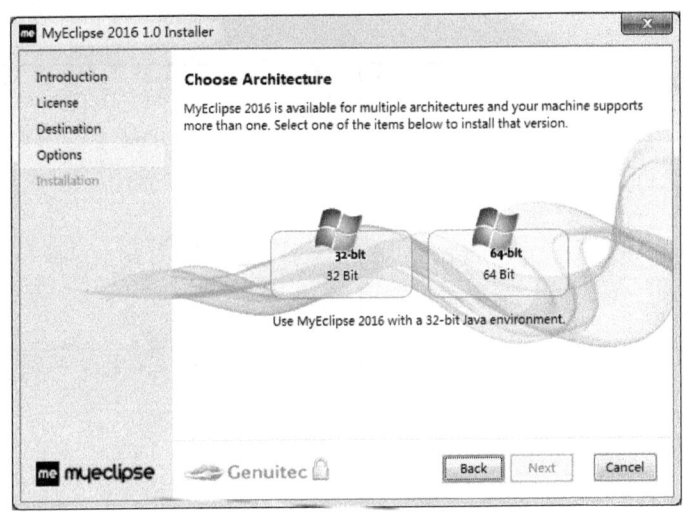

■ 图 1-13　选择安装体系结构

（2）在 MyEclipse 2016 中集成 JDK 8。启动 MyEclipse 2016，弹出图 1-14 所示的对话框，单击 Browse 按钮可以设置工作目录，即用户建立的 Web JSP 应用程序所存放的位置。

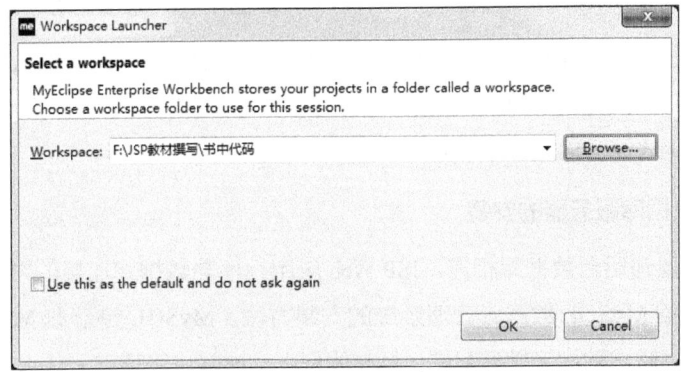

■ 图 1-14　更改工作目录

启动成功，进入 MyEclipse 2016 的工作界面，选择 Windows → Preferences 命令，在弹出的对话框中选择 Java 中的 Installed JREs，单击右侧的 add 按钮，打开 Add JRE 对话框，通过 Directory 按钮加载 JDK1.8 的安装目录，单击 Finish 按钮，返回 Preferences 对话框，将刚集成的 JDK 设置为默认，单击 OK 按钮即可。

（3）在 MyEclipse 2016 中集成 Tomcat 8 服务器。在 MyEclipse 2016 的 Preferences 对话框中选择 MyEclipse → Servers Runtime Environments，单击右侧的 Add 按钮，弹出 New Server Runtime

Environment 对话框。展开 Tomcat，选择 Apache Tomcat v8.0，如图 1-15 所示，单击 Next 按钮。

（4）在弹出的图 1-16 所示对话框中单击 Browse 按钮，选择 Apache Tomcat 8.0 的安装目录。在 JRE 下拉列表框中选择设置为 jdk1.8 版本，单击 Finish 按钮，完成集成服务器 Apache Tomcat 8.0 的操作。

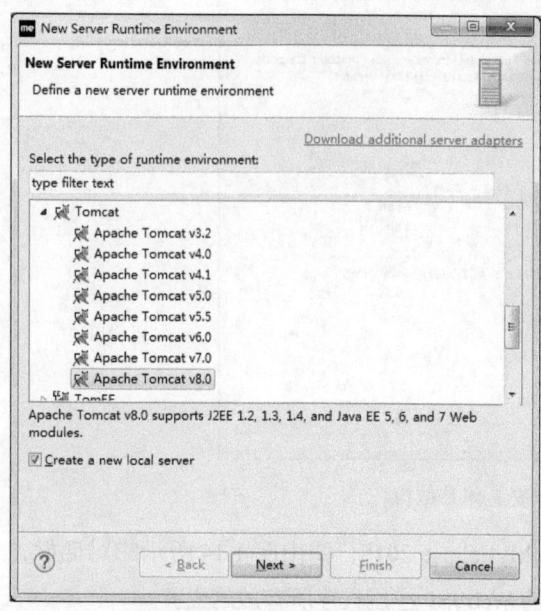
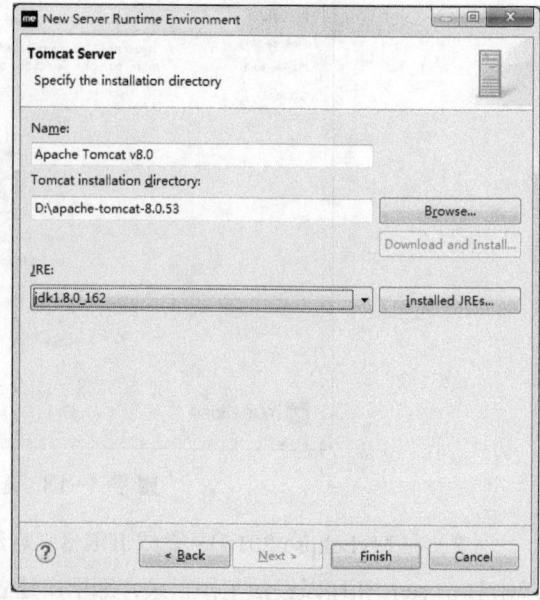

■ 图 1-15　选择 Tomcat 的类型　　　　　■ 图 1-16　设置集成的 Apache Tomcat 8

关于 MyEclipse 2016 使用说明。双击桌面上的 MyEclipse 快捷方式，MyEclipse 主界面中的各个区块的具体功能和用法这里不再一一介绍，读者可以参考其官网中文版的说明介绍，网站地址为：http://www.myeclipsecn.com/learningcenter。

4．MySQL 数据库服务器的安装

大多数网站都要与后台数据库相连，JSP Web 应用程序与数据库连接的方法在后续相关章节中介绍，这里仅介绍 MySQL 数据库管理系统的安装方法。MySQL 是瑞典 MySQL AB 公司研发的一款开源的小型关联式数据库管理系统，具有体积小、速度快等特点，MySQL 作为网站数据库被广泛应用在中小型网站的开发中。

针对不同用户，MySQL 提供了两个版本：一个是 MySQL Community Server，即社区版，该版本完全免费，但是官方不提供技术支持；另一个是 MySQL Enterprise Server，即企业版，它能够为企业提供数据仓库应用，支持 ACID 事务处理，提供完整的提交、回滚、崩溃恢复和行级锁定等功能。但是该版本需付费使用，官方提供电话及文档等技术支持，性价比较高。本教程选择的是 MySQL 数据库的社区版，版本号是 5.7，在其官方网站 https://www.mysql.com 选择并下载安装包 mysql-installer-community-5.7.21.0.msi，注意，网站也有 ZIP 压缩的免安装版，配置比较烦琐，

建议下载安装版本的 MySQL，按照下面的方法进行安装和配置。

（1）双击 mysql-installer-community-5.7.21.0.msi，按照 MySQL Installer 安装向导，接受安装协议，单击 Next 按钮继续。在打开的界面中提供了多种安装类型，这些安装类型的选项及含义见表 1-1。这里选择 Custom 选项，单击 Next 按钮继续。

■ **表 1-1**　安装类型界面各设置项含义

选　项	含　义	选　项	含　义
Developer Default	默认安装类型	Custom	自定义安装类型
Server only	仅作为服务器	Installation Path	应用程序安装路径
Client only	仅作为客户端	Data Path	数据库数据文件的路径
Full	完全安装类型		

进入图 1-17 所示的界面，选择安装软件 MySQL Servers 并展开，进一步选择适合自己操作系统的版本，单击 ➡ 将其添加到安装软件列表中，单击 Next 继续。

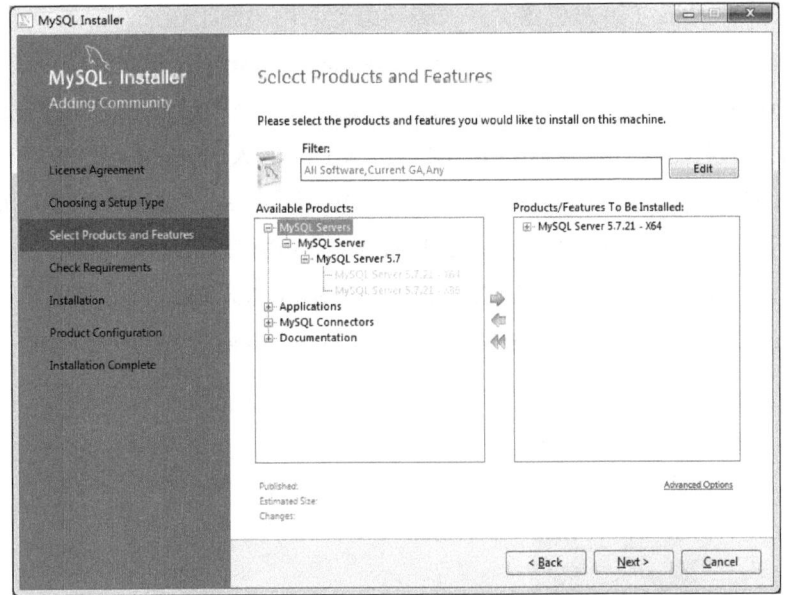

■ **图 1-17**　选择安装软件

（2）如果计算机的一些配置文件或程序不足以继续进行安装，会弹出窗口提示用户需要先安装这些配置文件，用户选择 Execute（执行），待配置文件安装完毕，再按照 MySQL Server 的安装向导，单击 Next 按钮完成其安装操作，出现图 1-18 所示界面。

（3）配置 MySQL 服务器。在图 1-18 所示安装完成界面，单击 Next 按钮继续配置 MySQL 服务器。在配置过程中，选择配置选项有三种，选择不同的服务器类型决定着配置向导对内存、硬盘等资源使用的决策。

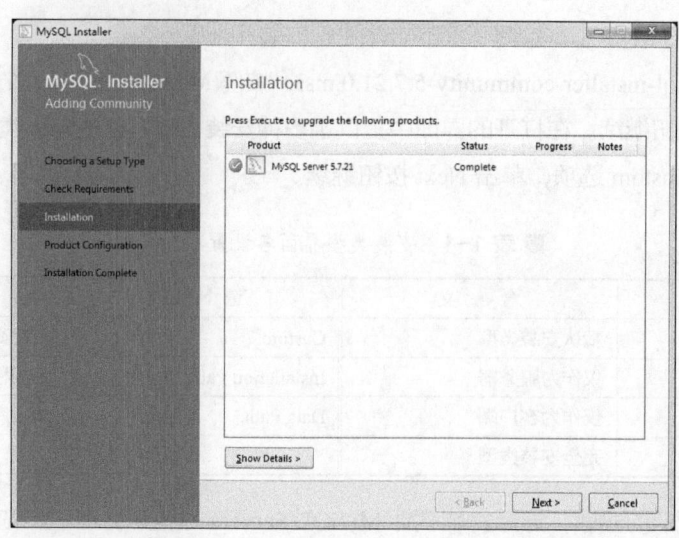

■图 1-18　MySQL 安装完成界面

① Developer Machine（开发机器），代表典型个人用桌面工作站，就是表示本机不仅运行 MySQL，还可能同时运行多个其他应用程序，所以该配置决定 MySQL 服务将使用最少的系统资源。

② Server Machine（服务器），代表 MySQL 服务器可以同其他应用程序一起运行，例如 http、email、文件服务器等，该配置下 MySQL 服务将占用较大比例的系统资源。

③ Dedicated MySQL Server Machine（专用 MySQL 服务器），代表本机只运行 MySQL 服务，而没有运行其他应用程序，该配置决定 MySQL 服务将占用所有可用系统资源。

如果服务程序及库安装在同一台机器上，建议选择 Server Machine，作为初学者，选择 Developer Machine 即可。端口用默认的 3306，单击 Next 按钮，出现设置 Root 密码的界面，如图 1-19 所示。

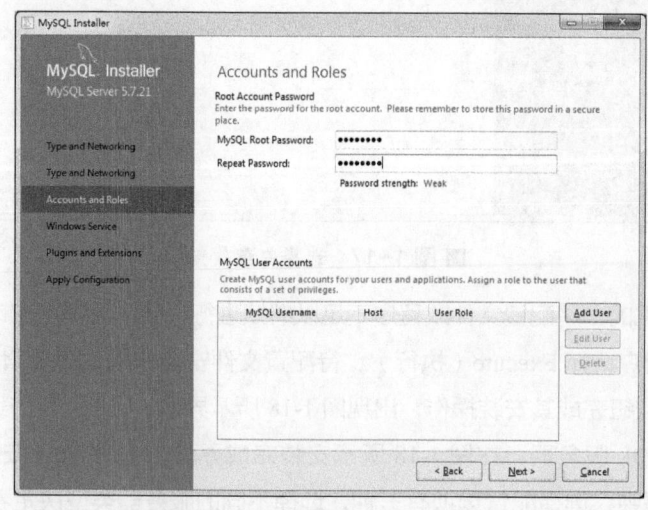

■图 1-19　设置 Root 密码界面

注意：设置的密码是将来登录数据库客户端的密码，每次使用数据库都需要进行登录，一定要记住该密码。root 用户拥有数据库的最高权限，因此密码一定要足够安全，可以混合字母、数字和特殊符号来增加安全性。

（4）在后续的安装配置过程中，需要设置 Windows Server Name，可以设置成 MySQL。后续就采用默认的参数，利用 Next 或 Execute 按钮依据安装向导完成 MySQL 服务器配置。

（5）配置系统变量。首先，新建系统变量 MySQL_HOME，变量值为 MySQL Server 的安装目录，即 C:\Program Files\MySQL\MySQL Server 5.7。修改系统变量 path，为其值增加 %MySQL_HOME%\bin;。

上述所有操作完成后，从"开始"菜单运行 MySQL，出现命令行窗口，用户需要输入安装时设置的密码，出现图 1-20 所示的信息，表示 MySQL Server 服务器安装配置完毕，且已经能正常使用了。

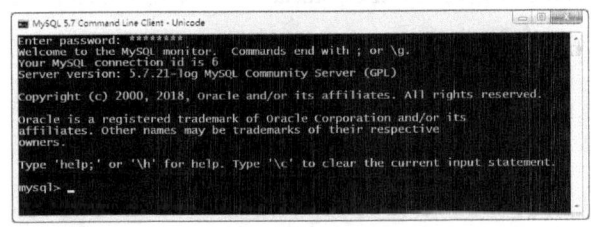

■ 图 1-20　MySQL Server 服务器安装配置完毕

5. Navicat for MySQL 的安装

Navicat for MySQL 是管理和开发 MySQL 的理想解决方案，是一套可以连接到 MySQL 的功能丰富、使数据库管理更轻松快捷的图形化软件。具有常规的数据库管理功能，如设计表、编辑数据、转储 SQL 等，还具有导入 / 导出向导，创建报表、查询，数据 / 结构同步等常用功能。能直观地进行数据库管理、开发和维护，被 MySQL 初学者以及专业人士广泛采用。下载网址 http://www.formysql.com/，目前版本为 Navicat for MySQL 12。本教程使用 Navicat for MySQL 11 中文版本。

双击 Navicat for MySQL 的安装包，依据安装向导的提示信息，完成安装即可。其中可以更改软件的安装位置，由于该软件安装过程简单，全部采用默认方式进行即可，安装完毕，运行 Navicat for MySQL 软件，打开图 1-21 所示的界面，具体使用方法在 JSP Web 访问数据库章节讲述。

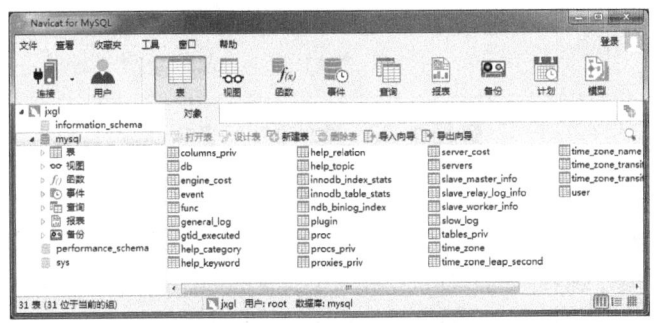

■ 图 1-21　Navicat for MySQL 运行界面

6. 浏览器

JSP Web 应用程序发布后需要在浏览器上运行。浏览器可以是 Internet Explorer 以及以 IE 为内核的多种浏览器，如 360、腾讯、Mozilla FireFox、Google Chrome、safari 等。

1.4 编写测试第一个 JSP 应用程序

编写第一个 JSP 网页 hello.jsp，显示"Hello JSP Web"。

第一步：建立工程文件。启动 MyEclipse 2016，选择 File → New → Web Project 命令，弹出图 1-22 所示的对话框，输入工程文件名 lx，将 Java EE version 设置为 Java EE 6-Web 3.0，将 Java version 设置为 1.8，将 Target runtime 设置为 Apache Tomcat v8.0，单击 Finish 按钮完成 Web 项目的建立。

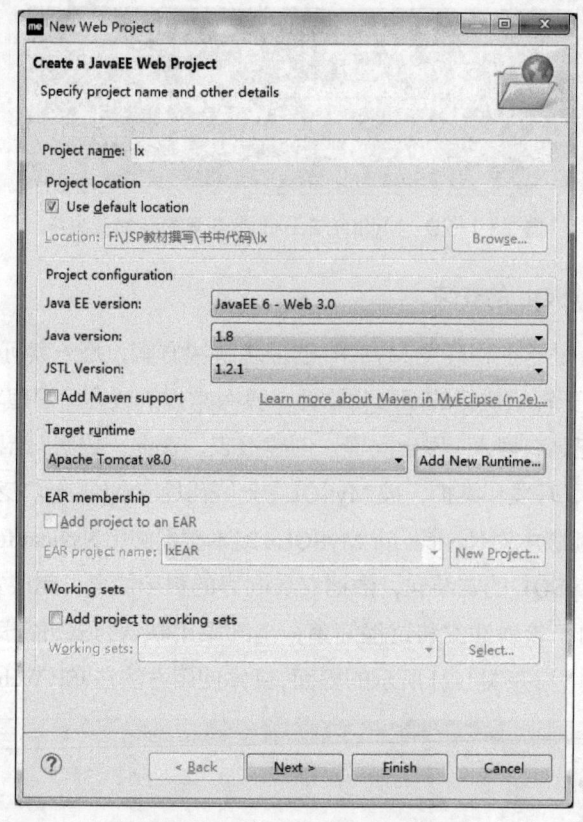

■ 图 1-22 建立项目 lx 窗口

第二步：建立 JSP 文件。在左侧 Package Explorer 窗格中展开 lx 项目，选中其下一级文件夹 WebRoot，选择 File → New → "JSP 文件"命令，或右击 WebRoot，在弹出的快捷菜单中选择 New → "JSP 文件"命令，在弹出的对话框中输入文件名 hello.jsp，单击 Finish 按钮，返回到图 1-23 所示的 MyEclipse 2016 工作界面，同时打开 hello.jsp 文件进行编辑。在 hello.jsp 文件的 <body> 标记内，输入内容"Hello JSP Web"，保存文件。在 MyEclipse 2016 自带的浏览器中可以看见结果，所见即所得。

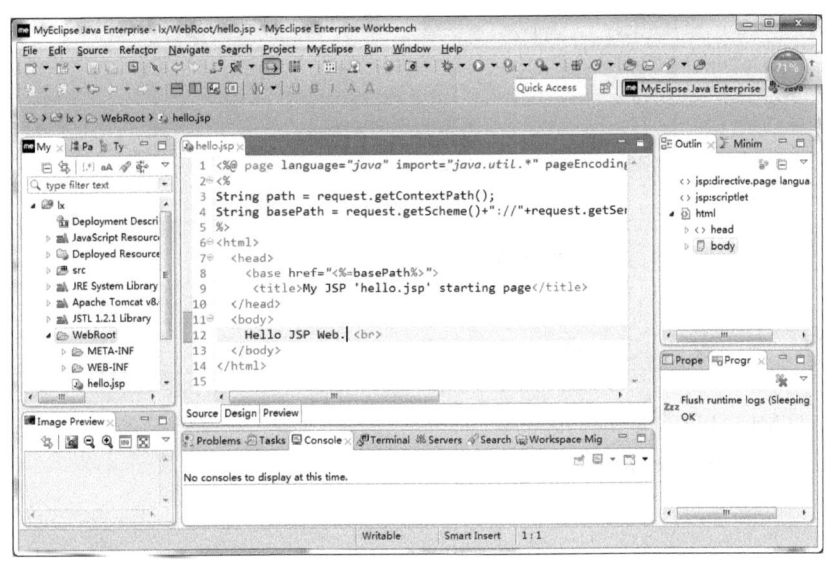

■ 图 1-23 建立 hello.jsp 窗口

第三步：发布项目。单击工具栏中的"部署"按钮，打开 Manage Deployments 对话框，在 Module 下拉列表框中选择 lx，单击 Add 按钮，在 Server 列中选择 Tomcat 8.0，并选中 Always use this server when running this project 复选项，单击 Finish 按钮，返回到 Manage Deployments 对话框，如图 1-24 所示，单击 OK 按钮，完成项目部署操作。

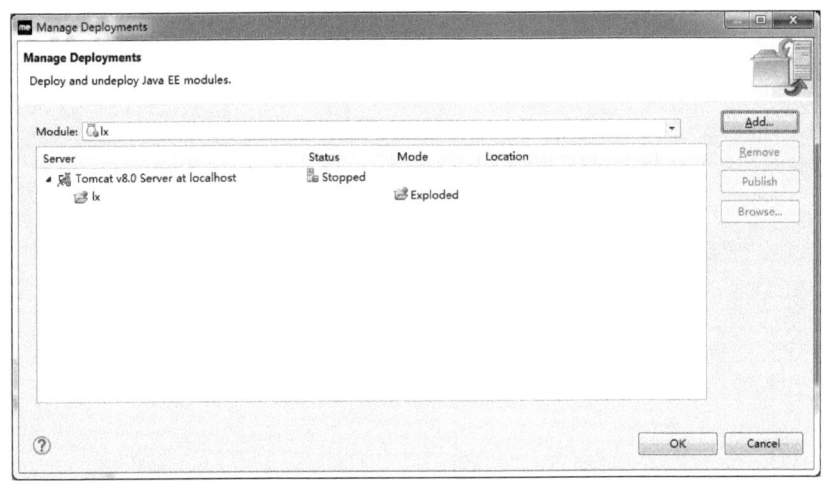

■ 图 1-24 部署项目 lx 窗口

第四步：浏览网页。首先，启动在 MyEclipse 2016 开发环境中集成的 Tomcat 8.0 服务器。然后，打开浏览器，在地址栏中输入 http://localhost:8080/lx/hello.jsp，在默认情况下会访问 \Webapps\

ROOT\lx 文件夹中的 index.jsp 文件，因此，需要在项目名称后面输入访问的具体网页全名。运行结果如图 1-25 所示。

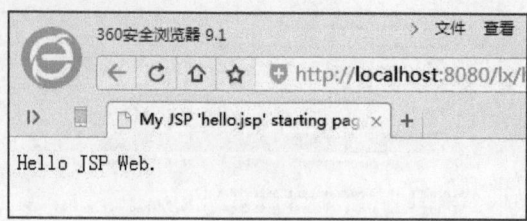

■ 图 1-25　浏览器显示网页

 上机实践与练习

1. 搭建 HTML、JSP 页面的开发环境。
2. 设计一个静态网页和 JSP 动态网页。

HTML 开发技术

    HTML 是一种编辑网页的超文本标记语言，通过各种标记可以将文字、图片、图像、声音、视频和动画等信息合理地组织在一个网页文件中，通过浏览器解析标记并将内容显示出来。但是，浏览器对出错的标记，只能通过显示效果来分析出错原因和出错部位。对于不同的浏览器，对同一标记符可能有不完全相同的解释，导致会显示不同的效果。

2.1 HTML 文档结构

2.1.1 HTML 基本结构

一个完整的 HTML 文件由头部 head 和主体 body 两部分内容组成，如例 2-1 的程序代码所示。

【例 2-1】简单的 HTML 代码，在浏览器中显示"你好，天津外国语大学！"。

```html
<html>
  <head>
    <title>li2_1.html</title>
  </head>
  <body>
    你好，天津外国语大学!
  </body>
</html>
```

HTML 采用标记编写文件，标记有双标记，形式为 < 标记名称 ></ 标记名称 >，表示标记的开始和结束，如 <html></html> 标记，<html> 表示 HTML 文档的开始，而 </html> 表示文档的结束。<head> 表示 HTML 文档头部开始标记，而 </head> 表示文档头部结束标记。<body></body> 标记之间的内容是 HTML 文档主体，是在浏览器中显示的网页内容。

当然，标记也有单标记，形式为 < 标记名称 >，如标记
 表示换行。

2.1.2 头部内容

HTML 文档中的 <head></head> 标记头部内容包含文档的标题 <title></title> 标记和描述公共属性的 <meta> 标记。

<title></title> 双标记之间的内容是网页的标题，显示在浏览器的标题栏。

<meta> 单标记可以设置文档的基本信息，如关键字、网页描述、显示字符集、作者、页面定时刷新等。

在 MyEclipse 中新建一个 HTML 文档，会在 <head></head> 标记对中自动生成如下代码：

```html
<meta http-equiv="keywords" content="keyword1,keyword2,keyword3">
<meta http-equiv="description" content="this is my page">
<meta http-equiv="content-type" content="text/html; charset=UTF-8">
```

关于网页显示字符集类型的设置，如果要显示汉字，则需把 charset 属性值设置为"UTF-8""GBK"或"GB2312"，而英文是"ISO-8859-1"。

此外，用户可以用 <meta> 标记的相关属性进行文档其他信息的设置。

```html
<meta http-equiv="refresh" content="8">
<meta name="Author" content="tjfsu_gao">
```

在文档头部除了 <title> 和 <meta> 标记外，通常还有 <style> 和 <script> 标记，在后续内容中介绍。

在 MyEclipse 2016 中新建 HTML 文档时，会在 <head> 标记前面自动生成一行代码 <!DOCTYPE html>，利用 <DOCTYPE> 标记描述该 HTML 文档的风格，使得浏览器知道如何处理文档，且让验证器按照什么样的标准检查程序代码的语法。在 HTML5 中，该标记简化了 DOCTYPE 风格声明及字符集，简化后的 DOCTYPE 声明代码与 MyEclipse 2016 自动给出的一致。

2.1.3　主体内容

HTML 文档主体内容包括网页在浏览器中显示的文字、图片、表格、音频、视频、动画和表单、超链接等常用元素，包含在 <body></body> 之间。网页中主要元素及其描述见表 2-1，表中所列元素在 HTML5 网页中也可以使用。

■ 表 2-1　网页中主要元素及其描述

元　素	描　述
<hr>	定义水平线
<!--……-->	定义注释信息
<em> 或者 <i>	定义强调文本，强调的文本以斜体形式显示
<strong> 或者 <b>	定义强调文本，强调的文本以加粗形式显示
<u>	定义强调文本，强调的文本以加下画线形式显示
<font>	定义文本格式，设置文本颜色、大小和字体
<p>	定义段落文本
<pre>	定义预格式文本，包含文本中的换行和空格
<h1>…<h6>	定义标题文本，文本有 6 种标题预格式
<address>	定义文档作者的联系信息文本
<blockquote>	定义块引用，文字块左右缩排两个汉字位置
<small>	定义小号文本
<sup>	定义上标文本
<sub>	定义下标文本
<cite>	定义引用
<del>	定义加删除线的文本
<a>	定义锚
<link>	定义文档与外部资源的关系
<form>	定义供用户输入的 HTML 表单
<input>	定义输入控件
<textarea>	定义多行的文本输入控件
<button>	定义按钮，可以定义文本或图像按钮
<select>	定义选择列表（下拉列表）
<optgroup>	定义选择列表中相关选项的组合

元　素	描　述
<option>	定义选择列表中的选项
<label>	为 input 元素定义标记
<fieldset>	为表单中的元素定义一个边框
<legend>	定义 fieldset 元素的标题，是 <fieldset> 的子标记
<ul>	定义无序列表
<ol>	定义有序列表
<li>	定义列表的项目
<dl>	定义定义列表
<dt>	定义定义列表中的项目
<dd>	定义定义列表中项目的描述
<img>	定义图像
<map>	定义图像映射
<area>	定义图像地图内部的区域
<table>	定义表格
<caption>	定义表格标题
<th>	定义表格中的表头单元格
<tr>	定义表格中的行
<td>	定义表格中的单元格
<thead>	定义表格中的表头内容
<tbody>	定义表格中的主体内容
<tfoot>	定义表格中的表注内容（脚注）
<style>	定义文档的样式信息
<div>	定义文档中的节，块级元素，其后元素自动换行
<span>	定义文档中的节，内联元素，其后元素不换行
<base>	定义页面中所有链接的默认地址或默认目标
<script>	定义客户端脚本
<object>	定义嵌入对象，常用来使用音视频多媒体文件
<param>	定义对象的参数
<embed>	定义音视频等各种多媒体文件
<bgsound>	定义背景音乐

　　关于网页中使用更多的特殊元素，用户可以在 MyEclipse 2016 环境下制作静态网页时，在合适的位置输入完 & 符号后，按【Alt+/】组合键获取帮助信息，会列出所有的特殊元素（见表 2-2），用户可做选择运用。

■ 表 2-2　网页中常用的特殊元素

引用字符	实体引用	描　　述	引用字符	实体引用	描　　述
"	&quot;	双引号			空格
&	&amp;	& 和号	®	&reg;	注册商标
>	&gt;	大于号	©	&copy;	版权符号
<	&lt;	小于号			

下面详细介绍 HTML 常用标记的使用方法和技巧。

2.2　HTML 常用标记及格式化

网页中的内容都是由各种常用标记组织起来的，网页会在显示信息的基础上，根据需要或多或少地对其进行格式化，给用户带来视觉上美的享受。本节主要讲述 HTML 中的常用标记及其格式化的方法。

常用标记的格式化：一是通过设置标记本身的相关属性实现，或者结合其他标记进行更多的效果设置；二是利用 CSS（Cascading Style Sheets，层叠样式表）定义网页中元素的显示方式，CSS 不仅可以静态地修饰网页，还可以配合各种脚本语言动态地对网页各元素进行格式化。

2.2.1　常用标记的使用

不同的标记有不同的属性，利用这些属性可以对元素进行更加详细的设置。有的属性在元素使用中是必需的，大多数属性是可选的。下面介绍一些常用标记的常用属性。

设置标记属性的语法格式如下：

< 标记名称　属性名 1=" 属性值 1"　属性名 2=" 属性值 2"……></ 标记名称 >

1. 网页主体常用属性

（1）bgcolor 属性用于指定网页的背景颜色。

```
<body bgcolor=" 颜色值 ">
```

其中，颜色值多数用十六进制代码表示，也可以用十进制 RGB 码或者颜色英文名称。

例如：<body bgcolor="#0000ff">、<body bgcolor="rgb(0,0,255)">，以及 < body bgcolor="blue"> 功能一样，均为设置网页背景为蓝色。

（2）background 属性用于指定网页的背景图案。

```
<body background="URL">
```

其中，URL 描述背景图片的文件名及保存位置。保存位置一般采用以当前网页位置出发的相对路径的形式，分隔符用"/"表示，".."表示当前目录的上一级目录。例如：

```
<body background="image/bg.jpg">
```

（3）属性 text、link、alink、vlink 分别表示设置网页中的非链接文字的颜色、链接文字的颜色、正在单击的链接文字的颜色、被单击访问过的链接文字的颜色。例如：

```
<body text="#5a5a5a" link="#fff" alink="#fff" vlink="#fff">
```

（4）属性 leftmargin、topmargin 分别表示页面左、右和上、下侧的留白，即页面内容与显示器边缘的空间，类似于 Word 中的页边距作用，属性值的默认单位是像素 px。例如：

```
<body leftmargin="20" topmargin="0">
```

注意：上述关于 body 标记中的显示属性在 HTML5 中都废弃了，但是在利用 MyEclipse 2016 中制作的静态网页可以照常使用。

2. 文字与段落

1）文字

文字是网页中不可或缺的元素，它的显示格式影响着网页的整体风格、色调。对文字经常要设置如字体、字号、颜色等格式，文字格式的设置用 <font> 字体标记实现。例如：

```
<font face=" 微软雅黑 " size="5" color="#ff0000">JSP Web 技术及应用教程 </font>
```

其中，face 规定文本的字体、size 字体大小（取值范围 1~7）、color 字体颜色。

在编辑网页文档前，如果在文字编辑工具中已经排版好了显示内容，浏览网页时仍希望保留该格式，可以使用预定格式标记 <pre></pre>。但是该标记默认字体为 10 磅，可以结合 <font> 标记重设文字的格式。例如：

```
<font face=" 微软雅黑 " size="6" color="#ff0000">
<pre>JSP Web 技术及应用教程
                              ——2018.12</pre>
</font>
```

2）段落

段落文字由段落标记 <p></p> 形成，其格式默认情况下与文本格式一致。但是，段落根据使用需要也可以设置为独特的显示方式，如段落的对齐方式等。例如：

```
<p align="center" > 段落格式 </p>
```

段落是一段文本，这段文本中文字格式是一致的。段落内可使用 align 属性设置段落文字对齐方式：left 左对齐，为默认方式；right 右对齐；center 居中对齐。对于某一段落的字体格式设置，需要用 style 属性，具体设置方式在讲述 CSS 的内容时详细讲解。下面利用 <p> 标记的 style 属性对段落文字进行对齐方式、字体、字号和字颜色设置。例如：

```
<p style="text-align:center;font-family: 黑体 ;font-size:30px;color:#0000ff;">
```

在 style 属性值中，还可以用 text-indent 进行段落的首行缩进，例如 text-indent:2em;，表示首行缩进两个字，单位也可以用像素（px）。

注意：段落之间的间距等价于两个换行符。

3）标题

网页中的文字也可以做标题，由标题标记 <hn></hn> 设定标题字体大小，n 的取值范围是 1～6，定义六级标题，类似 Word 样式中预设的带默认格式的标题一样，网页中的标题从 <h1></h1> 到 <h6></h6>，字体大小依次递减。标题标记带自动换行的功能。

4）列表

文字作为列表使用常用于描述层次结构比较分明、条理清晰的内容，这样格式美观、不单调。常用的列表分为有序、无序和定义列表，分别对应标记 <ol>、<ul> 和 <dl>。有序列表功能与 Word 中的段落编号相似，无序列表则与项目符号类似，而定义列表的列表项前既没有项目符号，也没有编号，通过缩进的形式突出显示列表项内容的层次。例如：

```
<ul type="square">                <ol type="A" start="3">
    <li> 专业书籍 </li>                <li> 专业书籍 </li>
    <li> 报纸杂志 </li>                <li> 报纸杂志 </li>
</ul>                             </ol>
```

其中，无序列表标记 <ul> 的 type 属性设置符号的样式，默认为 disc 实心圆点，可以取 circle、square。有序列表标记 <ol> 的 type 属性设置编号的样式，默认为阿拉伯数字 1，可以取 A、a、i、I。属性 start 设置编号的起始值。子标记 <li> 表示列表项信息，该标记只能用在标记 <ul> 与 <ol> 中。

```
<dl>
    <dt> 专业书籍 </dt>
        <dd> 计算机类 </dd>
        <dd> 文学类 </dd>
    <dt> 报纸杂志 </dt>
        <dd> 中文类 </dd>
        <dd> 外文类 </dd>
</dl>
```

其中，子标记 <dt> 定义定义列表的项目，内容不缩进，网页页面左对齐显示。<dd> 定义定义列表中项目的子列表项，并以缩进的格式显示。这两个标记都属于标记 <dl> 的子标记。

此外，可以建立类似导航栏的水平形式的列表，这个在后续 CSS 样式表内容中继续讲解。列表也存在嵌套使用的情况，也就是类似 Word 建立多级列表，这里不再讲述，请读者自行学习。

3. 图像

图形图像 <img> 在网页中也是比较常见的组成元素。但是网页中的图片可能会根据需要调整大小、设置提示文字等。例如：

```
<img src="image/twxh.jpg" width="200px" height="200px" alt=" 校徽 "/>
```

其中，属性 src 为要显示图片的文件名及路径，尽量采用相对路径。width 和 height 设置图片的宽度和高度，长度单位可以是像素，也可以是百分比，但是百分比是针对浏览器窗口的。如果图片保持其原有的纵横比，属性 width 和 height 设置其中的任何一个即可。alt 属性为鼠标放置在图片上时显示的文字信息。

图像标记 <img> 还有 align 设置对齐方式、border 设置图片边框等属性，这里不再详述。

4. 多媒体元素

1）音乐标记

HTML 编辑的网页中可以加入 midi、wav、mp3 等音频文件。音频文件在网页中可以作为背景音乐，也可以供用户播放欣赏。

（1）背景音乐标记 <bgsound>。在类似个人 QQ 空间的网页中，大多有背景音乐，常用 <bgsound> 标记设置背景音乐。例如：

```
<bgsound src="music/bjyy.mp3" loop="-1">
```

其中，属性 loop 设置背景音乐循环播放次数，值为 -1 或 infinite 则永久播放。但是该标记只在 IE 浏览器中可用。在其他浏览器中，可以利用加载音乐的标记设置属性实现背景音乐。

（2）内嵌插件标记 <embed>。标记 <embed> 是 HTML5 新增的标记，可以嵌入任何格式的多媒体文件，如 midi、mp3、wav、rm、swf 等。但是在开始和结束标记之间不允许有信息。例如：

```
<embed src="music/bjyy.mp3" hidden="true" loop="-1" playcount="true"></embed>
```

可以利用内嵌插件标记 <embed> 实现网页背景音乐的设置，其中属性 loop 与 playcount 均是设置循环播放的，两个均设置为 true 主要针对不同的浏览器。属性 hidden 将音频播放插件的按钮面板隐藏。例如：

```
音乐欣赏：传奇 <embed src="music/yy_cq.mp3" hidden="false" width="145px" height=
"60px" autostart="false" ></embed>
```

还可以利用内嵌插件标记 <embed> 实现网页中加载音频文件，播放、暂停，以及下载由用户随意控制。

在 HTML5 中还新增了 audio 标记和 video 标记，其中 audio 标记也可实现网页中加载音频文件，使用方法都相似。例如：

```
<audio src="music/bjyy.mp3" autoplay="autoplay" loop="loop" controls=
"controls"></audio>
```

其中，属性 controls 设置播放控制按钮面板显示还是隐藏，省略则隐藏。

2）视频标记

视频文件在有的网页中也会频繁出现，利用 HTML 新增的视频标记 <video> 可以加载视频。通常的视频格式如 mp4、avi 等均可以被加载到网页中进行播放浏览。例如：

```
<video src="video/cam.avi" controls="controls" height="400" width="500"></video>
```

关于 <video> 标记的属性与 <audio> 标记类似，支持该标记的浏览器种类很多，但是，对于个别的不支持 <video> 标记的浏览器，需要在标记之间添加一些其他标记，这里不再赘述。

5. 表格

表格在网页中的使用也很普遍。表格可以用来整齐地显示数据，还可以设计网页，对网页实现排版。在网页排版功能方面，与 DIV 相比，表格具有一个突出的优点，即可利用百分比设置表格宽度，即按照网页页面宽度的比例进行设置，这样设置可以使表格随着浏览器窗口宽度的变化而变化。

表格 <table> 由标题 <caption>、表头 <th>、行 <tr> 和单元格 <td> 组成。每个标记有自己的属性，表头是指表格的第一行或第一列的表格内容，自动以加粗、居中显示。

1）规则表格

一个规则表格由行列组成的，多数用作较多内容的规格化呈现，例如常见的点名册、成绩表等。

【例 2-2】设计建立一个规则表格，用于登记借阅图书。

文件名为 book_reg_1.html，代码如下：

```
<table align="center" width="600" border="1" bordercolor="#0000ff"
cellspacing="0" cellpadding="0" >
    <caption> 图书登记表 </caption>
    <tr>
        <th> 编号 </th>
        <th> 书名 </th>
        <th> 作者 </th>
        <th> 出版社 </th>
        <th> 出版时间 </th>
        <th> 定价 </th>
    </tr>
    <tr>
        <td>1</td>
        <td>C++ 程序设计 </td>
        <td> 谭浩强 </td>
        <td> 清华大学出版社 </td>
        <td>2016.5</td>
        <td>29.5</td>
    </tr>
    <tr>
        <td>2</td>
        <td> 数据结构 </td>
        <td> 王红梅 </td>
        <td> 清华大学出版社 </td>
        <td>2014.5</td>
        <td>27.5</td>
    </tr>
    <tr>
        <td>3</td>
        <td>JSP Web 技术及应用教程 </td>
        <td> 高雅荣 </td>
        <td> 中国铁道出版社 </td>
        <td>2018.12</td>
        <td>31.5</td>
    </tr>
</table>
```

在浏览器中浏览页面的结果如图 2-1 所示。

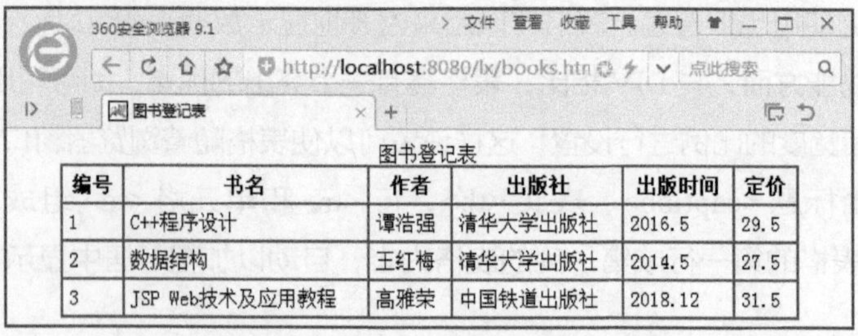

■ 图2-1 页面中的规则表格

<table> 标记中的属性用来修饰整个表格，如属性 border 设置边框的粗细，默认值是 0，没有边框线；属性 cellspacing 设置单元格边框到表格边框的距离以及单元格之间的距离，属性 cellpadding 设置单元格内的文字内容与所在单元格四个边框的距离，这两个属性值的单位是像素。表格还具有设置背景色 bgcolor、设置背景图 background，以及设置表格高度 height 等常用属性，一般表格的高度由表格所有行决定，height 属性可以省略，但是也可以用该属性设置表格的高度，尤其是用表格进行网页布局排版时。

2）不规则表格

不规则表格一般是指一个单元格被拆成多个单元格，或者多个单元格被合并成一个单元格的使用情况。在网页中多个单元格合并的操作可以通过单元格的跨行或跨列合并属性完成，而一个单元格拆成多个单元格的情况则可以利用表格嵌套，即单元格中插入表格的方法实现。

【例 2-3】设计建立一个不规则表格，用于登记借阅图书。

文件名为 book_reg_2.html，代码如下：

```
<table align="center" width="60%" border="1" bordercolor="#0000ff"
cellspacing="0" cellpadding="5">
    <caption> 图书登记表 </caption>
    <tr bgcolor="#aabbcc">
        <th> 类别 </th>
        <th> 编号 </th>
        <th> 书名 </th>
        <th> 作者 </th>
        <th> 出版社 </th>
        <th> 出版时间 </th>
        <th> 定价 </th>
    </tr>
    <tr>
        <td rowspan="3" align="center" valign="middle">计算机类 </td>
        <td>1</td>
        <td>C++ 程序设计 </td>
        <td> 谭浩强 </td>
        <td> 清华大学出版社 </td>
        <td>2016.5</td>
```

```
        <td>29.5</td>
    </tr>
    <tr>
        <td>2</td>
        <td> 数据结构 </td>
        <td> 王红梅 </td>
        <td> 清华大学出版社 </td>
        <td>2014.5</td>
        <td>27.5</td>
    </tr>
    <tr>
        <td>3</td>
        <td>JSP Web 技术及应用教程 </td>
        <td> 高雅荣 </td>
        <td> 中国铁道出版社 </td>
        <td>2018.12</td>
        <td>31.5</td>
    </tr>
    <tr>
        <td align="center"> 备注 </td>
        <td colspan=6 align="center"> 所借阅教材 </td>
    </tr>
</table>
```

在浏览器中浏览页面结果，如图 2-2 所示。

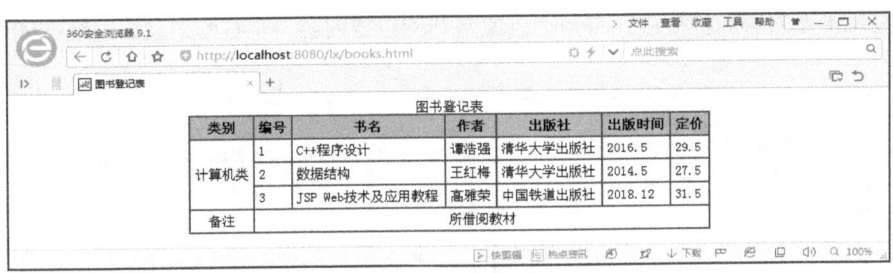

■ 图 2-2　页面中的不规则表格

表格中行标记 <tr> 的属性仅设置本行的格式，常见的有设置文字对齐方式，包括水平对齐 align 与垂直对齐 valign。利用 bgcolor 和 bordercolor 属性可以设置一行的背景色或行边框的颜色，利用 height 属性调整某行的高度。

表格中单元格标记 <td> 的属性仅设置某单元格的格式，如文字对齐方式，单元格的边框颜色、背景色、高度与宽度等设置方法及属性名称与行标记方法一致。但是，利用单元格的跨行与跨列属性 rowspan 和 colspan 可以设计不规则的表格，这个与 Word 类似。此外，不规则表格也可以采用结合表格嵌套的方法制作，这两种方法相结合，可以提高效率。读者可以修改例 2-3 不规则表格的代码，利用表格嵌套的方法，生成图 2-2 所示的不规则图书登记表。

操作提示： 先制作一个 3×2 的规则表格 <table>；然后将第一行与第二行各自的第二个单元

格跨行合并，最后在合并得到的单元格内插入一个内嵌的 4×6 的表格。不过，还需要修改表格的一些属性，如外面表格的 cellpadding="0"、修改相关单元格的 height 属性等。

3）表格布局网页

网页布局就是将网页设计的功能板块分别布置在最合适的位置，使得网页美观。这里仅介绍表格布局的方法，后续还会讲 DIV+CSS 布局方法。常见的布局有以下几种。

（1）国字形布局。国字形布局由"同"字形布局演变而来，布局结构与汉字"国"相似。页面最上面部分一般为页眉部分，放置网站的 Logo 标志和导航栏或 Banner 广告，页面中间主体部分主要放置网站的主要内容，最下面部分一般为页脚部分，放置网站的版权信息和联系方式等。网站 http://www.3wschool.com.cn 就是典型的国字形布局，读者可以在该网站学习网页制作的相关知识。国字形布局图如图 2-3（a）所示。

（2）T 形布局。T 形布局结构页面的顶部一般放置网站的 Logo 标志或 Banner 广告，下方左侧是导航栏菜单，下方右侧则用于放置网页正文等主要内容。T 形布局常用于精品课程网站，其结构如图 2-3（b）所示。

（3）标题正文型布局。标题正文型布局结构常用于网站的内页，用来显示文章、新闻内容和一些注册页面等。天津外国语大学网站中的新闻中心 http://news.tjfsu.edu.cn/ 里面的所有新闻均采用标题正文型布局。标题正文型布局结构如图 2-3（c）所示。

（4）左右框架型布局。左右框架型布局结构常用来布局大型论坛和企业网站。结构主要分左右两侧，左侧多数为导航栏链接，右侧则放置网站的主要内容。左右框架型布局结构如图 2-3（d）所示。

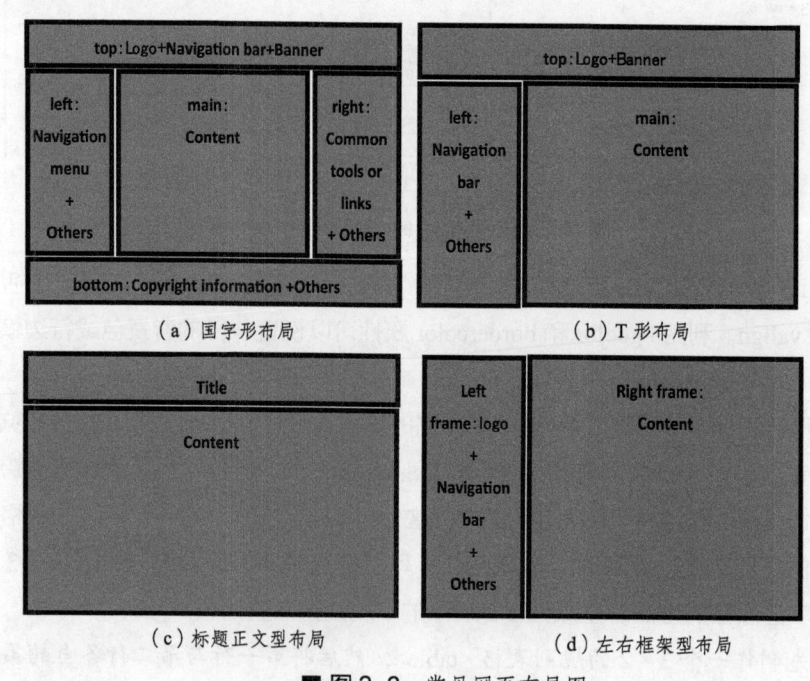

（a）国字形布局　　　　　　　　　　　（b）T 形布局

（c）标题正文型布局　　　　　　　　　（d）左右框架型布局

■ 图 2-3　常见网页布局图

（5）上下框架型布局。有左右框架型布局，也有人习惯用上下框架型布局，两者布局类似。在上下框架型布局结构中上方用来做导航栏，下方放置网站的主要内容。上下框架型布局结构与标题框架结构图一致，区别在于不同的框架中显示的信息不一样。

（6）POP 网页布局。POP 网页布局方式颇具艺术感和时尚感。页面设计通常以一张精美的海报画面为布局的主体。例如，国际领先高端服装设计网站 http://www.pop-fashion.com、Apple 官方网站 https://www.apple.com 等一些商业性的网站布局。POP 网页布局方式如图 2-4 所示。

■ 图 2-4　POP 网页布局方式

多数网站设计者一般采用综合框架型，也就是在一个网页中综合了上述多种网页布局，比如会出现上中下或者左中右的"三"字形或"川"字形。此外还有 Flash 布局等，网页布局随着时间而变化，平时上网时可多留意较好的布局。

【例 2-4】利用表格设计页面布局。

```
<table  border="1" width="650"  align="center">
    <tr>
        <td width="150" height="80">网站 logo</td>
        <td colspan="2">banner</td>
    </tr>
    <tr>
        <td>
            <table border="1" width=100% height="200">
                <tr><td>Navigation bar</td></tr>
                <tr><td> </td></tr>
                <tr><td> </td></tr>
                <tr><td> </td></tr>
                <tr><td> </td></tr>
                <tr><td> </td></tr>
            </table>
        </td>
```

```
        <td>Content</td>
        <td width="150">
            <table border="1" width=100% height="200">
                <tr><td>News</td></tr>
                <tr><td>Common links</td></tr>
            </table>
        </td>
    </tr>
    <tr>
        <td colspan="3" align="center"> Copyright information </td>
    </tr>
</table>
```

在浏览器中浏览页面结果，如图 2-5 所示。

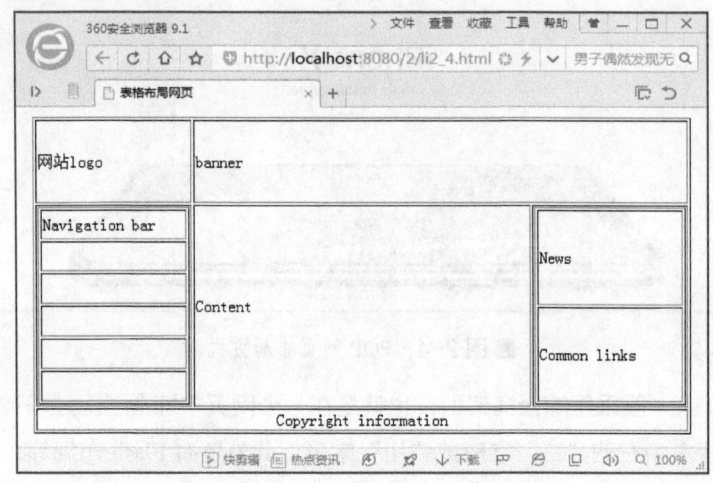

■ **图 2-5** 利用表格进行网页布局

6. 超链接标记

超链接 Hyperlink 是网页中必需的组成元素，这也是 HTML 文件的精髓，是非线性浏览海量信息的一种手段。通过创建超链接，可以在当前页面与其他页面间建立链接，一个门户站点的首页内容几乎都是这种设置了超链接的标题文字、图片等，使用户可以从一个页面直接跳转到其他页面、图像或服务器。

1）创建内部超链接

创建超链接的对象可以是文字、图片和书签，而链接目标可以是本地站点内的文档，如网页、图片、音视频文件、**Office** 文件、压缩文件等多种类型的文档，或者一个书签。链接目标还可以是另一个站点网址、**E-mail** 地址、**FTP** 服务器地址等。网页中超链接通过锚标记 <a></a> 建立，其基本格式如下：

`<a href="URL" target="` 目标窗口 `" title="` 指向链接对象显示的提示信息 `">` 创建超链接的对象 `</a>`

其中，主要属性 href 指定链接目标所在的链接地址，如果是链接到网站内部一个文件，只需指明该文件的相对路径，若是链接到网站外部，必须为 URL 地址，如一个具体网址或 E-mail 地址等。target 属性设置显示链接目标的窗口，默认值 self 为当前窗口，可以取 blank 或者 new 新打开一个未命名的窗口显示目标文档，而值 parent 和 top 是针对 frameset 框架集布局的网页设置打开窗口。

以下是两个内部超链接的例子：

```
<a href="books.html" target="new"> 用书计划 </a>
<a href="image/fj1.jpg" title=" 点 小 图 赏 大 图 " target="blank"><img src="image/fj.jpg"></a>
```

如下代码显示的效果是：用户单击"传奇"会在打开的新网页窗口播放音乐 yy_cq.mp3。

```
<a href="music/yy_cq.mp3" target="new" > 传奇 </a>
```

如下代码显示的效果是：用户单击"使用说明"会打开"新建下载任务"文件下载窗口，可以下载或直接打开浏览文件。这是由于浏览器会根据链接对象的文件类型自动做出处理，对于 Office、PDF 以及压缩文档则采用此种方式。

```
<a href="others/readme.docx"> 使用说明 </a>
```

网页有时会有许多内容导致页面过长，为了寻找页面某些特定的目标，可以建立书签链接。建立书签链接需要以下两步完成，每一步都利用超链接标记 <a></a> 实现。

第一步：在页面特定的目标处建立书签，又称锚点，通过超链接标记 <a> 的 name 属性建立。格式为 <a name=" 书签名称 "></a>，书签名称用户可自行定义。

第二步：为已有的书签建立链接，格式为 <a href="# 书签名称 ">……</a>。

【例 2-5】设计页面，利用书签建立超链接。

```
<table width=60% align="center">
<caption><font face=" 微软雅黑 " size="8px">
<a name="top"></a> 图书简介 </font>            <!-- 建立书签 top -->
</caption>
<tr>
    <td><a href="#C++">C++ 程序设计 </a></td>  <!-- 建立书签 C++ 的超级链接 -->
    <td><a href="#DS"> 数据结构 </a></td>
    <td><a href="#JSP">JSP Web 技术及应用教程 </a></td>
</tr>
</table>
<hr>
<p style="font-family: 黑体 ;font-size:30px;color:#0000ff;">
<a name="C++"></a>《C++ 程序设计》            <!-- 建立书签 C++ -->
</p>
<table>
<tr><td>      《C++ 程序设计（第 3 版）》从零起点介绍程序设计和
C++, 定位准确，概念清晰，深入浅出，取舍合理，以通俗易懂的语言对 C++ 的许多难懂的概念作了透彻而
通俗的说明，是初学者学习 C++ 的一本好教材。</td></tr>
    <tr><td align="right"><a href="#top"> 返回 </a></td></tr>      <!-- 建立书签 top
的超级链接 -->
```

```
</table>
<p style="font-family: 黑体;font-size:30px;color:#0000ff;"><a name="DS"></a>《数据结构》</p>
<table>
<tr><td>    《数据结构（C++版）（第2版）》内容丰富，层次清晰，讲解深入浅出，可作为计算机及相关专业本、专科数据结构课程的教材，也可供从事计算机软件开发和应用的工程技术人员阅读、参考。</td></tr>
<tr><td align="right"><a href="#top">返回</a></td></tr>
</table>
<p style="font-family: 黑体;font-size:30px;color:#0000ff;"><a name="JSP"></a>《JSP Web 技术及应用教程》</p>
<table>
<tr><td>    本书内容分两部分，其中静态网页制作的知识重点在于通过完整实例讲述 HTML、CSS、JavaScript 的基本语法。JSP 动态网页制作的知识通过完整案例的设计开发过程讲述含 JSP 的基本语法、数据库使用方法，以及 MVC 等设计模式。</td></tr>
<tr><td align="right"><a href="#top">返回</a></td></tr>
</table>
```

将上述代码放到 HTML 网页中，浏览页面结果如图 2-6 所示。

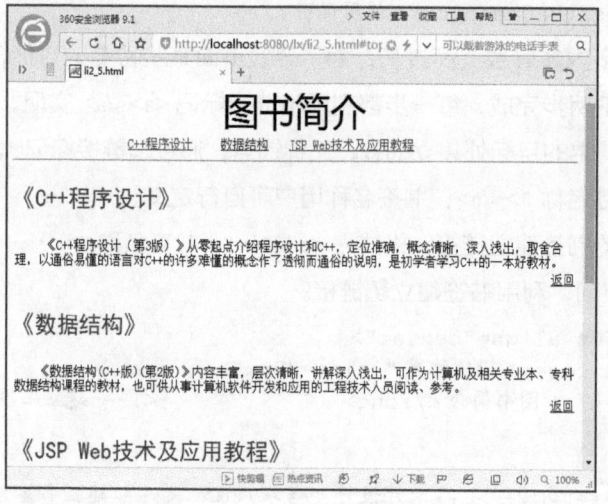

■ 图 2-6 书签链接结果

在建立书签超链接语法中，"#"号代表书签的链接地址，链接名称就是建立书签时的 name 值。单击某书签链接，当前页面自动跳转到所对应的"书签"位置。

书签链接还可以跳转到不同页面的书签位置，方法类似。区别在于建立书签超链接时，href 属性值不同，要在 # 书签名前面加上书签所在的网页文件名，例如：<a href="li2_6.html#top">。

2）创建外部超链接

外部链接是指链接目标是本地站点外的内容，链接标记 <a> 属性 URL 指定链接目标。

如下面代码的显示效果是：鼠标指针移动到超链接文字"天津外国语大学"上时指针变成手形，在单击超链接文字"天津外国语大学"时将跳转到 http://www.tjfsu.edu.cn 所指向的页面：

```
<a href="http://www.tjfsu.edu.cn" target="blank"> 天津外国语大学 </a>
```

如下代码显示的效果是：单击"发送邮件"会自动启动计算机中的 Outlook 邮件管理软件，在收件人处自动添加两位收件人 123456789@qq.com 和 wang_yi@163.com，并在邮件主题处填入会议通知。

```
<a href="mailto:123456789@qq.com;wang_yi@163.com?subject= 会议通知 "> 发送邮件 </a>
```

如下代码显示的效果是：FTP 超链接登录到对方 FTP 服务器，访问服务器上的目录或文件。

```
<a href="ftp://ftp.pku.edu.cn"> 北京大学 FTP 服务器 </a>
```

7. 表单标记

前面讲述的标记几乎都是用于网页显示信息的，但是登录、注册、问卷调查等网页需要用户填写信息，并且要提交信息到服务器，服务器处理后再将结果回传给客户端浏览器，这样的网页具有了交互性。登录、注册网页中信息输入，问卷调查网页中的选项选择等都是通过表单实现的。表单一般由表单标记 <form></form>、用于用户输入和交互的表单控件（如文本框、复选框、单选按钮、选择框等）组成。

1）表单标记

表单标记 <form> 是一个容器，各种表单控件都是用于该标记对间的子标记。表单标记基本语法如下：

```
<form action="URL" method="get/post" name="value"> </form>
```

其中，action 属性用来设置服务器上处理表单数据的程序地址，处理程序可以是 jsp 程序、CGI 程序、ASP.NET 程序等。

method 属性设置从表单向处理程序提交信息的方式，有 get 或 post 两种方式，get 是默认值，但此方式不安全。该方式将表单中输入的信息在浏览器的地址栏中以明文查询字符串形式显示在 action 属性指定的地址后面，之间用"？"隔开，一起传送给服务器。查询字符串用 key="value" 形式定义，如果有多个域，中间用"-"隔开，如 http://local host:8080/2/login.jsp?u_name="admin"-u_pwd="123456"。post 方法安全保密，将表单中用户输入的数据进行包装传送到服务器，不在地址栏显示，且对数据的长度基本没有限制，目前大都采用此方式。

name 属性设置表单名称，多为其他程序所引用。id 属性设置表单的 ID 号，多为 js 脚本函数引用。除此常用属性外，<form> 标记还有 onsubmit、onreset 等属性，这里不再介绍。

一个页面中 HTML 对表单的数量没有限制，也需要合理设置，如果表单太多不易阅读。

2）表单控件

表单控件有多种，功能不一，用户可以根据需要选择合理的控件使用。

（1）<input> 标记。<input> 单标记通过设置其 type 属性值可以定义出多种常用控件，其基本语法为：

```
<input type="value" name="value" ……>
```

其中，<input> 标记的主要属性 type、name 与 id 是任何一个由该标记生成的常用控件都必须具有的，当控件类型 type 不一样时，<input> 标记还会有该控件的一些独特属性。type 属性的属性值如表 2-3 所示。

■ 表 2-3　type 属性的属性值

type 属性可选值	控件描述	控件对应属性可选值	属性描述
text	单行文本框	maxlength	定义输入的最多字符数
		size	定义显示区域的大小
		value	设置默认值
password	密码框	maxlength	定义密码的最多字符数
		size	定义显示区域的大小
radio	单选按钮	checked	默认状态是否被选中
checkbox	复选框	checked	默认状态是否被选中
file	文件选择框	name	上传文件的文件名 url
		size	文件选择框的大小
		enctype	文件采用正确格式上传
submit	提交按钮	value	按钮上显示的文字
reset	重置按钮	value	按钮上显示的文字
button	普通按钮	value	按钮上显示的文字
		onclick	设置单击执行的脚本函数名
image	图像按钮	src	图像的源文件名 url
hidden	隐藏框	value	用户不能在其中输入，预设要传送的信息
HTML5 新增的 type 类型及对应的常用控件			
email	邮件框	value	设置默认 E-mail 地址，自动验证 E-mail 的值
date	日期选择框	value	设置默认选择的日期

（2）<textarea> 多行文本输入标记。多行文本输入双标记 <textarea> 适用于用户输入类似意见或者建议等信息量较多的内容。其输入空间的大小由属性 rows 和 cols 决定，rows 设置输入框的行数，cols 设置每行允许输入的字符个数，一个汉字占两个字符，内容多时框右侧会出现垂直滚动条。

wrap 属性设置是否自动换行，属性值可取 off（不自动换行）、hard（自动硬回车换行，换行标记一同被传送到服务器）、soft（自动软回车换行，换行标记不会被传送到服务器）。

（3）<select> 下拉列表框选择标记。下拉列表框选择标记 <select> 建立一个含有多个选项的下拉列表，其中的选项由 <option> 子标记定义，用户可以从列表中选择一项或多项。

<select> 标记的 size 属性设置下拉列表框的大小，即列表框中显示的选项个数，默认值为 1。选项数目大于 size 值时，右侧自动出现垂直滚动条。multiple 属性设置允许多选。

选项子标记 <option> 的 selected 属性设置初始状态被默认选中的选项。value 属性设置选项值，选中的选项值将被送到服务器进行处理。

（4）<label> 标签标记。HTML5 新增的 <label> 标记，其作用是为 input 控件定义标签 label，即说明性文字。通过 <label> 标签的 for 属性等于相关 input 元素的 id 值实现标签与控件的绑定。另外，<label> 标记本身不会呈现任何特殊的样式，如果用户单击 label 元素，会切换到控件本身。

【例 2-6】设计表单应用程序，实现读者用户注册界面。

```
<html>
<head>
    <title> 读者信息 </title>
    <style type="text/css">
        .td1{text-align: right;}
    </style>
</head>
<body scroll="no">
    <p> 注册读者信息: </p><hr color="#0000ff" size=4>
    <form id="formobj" action="" name="formobj" method="post">
    <table width=600 cellpadding="0" cellspacing="1">
    <tr>
        <td class="td1" width="15%" nowrap><label> 学号 :</label></td>
        <td><input type="text" id="userNum" name="userNum"/>
                <span> 填写一卡通上的学号 </span>
        </td>
    </tr>
    <tr>
        <td class="td1" width="10%"><label> 姓名 :</label></td>
        <td width="50%"><input type="text" id="userName" name="userName">
<span> 填写真实姓名 </span></td>
    </tr>
    <tr>
        <td class="td1"><label> 性别 : </label></td>
        <td><label> 男 </label><input type="radio" id="usersex" name="usersex"
value="m"/>
                    <label> 女 </label><input type="radio" id="usersex" name
="usersex" value="w" checked="checked"/></td>    <!-- 性别是一个单选项组, 所有两个
input 标记的 name、id 相同 -->
    </tr>
    <tr>
        <td class="td1"><label> 密码 : </label></td>
        <td><input type="password" id="password" name="password"
maxlength="18"/> <span> 密码至少 6 个字符, 最多 18 个字符 </span></td>
    </tr>
    <tr>
        <td class="td1"><label> 重复密码 :</label></td>
        <td><input id="repassword" name="repassword" type="password"></td>
    </tr>
    <tr>
        <td class="td1"><label> 学院 :</label></td>
```

```
        <td><select id="depart" name="depart">
                <option value="dpse" > 英语学院 </option>
                <option value="dpsj" > 日语学院 </option>
                <option value="dpsc" selected="selected" > 国际传媒学院 </option>
                <option value="dpsb" > 国际商学院 </option>
            </select><span> 请选择所在学院 </span></td>
    </tr>
    <tr>
        <td class="td1"><label>入学日期 :</label></td>
        <td><input id="date_e" name="date_e" type="date" value="2017-09-04">
<span> 选择报到日期 </span></td>
    </tr>
    <tr>
        <td class="td1"><label>手机号码： </label></td>
        <td><input id="mobilePhone" name="mobilePhone" type="tel"></td>
    </tr>
    <tr>
        <td class="td1"><label>常用邮箱 :</label></td>
        <td><input id="email" name="email" type="email"></td>
    </tr>
    <tr>
        <td class="td1"><label>个人简介： </label></td>
        <td><textarea id="resume" name="resume" " rows=3 cols=19>必须最少写一
句哦！ </textarea></td>
    </tr>
    <tr>
        <td colspan=2 align="center">
        <input type="submit" id="submit" name="submit">    
        <input id="reset" name="reset" value=" 重置 " type="reset"></td>
    </tr>
    </table>
    </form>
</body>
```

将代码在 HTML 网页文件中发布浏览，结果如图 2-7 所示。

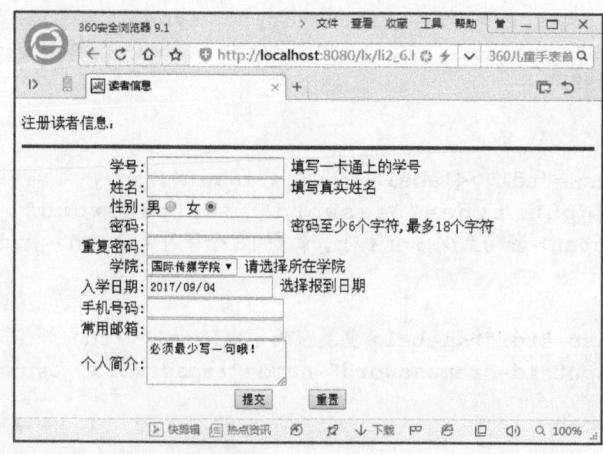

■ 图 2-7　读者注册界面

8. 其他标记

1）水平线标记 <hr>

水平线标记 <hr> 在 HTML 页面中创建一水平线，可用于分隔内容或美化页面。具有宽度 width、高度 size、去除阴影 noshade、颜色 color、对齐方式 align 等常用属性。

2）注释标记

为了提高程序的可读性，对于主要的程序代码一般加上注释说明。HTML 用 <!-- --> 标记实现注释，浏览器不显示注释信息。

3）特殊符号

在 HTML 网页中特殊字符是以 & 开头的字母组合，或者以 &# 开头的数字，特殊符号以英文半角符号"；"结束。例如，HTML 中无论输入多少空格，均自动截去多余的空格，仅看作一个空格处理。网页中想用多个空格时，需要多次使用" "特殊符号来实现。

2.2.2　CSS 简介

在例 2-6 中的文档头部出现了双标记 <style type="text/css"></style>，里面的代码 .td1{text-align: right;} 设置了表格 <table> 中的某些单元格的文字对齐方式，这是本节要介绍的 CSS（层叠样式表）。CSS 是设置网页元素格式的另一种方法，该方法体现了内容和样式分离的思想。网页文档的文档体 <body> 部分设置网页元素，<head> 文档头部的 CSS 设置元素的显示格式。这样设计的网页，整洁、便于维护修改，可以在不改变网页元素内容的基础上，修改 CSS 层叠样式表得到多种风格的网页。

1. CSS 的建立

CSS 的建立就是将设置某个或某些网页元素显示格式所需的属性和属性值按照一定的规则组织在一起。CSS 中的规则由两部分组成：选择符 selector 和声明 declaration。选择符指定进行格式设置的网页元素，声明部分又包含两部分内容，即网页元素所涉及的属性和属性值。属性名与属性值之间用"："隔开，如果一个元素设置多个属性，属性之间用"；"隔开。基本语法格式如下：

```
selector { property: value[;property: value]… }
```

1）选择符

CSS 中的选择符根据网页设计的需要通常有标记选择器、class 类别选择器和 id 选择器三种。

（1）标记选择器。标记选择器就是针对 HTML 的标记，及其位置的上下文关系选择元素。

① 按照标记名称选择。按照标记名称选择简单直观，一旦定义了某标记选择器，那么就等价于声明了页面中该标记默认的样式。

例如：超链接标记 <a> 网页预设了字体和颜色，并且自动加上下画线。修改例 2-5，利用 CSS 重新定义超链接的字体、字号与颜色，并去掉下画线。

```
<style type="text/css">
```

```
    a{font-family: 微软雅黑 ;
      font-size:28px;
      color:#ff0000;
      text-decoration: none;}
</style>
```

将上述代码加入到书签链接相对应的网页 <head> 标记对中，发布后浏览网页则发现包括"返回"在内的所有超链接文字都修改了显示格式。

② 根据上下文关系选择元素。根据上下文关系选择元素是指根据元素的包含关系来定位它们。如表格标记 <table> 包含 <tr> 子标记，而 <tr> 标记又包含 <th>、<td> 标记，将包含标记选择器的元素称为祖先，将直接包含标记选择器的元素称为父元素。设置 CSS 样式表时，可以采用下面的语法格式设置名称选择器。

基本语法格式一：

祖先元素标记 标记选择器｛属性名称：属性值；...｝

例如：`table td{height:40px;}`

如果祖先标记恰好是标记选择器的父元素，可以将语法格式一中的标记分隔符"空格"改为">"，如基本语法格式二所示。

基本语法格式二：

父元素标记＞标记选择器｛属性名称：属性值；...｝

例如：`td>p{ font-family: 微软雅黑 ；  color:#0000ff;}`
设置了包含在表格单元格中的段落标记中文字的显示格式。

（2）class 类别选择器。使用 HTML 标记选择器简单，但是有一定的局限性，例如例 2-5 中的"返回"希望与三本书名的风格不一样，那么使用标记选择器就无法实现了。因此，对网页中同一个标记需要设置两种或更多的不同格式，需要使用 class 类别选择器。

类别选择器的名称由用户定义，以"."号开头，涉及属性与值的设置要遵循 CSS 规范。但是要应用类别选择器的 HTML 标记，需要用 class 属性声明。

例如，修改例 2-3，将所有单元格的文字对齐方式设置为水平、垂直均居中，并将第一行与最后一行的行高设置为 40 px，加上合适的背景色，修改表格标题的样式。

```
<style type="text/css">
  caption { font-size:28px;      /* 标记 caption 为选择器名称 */
      font-weight: bold;
      letter-spacing:12px;
      line-height:2.5;}
  table td {text-align:center; /* 祖先 table 标记，选择器也可以仅用标记 td */
      vertical-align:middle; }
  .td1,th {                         /* 选择器 td1 与 th 设置为相同的样式，称为元素组 */
      background-color: #aabbcc;     /* 表格中位置不同的 td 标记有两种不同格式 */
      height: 40px;
      font-weight: bold;}
</style>
```

　　网页中的标记也会出现应用多种类别选择器的情况，这时可以同时加载多个类别选择器的样式。加载方法是在 class 属性值中用空格隔开类别选择器的名称即可。

　　（3）id 选择器。id 选择器通过页面标记的 id 属性来选择 CSS 样式，与类别选择器用法几乎相同。但是，不同点是 HTML 页面中不能出现两个相同的 id 选择器，即定义的 id 选择器只能被使用一次。

　　id 选择器的名称由用户定义，以"#"号开头，涉及属性与值的设置要遵循 CSS 规范。但是网页中要应用 id 选择器的 HTML 标记，需要用其 id 属性设置。

　　例如：修改例 2-5，利用 id 选择器控制图书简介文字的首行缩进，及字体、字号对齐方式等样式。

```
<style type="text/css">
  a{font-family: 微软雅黑；
    font-size:22px;
    color:#ff0000;
    text-decoration: none;}
  caption{font-family: 微软雅黑；
    font-size:38px;}
  table{width:80%;
    margin:0 auto ;}
  #table1{width:60%;
    table-layout:fixed;}
  p{font-family: 微软雅黑；
    font-size:24px;
    color:#0000ff;
    text-indent: 2em;}
  td>p{font-size:22px;           /* 父标记 td，设置表格中单元格内段落标记 p 的样式 */
    color:#000000;}
</style>
```

　　网页中的超链接标记 <a>、表格标题标记 <caption>、段落标记 <p> 会自动按照 CSS 中相关属性的设置进行格式化。而表格标记 <table> 有两种样式，网页 <body> 中的 <table> 标记会默认按照 CSS 中的选择器 table 的样式，如果某表格应用了 id 选择器 table1，则该表格会叠加 CSS 中名称选择器 table 与 id 选择器 table1 两种样式。同样，表格中的段落标记 <p> 也自动叠加了名称选择器 p 与 td>p 设置的两种格式，名称选择器的样式会自动被应用。

　　2）CSS 中的属性

　　在网页制作中，CSS 格式化网页元素的功能非常强大，而且能够实现内容与格式的分离。在对标记设置 CSS 样式时，属性名与属性值的设置方法与在标记本身中常用属性的属性名与属性值的使用方法是有一定区别的。例如，需要在宽度 width、高度 height 属性值后面加上单位，单位可以是像素，也可以是百分比。字体大小可以是相对大小，也可以是绝对大小。

　　为了更好地设计 CSS，在介绍常用属性使用方法之前，先介绍属性值中的距离表示方法。表 2-4 列出了绝对长度与相对长度的两种表示方式及对应单位。

■ 表 2-4　CSS 中的长度表示方式

表示方式	单　位	说　明
相对长度	em	相对于当前对象内文本的字体尺寸
	ex	相对于字符 "x" 的高度，通常为字体高度的一半
	px	像素
	%	相对于父元素相关属性值的百分比
绝对长度	pt	点 Point
	pc	派卡 Pica，相当于我国四号字的大小
	in	英寸 Inch
	cm 或者 mm	厘米 Centimeter 或者毫米 Millimeter

在 CSS 中颜色的表示如长度一样，也有多种方法。最常用的是十六进制正整数表示方法 #RRGGBB，取值范围为：00~FF，例如，a{color:#1a2b3c; }。其次，设置颜色也可以用函数 rgb (R,G,B)，表示红、绿、蓝的 R、G、B 取值范围为：0~255 或百分数数值。例如，表示红色，a{color: rgb(255,0,0); }，还可以表示取红色的 70%，如 p{color: rgb(70%,0,0); }。最后一种方法是直接使用颜色名称，但是不同的浏览器会有不同的预定义颜色名称，如 h1{color:red; }。

在了解了常用的长度与颜色的 CSS 表示方法的基础上，下面介绍网页中常用具体元素的常用属性及属性值的设置。

（1）文字格式。在网页中文字格式的设置可以应用于段落标记、标题标记等。CSS 中常见文字样式属性及属性值见表 2-5。

■ 表 2-5　CSS 中的文字样式常用属性

属性名称	说　明	应用举例
font-family	设置字体	p{font-family: 黑体 ;} h3{ font-family: 黑体 , 微软雅黑 ;}
font-size	设置字号	绝对大小：p{font-size:small;}　p{font-size:14px;} 相对大小：h2{font-size:150%;}
color	设置颜色	p{color: #0000ff;}　#p1{color:blue;}
font-weight	设置字体加粗 数字越大字体越粗	p{font-weight: bold;}　p{font-weight: lighter;} h4{font-weight: 100;}　h6{font-weight: 900;}
font-style	设置字体样式	段落文字斜体效果：p{font-stylet: italic;}
text-decoration	设置文字修饰效果	段落文字加下画线效果：p{text-decoration: underline;} 段落文字加删除线效果：p{text-decoration:line-through;}
text-transform	转换英文大小写	文字转换为大写：p{text-transform:uppercase;} 文字首字母大写：p{text-transform:capitalize;}
font-variant	设置英文字母为小型的大写字母	p{font-variant:small-caps;}
line-height	设置行间距	设置 2.5 倍行间距：p{line-height:2.5;}
letter-spacing	设置字间距	p{letter-spacing:12px; }
text-indent	设置首行缩进	首行缩进两个字符：h3{text-indent: 2em; }
text-align	设置文字水平对齐	p{text-align:center; }

续表

属性名称	说　明	应用举例
font	设置文字综合属性 font-style font-variant font-weight font-size line-height font-family	p{font: italic bolder small-caps 24px/18px 黑体 ;} 前三个属性次序任意，默认为 normal，但是必须有字号和字体，字号先字体后，行高必须在字号后面，用 "/" 分隔，或省略行高

（2）超链接文字格式。在网页中建立超链接是比较常见的一种操作，对于已建立超链接的文字格式、单击访问超链接文字时的格式，系统有默认的样式。用户可以通过 CSS 设置超链接文字有关的格式，常见语法见表 2-6。

■ 表 2-6　CSS 中的超链接样式设置常用语法

语　法	说　明	应用举例
a:link	未访问过的超链接文字样式	a:link{color:#ff0000;}
a:visited	已访问过的链接文字样式	a:visited {color: #0000ff;}
a:hover	鼠标指针移动到链接文字上方时的样式	a:hover {color:#00ff00;}
a:active	单击链接文字时的样式	a:active { color: #1a2b3c;}
a	设置超链接文字的样式，自动被上述 4 种属性继承，上述 4 个属性必须按此顺序设置	超链接文字为黑体、26px，无下画线： a{font-family: 黑体 ;font-size:26px; text-decoration: none; }

（3）表格样式。在网页中表格的两种作用及使用方法大家已熟悉，但是前面实例中的表格样式通过标记 <table>、<tr> 与 <td> 的相关属性设置，非常烦琐。一个表格中往往包含多行、多个单元格，在设置样式时，同一个属性需要重复设置多次。通过 CSS 设置表格样式，可以提高效率、简化代码，实现样式与内容的分离。CSS 中的表格样式常用属性及使用见表 2-7。

■ 表 2-7　CSS 中的表格样式常用属性

属性名称	说　明	应用举例
border	设置表格外边框复合属性：线的粗细、线型、颜色，单元格外边框可看作表格内边线	table{border:1px solid #0000ff; } td{border:1px solid #0000ff; }
border-collapse	相邻两条边框线合并为 1 条	table{border-collapse:collapse; }
border-spacing	单元格间距，属性有效，必须 border-collapse:separate;	table.t1{border- spacing:5px; } 设置间距水平为 5 px，垂直为 10 px： table.t2{border- spacing:5px 10px;}
padding	单元格内容与四个边线距离	.table1{padding:15px;} .table2{padding-left:15px;}
background-color	设置背景色	.tr1{ background-color:#0000ff; }
background-image	设置背景图	table{background-image:url(image/bj.jpg);}
background-size	设置背景图的大小	table{background-size:600px 200px;}
background-repeat	设置背景图是否平铺	table{background-repeat:no-repeat;}
background-attachment	设置背景图是否随页面内容滚动	table{background-attachment:scroll;}

续表

属性名称	说　明	应用举例
table-layout	设置表格列宽，默认随内容自动变化	设置表格平均分布各列的列宽： table{table-layout:fixed;}
text-align	表格文字水平方向对齐方式	table{text-align:center;}
vertical-align	表格文字垂直方向对齐方式	table{vertical-align:middle;}

（4）列表样式。前面介绍有序列表、无序列表与定义列表建立时，通过标记本身的属性对列表进行设置。同样对于三种列表，CSS 也可以方便地完成有关属性的设置。CSS 中的列表样式常用属性及使用见表 2-8。

■ 表2-8　CSS 中的列表样式常用属性

属性名称	说　明	应用举例
list-style-type	设置列表样式，取 none 时不显示任何符号或编号	.list1{list-style-type:circle; } .list2{list-style-type:upper-roman; }
list-style-position	设置列表标志的位置，即列表符号的缩进	列表项的下一行文字与列表符号对齐 ol{list-style-position:inside;}
list-style-image	设置列表符号为图像	ul{list-style-image:url(image/tu1.jpg); }
list-style	复合属性：按照上述顺序设置所有的列表属性	设置一缩进的、图像代替黑色圆点的列表 ul{list-style:disc inside url(image/tu1.jpg);}

除上述介绍的经常使用的元素在 CSS 中的使用方法以外，还有滚动条、鼠标指针的设置，这里不再一一讲述，读者可以自行学习使用。

2. CSS 的应用

对于建立的 CSS，根据制作网页的需要，有以下常用的三种方法能实现在页面中应用 CSS。

1）行内样式

行内样式是比较直接的一种样式，直接在 HTML 标记内通过 style 属性定义实现。基本语法格式如下：

< 标记名称 style=" 属性名 1：属性值 ；属性名 2：属性值 ；……">

这种方式比较容易，但是灵活性不强，网页中代码重复较多，代码的重用性不高，工作效率低。

例如：通过行内定义样式的方法，设置段落文字的字体、字号和颜色。

```
<p style="font-family: 黑体 ;font-size:30px;color:#0000ff;">《C++ 程序设计》</p>
```

2）内嵌式样式表

CSS 内嵌式样式表就是在页面 <head></head> 标记内用 <style></style> 标记将所用的 CSS 样式包含在页面中。基本语法格式如下：

```
<head>
    <style type="text/css">
        ...                          /* 各标记的具体样式设置 */
```

```
        </style>
    </head>
```

本节第一部分建立 CSS 的所有实例都是使用这种内嵌样式表的方法。与行内样式相比，内嵌式样式表的形式没有行内标记直接，但是能够使样式与内容分离，页面结构清晰、便于修改与维护。但是，内嵌式样式表仅能被它所在网页中的相应标记引用，网站其他页面中相同的 HTML 标记希望应用样式表中的相同样式，需要使用样式表应用的第三种方法实现。

【例 2-7】修改例 2-3，利用 CSS 美化表格，实现样式与内容的分离。

```html
<html>
    <head>
    <title>图书登记表</title>
        <style type="text/css">
            caption { font-size:28px;          /* 选择器名称，标记 caption 的样式 */
                font-weight: bolder;
                letter-spacing:12px;
                line-height:2.5;}
            table{width:70%;                    /* 选择器名称，标记 table 的样式 */
                margin:0 auto;
                border-collapse:collapse;
                text-align: center;
                vertical-align: middle;
                padding:5px;}
            table td,th { height: 35px;        /* table 的子标记 td、th，选择器也可
直接用 td、th */
                border:1px solid #0000ff;}     /* 表格中的 td、th 共用相同格式 */
            tr.tr1 { height: 40px;     /* class 选择器 tr1，设置部分行标记的样式 */
                background-color: #aabbcc;
                font-weight: bold;}
        </style>
    </head>
    <body>
    <table>                               <!-- table 名称选择器自动应用样式  -->
      <caption>图书登记表</caption>       <!-- caption 名称选择器自动应用样式  -->
      <tr class="tr1">                    <!-- 表格第一行应用类选择器 tr1 样式  -->
        <th>类别</th>                     <!-- 名称选择器 th 自动应用样式  -->
        <th>编号</th>
        <th>书名</th>
        <th>作者</th>
        <th>出版社</th>
        <th>出版时间</th>
        <th>定价</th>
      </tr>
      <tr>
        <td rowspan="3">计算机类</td>         <!-- 名称选择器 td 自动应用样式  -->
        <td>1</td>
        <td>C++程序设计</td>
        <td>谭浩强</td>
        <td>清华大学出版社</td>
```

```
          <td>2016.5</td>
          <td>29.5</td>
       </tr>
       <tr>
          <td>2</td>
          <td> 数据结构 </td>
          <td> 王红梅 </td>
          <td> 清华大学出版社 </td>
          <td>2014.5</td>
          <td>27.5</td>
       </tr>
       <tr>
          <td>3</td>
          <td>JSP Web 技术及应用教程 </td>
          <td> 高雅荣 </td>
          <td> 中国铁道出版社 </td>
          <td>2018.12</td>
          <td>31.5</td>
       </tr>
       <tr class="tr1">          <!-- 表格最后一行应用类选择器 tr1 样式  -->
          <td> 备注 </td>
          <td colspan=6> 所借阅教材 </td>
       </tr>
     </table>
   </body>
</html>
```

在浏览器中浏览页面结果, 如图 2-8 所示。

图 书 登 记 表

类别	编号	书名	作者	出版社	出版时间	定价
计算机类	1	C++程序设计	谭浩强	清华大学出版社	2016.5	29.5
	2	数据结构	王红梅	清华大学出版社	2014.5	27.5
	3	JSP Web技术及应用教程	高雅荣	中国铁道出版社	2018.12	31.5
备注		所借阅教材				

■ 图 2-8   内部 CSS 样式表应用结果

从浏览结果中看出, CSS 层叠样式表除了内容与样式分离特性外, 另一个主要特征就是继承 Inherit。CSS 中的许多选择器定义的样式不仅影响本身, 还自动被子元素继承。如 <table> 选择器的文本格式被 caption、th、td 继承应用。<ul>、<ol> 标记中的子标记 <li> 会继承父标记中的属性。假如 <body> 设置了 CSS 样式, 包含在 <body> 标记中的子元素会选择性地继承相应属性。有些特殊的属性, 不能继承, 读者可以在使用过程之中多加留意。

3) 外部样式表

外部样式表是将 CSS 样式定义在一个单独的样式表 .css 文件中, 然后在 HTML 的任意网页中通过嵌入、链接外部样式表的两种使用方法完成样式表中的样式引用。这也是最常用、最有效的一种引用 CSS 样式表的方式。

（1）嵌入外部样式表。嵌入外部样式表就是将定义好的样式表文件 .css 导入到网页文档中。基本语法格式为：

```
<style type="text/css">
    @import url(样式表文件名 );
</style>
```

其中，嵌入样式表文件 .css 语句句末加分号";"，该语句放在 <style></style> 标记内的最前面。

样式表文件 .css 一般存放在 css 文件夹内，在 MyEclipse 2016 中建立样式表文件 .css 的方法如下：

第一步，右击 Web Project 的 WebRoot 文件夹，在弹出的快捷菜单中选择 New → Folder 命令，建立名为"css"的文件夹。

第二步，右击建立的 css 文件夹，在弹出的快捷菜单中选择 New → CSS 命令，建立 css 文件，如 main.css。在样式表文件中完成选择标记及样式设置，保存 .css 样式表文件。

第三步，在 <style></style> 标记内导入样式表 @import url(css/main.css); 完成样式表文件的应用。

（2）链接外部样式表。链接外部样式表就是将定义好的样式表文件 .css 链接到网页文档中，用标记 <link> 完成。<link> 标记直接放在 <head></head> 标记内，不需要放在 <style></style> 标记中。当样式表文件中的样式发生变化时，采用链接外部样式表的方法应用样式的网页会自动更新。<link> 标记的基本语法格式为：

```
<link type="text/css" rel="stylesheet" href=" 样式表文件名 ">
```

其中：type 指外部文件的类型，rel 定义外部文档和调用文档间的关系，href 说明 .css 文档的文件名及路径，路径可以是绝对或相对路径。

通过 <link> 标记将 CSS 样式表引入到页面中，此时 CSS 样式表定义的内容将自动加载到页面中。一个网页文件可以同时链接几个样式表文件，最后链接的样式表优先于其前面的样式表。

例如：通过链接样式表的形式在页面中引入 CSS 样式。

```
<head>
    <link type="text/css" rel="stylesheet" href="css/main.css">
</head>
```

读者可以将例 2-3，按照外部样式表的两种不同使用方式，设置图书登记表为图 2-8 所示的风格。

在代码中，选择器 <table> 属性中的 margin:0 auto; 作用是定位表格位置，让表格水平居中显示。下面介绍在 CSS 中如何定位元素位置。

3. DIV 的应用

1）模块结构

在 CSS 中，将每个元素看作分工协作的一个模块，这种模块化结构常被称为盒子模型结构。

采用模块化结构，一方面可以避免浏览器对于某个模块支持不完全的情况，例如，计算机和手机上用的浏览器应该针对不同的模块进行支持，方便程序开发。另一方面，把整体分成模块，便于布局网页的不同模块设置不同的独特样式。

在 CSS 中，每个模块都是一个盒子（Box），可以对其规定 Box 内的元素内容 content、元素内容与 Box 四个内边距的距离 padding，Box 的四个边框，即盒子边框的厚度 border，以及 Box 与其周边的其他 Box 的距离 margin 等属性。模块结构如图 2-9 所示，在图中可以了解模块中常用属性有 margin、border、padding，另外，还有元素内容 connect 的 width、height 等。由于是矩形模块，大多数属性会涉及 top、bottom、left、right 等不同方向的详细设置。Box 常用属性及用法见表 2-9。

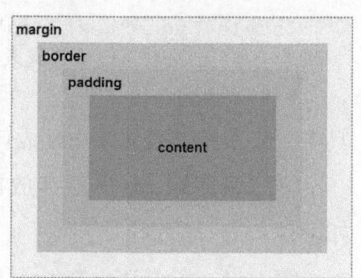

■ 图2-9　模块结构图

■ 表2-9　Box 常用属性及用法

属性名称	说　　明	应用举例
margin	设置模块与模块之间的空白边距，一般顺时针设置	左边距 30px：.box{margin-left:30px;} 四个边距相同：.box1{margin:30px;} 上下边距 10px，左右 30px：.box2{margin:10px 30px;} 上 10px，左右 20px，下 30px：.box3{margin:10px 20px 30px;} 四个边距不同：.box4{margin:10px 20px 30px 40px;}
padding	设置元素与内边距距离 使用方法与 margin 相同	上下内边距由浏览器自动设置，左右为 8px： .box1{padding:auto 8px;} 设置四个内边距为其父元素 width 的 3%：.box2{padding:3%;}
border-style	设置单边或四条边框样式，默认 none，无边框	单边样式点线：.box1{border-bottom-style:dotted;} 四边样式虚线：.box2{border-style:dashed;} 上下双实线、左右单实线：.box3{border-style:double solid;}
border-width	设置边框宽度，使用方法与 border-style 相同	单边宽度：.box1{border-top-width:thick;} 四边宽度：.box2{border-width:1px;}
border-color	设置边框颜色，与样式、宽度设置方法相同	.box1{border-color:#0000ff;}
border	复合属性，同时设置边线的宽度、样式和颜色	.box1{border:1px solid :#0000ff;} .box2{border-bottom:3px double blue;}

表实例中的 box 不确定，可以是一个段落、标题、图片、表格、表单和列表，甚至是 <body></body> 标记等。模块从上到下排列，即每一个模块都是从新的一行开始显示，之间的间距由 margin 的值可以计算出来。

在网页中两个或多个模块可并列在同一行，或者利用不同的层实现模块的重叠，或者不同模块使用不同样式，可以利用标记 <div> 实现。

2）DIV 标记

<div> 标记在网页中定义节，与 Word 文档中的节作用一样，将页面分隔成独立的、不同样式

的部分，常常用作布局页面。<div> 是块级元素，如果不对 div 元素定义任何 CSS 属性，其显示效果相当于 P 元素，自动从新的一行开始。

网页如果需要不同的模块布局，为 <div> 实现新的定位，必须通过设置相关属性，<div> 标记除了具有表 2-9 中模块的常用属性外，还有关于定位、设置层等方面的一些常用属性，见表 2-10。

■ 表 2-10　<div> 的常用属性及用法

属性名称	说　明	属　性　值
position	设置定位方法	static：默认值，静态定位，模块生成在正常的流中，结合位置属性； absolute：绝对定位，相对第一个父元素结合位置属性进行定位，元素脱离文档流，不占据空间，可以覆盖其他模块； relative：相对定位，对象不可层叠，相对其原始位置结合位置属性定位，对象仍然占原来空间，相对的偏移会覆盖其他模块； fixed：以 body 为定位对象，按照浏览器窗口结合位置属性绝对定位
top、bottom、left、right	设置对象位置	auto：默认值； 长度值：相对于文档层次中最近一个定位对象边界的位置，与 position 配合使用
float	设置浮动对象流向，对象不在文档普通流，可浮动空间小于对象，自动到下一行	none：默认值，不浮动； left：设置浮动对象在左边，属左对齐； right：设置浮动对象在右边，居右对齐
clear	清除浮动元素	none：不清除，两边均可以有浮动元素； left：清除左侧，不允许元素的左边有浮动元素； right：清除右侧，不允许元素的右边有浮动元素； both：清除左右两侧，两边均不允许有浮动元素
z-index	设置层空间	auto：子层与父层的该属性值相同； 数字：正负整数，多数为正整数，position 必须为 absolute

对模块结构有了一定的了解之后，通过实例加深理解和熟练掌握 CSS 和 DIV 布局网页的方法。

【例 2-8】制作一个水平导航栏，包含首页、图书管理、统计管理、系统管理、系统监控五个选项。导航栏的效果如图 2-10 所示。

■ 图 2-10　水平导航栏

代码如下：

```
<html>
  <head>
    <style type="text/css">
      ul{  list-style-type:none;      /* 去掉前面的符号 */
           margin:0;
           padding:0;}
      li{  float:left;}
```

```
a{     display:block;
       width:190px;
       font-weight:bold;
       text-align:center;
       color:#fff;
       background-color:grey;
       padding:8px;
       text-decoration:none; } /* 去掉超链文字的下画线 */
   a:hover{background-color:#0000ff;} /* 鼠标指针移动到项目上面时的背景色 */
</style>
</head>
<body>
    <ul>
        <li><a href="index.jsp" target="new">首页 </a></li>
        <li><a href="books.html" target="blank">图书管理 </a></li>
        <li><a href="">统计管理 </a></li>
        <li><a href="">系统管理 </a></li>
        <li><a href="">系统监控 </a></li>
    </ul>
</body>
</html>
```

其中：将标记 <a> 的 display 属性设置为 block，因为标记 <a> 与 <span> 是非块元素，如果不用该属性值 block 定义，那么为标记的定义 width、height 等和长宽相关的 CSS 属性会失效。但是对于块标记如 <div>、<p> 等，无须特意显示定义，该属性的默认值为 block，除非在之前对块元素的 display 属性重新定义过。

【例 2-9】布局如图 2-11 所示的网页，整体分为上 top、中 content、下 bottom 结构，其中 content 分为左 left、中 main、右 right 结构，利用 div 标记实现。在 top 与 content 之间加入例 2-8 中的导航栏。

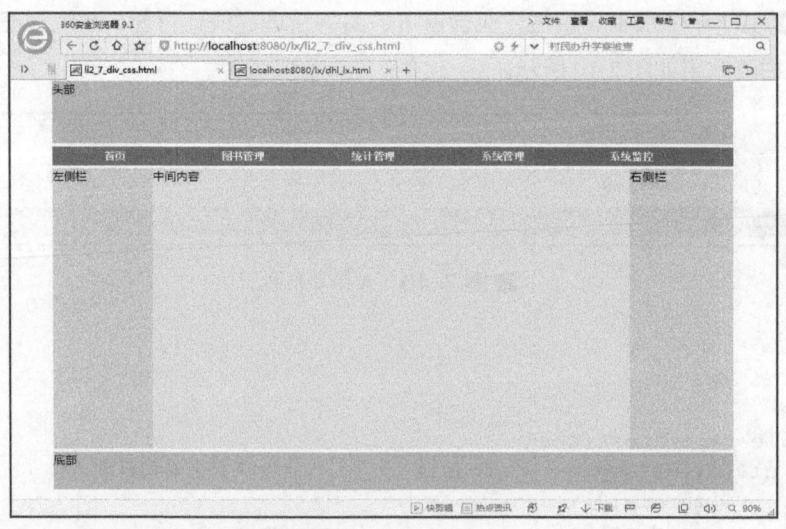

■ 图 2-11　网页布局

网页布局代码为：

```
<html>
<head>
<meta http-equiv="Content-Type" content="text/html; charset=gb2312" />
<title>li2_7_div_css.html</title>
<style type="text/css">
    body {font-family: 微软雅黑 ; font-size:18px; margin:0;}
    #container {margin:0 auto;   /* 将 container 层设置为居中显示，去掉 auto，默认居
左显示 */
            width:1024px;}
    #top {height:100px;background:#CCFF00;margin-bottom:5px;}
    #menu {height:30px;margin-bottom:5px;background:grey;}
    #content {height:450px;margin-bottom:5px;}
    #leftside {float:left;width:15%;height:450px;background:#9ff;}
    #main {float:left;width:70%;height:450px;background:#cff;}
    #rightside {float:right;width:15%;height:450px;background:#9ff;}
    #bottom {height:60px; background:#CCFF00;margin-bottom:5px;}
</style>
</head>
<body>
<div id="container">
  <div id="top"> 头部 </div>
  <div id="menu">        <!-- 利用标记 <iframe> 将 HTML 文档导入到另一个 HTML 文档 -->
     <iframe width="100%" height="100%" src="dhl_lx.html" frameborder="0"
border="0" marginwidth="0" marginheight="0" scrolling="no"></iframe>
  </div>
  <div id="content">
    <div id="leftside"> 左侧栏 </div>
    <div id="main"> 中间内容 </div>
    <div id="rightside"> 右侧栏 </div>
  </div>
    <div id="bottom"> 底部 </div>
</div>
</body>
</html>
```

其中，标记 <iframe> 将例 2-8 中制作的导航栏加入 top 与 content 模块之间。标记 <iframe> 的属性 src 值（即 HTML 文档名）可以用相对路径或绝对路径。读者可以将例题中建立的 CSS 样式存入 css 样式表文件中，利用链接样式表文件的方式完成此网页布局。

在一个静态网页 HTML 文档中使用另一个静态网页还可以用 JavaScript 脚本语言实现，后续内容介绍。

4.<span> 标记

span 标记用来组合文档中的行内元素，即利用 <span> 标记在行内定义一个区域，通过应用 CSS 样式实现特定效果。<span> 与 <div> 相似，默认都没有对元素内的对象进行任何格式化，主要用于应用样式表，或者使用 JavaScript 对进行操作。<div> 是块级元素，自动另起一行，代表一

个大容器，而 <span> 属于一个行内元素，不需要另起一行，是小容器，大容器可以包含小容器。但是，块元素和行内元素通过定义 CSS 的 display 属性值可以互相转化。

例 1：div 与 span 块元素与行内元素转换。

```
<div style="display:inline"> 不换行! </div><span style="display:block"> 会换行
显示! </span>
```

例 2：利用 span 标记设置行内元素样式。

建立一个 html 页面，在样式表中设置 .span1{font-family: 微软雅黑 ;font-size:16px;}。

在网页中标记加入一行文字，代码如下：

```
设置了 <span class="span1">字体字号样式</span> 的文字，<span> 无任何样式</span> 的文字。
```

保存发布网页，在浏览器中可见标记 <span> 的作用主要是对于行内文字应用样式表中的样式，否则其作用不大。

2.3 JavaScript 简介

JavaScript 是一种基于对象和事件驱动的解释型脚本语言，程序代码短小，直接嵌入在 HTTP 页面中，由客户端浏览器解释执行，可以把静态页面转换成支持交互并响应应用事件的动态页面。JavaScript 具有跨平台的特性，与操作系统无关，只要浏览器支持，程序代码就可以正确执行。JavaScript 不允许访问本地硬盘，也不能将数据写入到服务器，且不允许对网络文档进行修改和删除，能有效防止数据丢失，安全性高。JavaScript 应用范围广泛，常用在 JSP、PHP、ASP 等网站 Web 页面中。因此，掌握并应用 JavaScript 对网站开发人员来说非常重要。

2.3.1 JavaScript 程序

1. JavaScript 在 Web 中的位置

1）嵌入在 Web 页面

JavaScript 脚本可以嵌入在 Web 页面的 head 部分，常用来定义一些函数或者声明全局变量。在页面 body 部分的 JavaScript 脚本可以为页面动态加载部分 Web 页面内容。嵌入到网页这两部分的 JavaScript 脚本通过 <script> 标记实现。JavaScript 脚本代码也可以直接写在事件处理部分的代码中，通过相关标记的事件实现。

【例 2-10】JavaScript 脚本代码嵌入到网页的 head 部分。

```
<html>
  <head>
    <script type="text/javascript">   /* 在 HTML5 中 type 属性可省略，JavaScript
是默认脚本语言。在早期版本中可利用 language="javascript" 进行说明，但是该 language 属性在
HTML5 中已被禁用 */
      function func1(){
        var s=" 在弹出的窗口中输出信息！ ";
```

```
                alert(s);}                            // 利用 alert 语句打开消息框实现交互
        </script>
    </head>
    <body onload="func1()"></body>  <!-- 利用 body 标记的 onload 事件调用函数 func1() -->
</html>
```

【例 2-11】 JavaScript 脚本代码嵌入到网页的 **body** 部分。

```
<html>
    <head></head>
    <body>
        <script>document.write("<h2>在网页中输出信息</h2>");   <!-- 利用窗口对象
输出信息 -->
        </script>
    </body>
</html>
```

【例 2-12】 JavaScript 脚本代码写在事件处理部分。

```
<html>
    <head><title>JavaScript 知识</title></head>
    <body>
        <button onclick="alert('单击按钮，执行 JavaScript，显示信息！');">单击
</button>
    </body>
</html>
```

2）存放于独立的脚本文件中

与 CSS 样式表文件一样，为了能被多个网页共享使用，可以将一些 JavaScript 脚本代码存放到一个单独的以 .js 为扩展名的文本文件中。在 .js 脚本文件中不需要使用 <script> 标记，只写程序代码部分。当某一个页面需要 .js 文件中的代码时，通过 <script> 标记的 src 属性指定 .js 文件即可。

首先，在项目的 WebRoot 目录中建立一个 js 文件夹，然后在该文件夹中建立名为 js1.js 的脚本文件，内容如下：

```
function func1(){                            //js1.js 文件
    alert("单击按钮，执行 JavaScript，显示信息！");}
```

在网页文件中加载 js1.js 文件，并执行函数 func1()，代码如下：

```
<html >
  <head><title>JavaScript 知识</title>
    <meta http-equiv="content-type" content="text/html; charset=UTF-8">
<!-- 设置中文字符集 -->
    <script src="js/js1.js" ></script>                <!-- script 标记也可以放在
body 标记中加载 js 文件 -->
  </head>
  <body>
    <button onclick="func1()">单击</button>
  </body>
</html>
```

注意：标记 <script> 在使用 src 属性后，标记内部的任何设置都会被忽略。可以再次利用

<script> 标记为网页文件动态加载信息。

2. JavaScript 语法

JavaScript 的语法在某些方面与 Java 语法相似，如 JavaScript 区分大小写，name 与 Name 是两个不同的变量。但是与 Java 语法也有不同之处，如结尾的语句结束标记分号"；"在 JavaScript 中不是必需的，可有可无，读者最好保持代码编写的良好习惯，在每行代码的结尾处加上分号，保证每行代码的准确性。JavaScript 的变量是弱类型的，在定义变量时，用 var 关键字即可，无须指明变量的类型，依据变量值确定其类型。例如，var n=0;。

读者编写程序代码时，需要养成对重要功能代码做注释的习惯。在介绍 JavaScript 具体语法之前，先说明 JavaScript 提供的两种注释：单行注释和多行注释。其中，单行注释使用双斜线"//"开头，紧随其后的文字为注释内容，例如，var now=new Date();// 获取日期对象。多行注释以"/*"开头，以"*/"结束，中间内容为注释信息。注释信息在代码执行过程中不起任何作用。前面的例题代码中已经使用过这两种注释方法，这里不再详述。

1）JavaScript 中的关键字

与其他编程语言一样，JavaScript 有许多具有特定含义的关键字，如表 2-11 所示。

■ 表 2-11　JavaScript 中的关键字

abstract	class	double	finally	in	null	static	true	with
boolean	continue	else	float	instanceof	package	super	try	
break	const	enum	for	int	private	switch	typeof	
byte	default	export	function	interface	protected	synchronized	var	
case	delete	extends	if	long	public	this	void	
catch	debugger	false	implements	native	return	throw	volatile	
char	do	final	import	new	short	transient	while	

上述关键字不能用作变量名、函数名以及自定义标签名，它们的命名规则与 Java 相同。

2）JavaScript 中的数据类型

JavaScript 的数据类型比较简单，主要有数值型、字符串型、布尔型、转义字符、空值（null）和未定义值 6 种。

（1）数值型。JavaScript 数值型数据分为整型和浮点型两种。整型数据包括正整数、负整数和 0，可以采用十进制、八进制或十六进制来表示。例如：十进制的 123、八进制的 0173（即十进制的 123）、十六进制的 0x7B（即十进制的 123）。与其他高级语言一样，以 0 开头的数为八进制数，以 0x 开头的数为十六进制数。

浮点型数据由整数和小数部分组成，只能采用十进制，可以用科学记数法或者标准方法来表示。例如：1.6E5、3.1415926。

（2）字符串型。字符串型数据是用定界符单引号或双引号括起来的一个或多个字符。例如：'a'、'JavaScript'、"content"、' 现在开始学习 "JavaScript" 知识 '。与 Java 不同，JavaScript 没有 char 数据类型。

（3）布尔型。布尔型数据只有 true 或 false 两个值，用来表示一种状态或标志。在 JavaScript 中，可以使用整数 0 表示 false，非 0 的整数表示 true。

（4）转义字符。字符串中如果需要使用不可显示的特殊字符，可以通过反斜杠开头的控制字符（又称转义字符）实现。由于字符串定界符单引号或双引号只能自身有一层，若想多层嵌套使用，为了避免匹配混乱问题，也需要使用转义字符。JavaScript 常用的转义字符见表 2-12。

■ 表 2-12　JavaScript 常用转义字符

转义字符	描　　述	转义字符	描　　述
\b	退格	\n	换行
\f	换页	\t	Tab 键
\r	回车符	\ '	单引号
\ "	双引号	\\	反斜杠
\xnn	十六进制数值 nn 表示的字符	\unnnn	十六进制数值 nnnn 表示的 Unicode 字符
\0nnn	八进制数值 nnn 表示的字符		

下面是两个转义字符的例子：

① 字符串定界符的嵌套。

' 班长说: " 本周 \"JavaScript\" 上课地点改在多媒体教室 BF201"'

② 在网页中弹出提示对话框，并将提示文字分两行显示。

alert(' 现在开始学习有关 \r "JavaScript" 知识 ');

注意：在 document.writeln(); 语句中用转义字符时，只有将其放在格式化文本块中才起作用，所以输出带有转义字符的内容必须在 <pre> 和 </pre> 标记内。

（5）空值。JavaScript 中的空值 null 用于定义空的或对于不存在的未声明变量的引用。

注意：空值不等于空字符串 "" 或 0。

（6）未定义值。当使用了一个并未声明的变量，或者使用了一个已经声明但没有赋值的变量时，将返回未定义值 undefined。

3. 变量

变量是程序中一个已经命名的存储单元，主要作用是存放数据操作信息的容器，且存放的数据可以变化。变量必须遵守变量的命名规则、变量的声明方法以及变量的作用域。

1）变量的命名规则

JavaScript 中的变量名由字母、数字或下画线组成，必须以字母或下画线开头，不能有空格、加号、减号或逗号等符号。

JavaScript 的变量名区分大小写。应回避 JavaScript 中的关键字。

JavaScript 的变量任意命名，但是应言简意赅、知名见意，以增加程序的可读性。

2）变量的声明

在 JavaScript 中，用关键字 var 声明变量，语法格式为：

```
var variable1,variable2,……;
```

其中：variable 为变量名。一次可以声明一个变量，也可以同时声明多个变量，如：var a,b,c;。可以在声明变量的同时对其进行初始化赋值，如：var flag=true; var a="Tom",b=2009,c;。只声明了变量 c，未对其赋值，则其默认值为 undefined。

当给一个尚未声明的变量赋值时，JavaScript 自动用该变量创建一个全局变量，在一个函数内部，通常创建的只是一个仅在函数内部起作用的局部变量，而不是一个全局变量。要创建一个全局变量，则必须用 var 关键字进行变量声明。

3）变量的作用域

变量的作用域指变量在程序中的有效范围，在 JavaScript 中，变量的作用域有全局和局部两种。对应的变量也分全局变量和局部变量。全局变量是定义在所有函数之外，作用于整个脚本代码的变量；局部变量则是定义在某函数体内，只能在所在的函数体内使用。

例如：下面的代码将说明变量的有效范围。

```
<script>
    var name="Tom";                    // 全局变量 name 在函数 show() 外声明，作用于整个脚本
    function show(){
        var s1="hello!";               // 局部变量 s1 在函数 show() 内声明，作用于所在函数体
        confirm(name+'\r'+ s1);        // 确认框，有确认和取消两个按钮用于交互
    }
</script>
```

4. 运算符与表达式

运算符是用来完成计算或者比较数据等一系列操作的符号。表达式是指具有一定值的，由运算符把常数和变量连接起来的合理的代数式。当然，最简单的表达式也可以是仅包含一个常量或者变量的式子。JavaScript 运算符按类型可分为算术运算符、赋值运算符、关系运算符、逻辑运算符、条件运算符、字符串运算符和位运算符。表 2-13 将常用的运算符按照优先级从高到低排列。

■ 表 2-13　JavaScript 常用运算符及优先级

运算符类型	运算符	说明	实例：设 y=8	结果	运算符	说明	实例：设 y=1	结果
算术运算符	−	求相反数	x=−y	x=−8	/	除	x=9/5	x=1.8
	++	自增	x=y++	x=8	%	求余	x=9%5	x=4
	−−	自减	x=−−y	x=7	+	加	x=y+5	x=6
	*	乘	x=2.3*10	x=23	−	减	x=y−5	x=−4
赋值运算符	=	赋值	x=123	x=123				

续表

运算符类型	运算符	说明	实例：设 y=8	结果	运算符	说明	实例：设 y=1	结果
复合赋值运算符	+=	加法赋值	y+=100	y=108	%=	求模赋值	y%=2	y=0
	-=	减法赋值	y-=100	y=-92	<<=	左移赋值	y<<2	y=32
	*=	乘法赋值	y*=100	y=800	>>=	右移赋值	y>>2	y=2
	/=	除法赋值	y/=100	y=0.08	>>>=	无符号数右移赋值	y>>>=2	y=2
关系运算符	>	大于	5>6	false	!=	不等于	5!=6	true
	<	小于	5<6	true	==	等于	5==6	false
	>=	大于或等于	5>=6	false	===	恒等于	17==="17"	false
	<=	小于或等于	5<=6	true	!==	不恒等于	17!=="17"	true
逻辑运算符	!	逻辑非	a=!true b=!false	a=false b=true	||	逻辑或	true||false false||false	true false
	&&	逻辑与	true&&true true&&false	true false				
条件运算符	?:	条件运算	x=y>10?1:0	x=0				
字符串运算符	+	连接运算	x="ab"+"12"	x="ab12"	+=	连接赋值	x+="cd"	x="ab12cd"
位运算符	&	位与运算	1011&1101	1001	~	位非运算	~1001	0110
	|	位或运算	1011|1101	1111	^	位异或运算	1011&1101	0110

说明：在复合赋值类运算符中的 <<=、>>=、>>>= 也都属于位运算中的运算，与位运算的其他运算符一样，操作都是针对二进制数进行。在关系运算符中的 ===、!== 两种运算不仅比较数值，还要判断数据类型。

5. 语句

对于嵌入到 HTML 页面内的 JavaScript 脚本语言，语句也是基本编程的命令。JavaScript 语句一般有变量声明语句、输入 / 输出语句、表达式语句、控制程序结构语句和返回语句。JavaScript 脚本语言在程序结构方面也分顺序、选择（分支）和循环（重复）三种。用于控制程序结构的常用语句有：if 条件判断语句、switch 多分支语句、for、while、do...while 循环语句、break 语句和 continue 语句。与 Java 语言相同，JavaScript 也使用一对大括号标记语句块。

1）if 条件判断语句

if 条件判断语句，根据条件表达式的值进行相应的处理。if 条件判断语句分为以下 4 种。

（1）if 语句。语法格式如下：

```
if（条件）{ 条件成立执行的语句 }
```

（2）if...else 语句。语法格式如下：

```
if（条件）{
    条件成立执行的语句 1}
```

```
else{
     条件不成立执行的语句 2}
```

（3）多重 if...else 语句。语法格式如下：

```
if（条件 1）{
     条件 1 成立执行的语句 1}
else if（条件 2）{
     条件 2 成立执行的语句 2}
     ...
else if（条件 n）{
     条件 n 成立执行的语句 n}
     else{
上述 n 种条件都不成立执行的语句 n+1}
```

（4）if...else 语句嵌套。语法格式如下：

```
if（条件 1）{
     if（条件 2）{
          条件 1 和条件 2 都成立执行的语句 1}
     else{
          条件 1 成立、条件 2 不成立执行的语句 2}}
else{
     if（条件 3）{
          条件 1 不成立、条件 3 成立执行的语句 3}
     else{
          条件 1 不成立、条件 3 也不成立执行的语句 4}}
```

其中：条件表达式可以是关系、逻辑表达式。如果执行的语句是单一语句时，其两边的大括号可以省略。

【例 2-13】验证用户登录信息。

在页面中添加用户登录表单及表单元素。具体代码如下：

```
<form name="form1" method="post" action="">
     用户名: <input name="user" type="text" id="user"><br>
     密码: <input name="pwd" type="password" id="pwd"><br>
     <input name="Button" type="button" value=" 登录 " onclick="check()">
     <!-- 登录按钮的 onclick 事件调用 check() 函数 -->
     <input name="Submit" type="reset" value=" 重置 ">
</form>
```

编写自定义的 JavaScript 函数 check()，用于通过 if 语句验证登录信息是否为空。check() 函数的具体代码如下：

```
<script>
function check(){
  if(form1.user.value==""){                    // 判断用户名是否为空
    alert(" 请输入用户名 !");
    form1.user.focus();
    return;
  }
```

```
else if(form1.pwd.value==""){            // 判断密码是为否空
        alert("请输入密码！");
        form1.pwd.focus();
        return;
    }
    else{
        form1.submit();                   // 提交表单
    }
}
</script>
```

将上述代码放置在 HTML 文档的合适位置，发布运行，单击"登录"按钮，观察不同的运行情况。

由于 JavaScript 的 if 语句与 Java 语言的用法基本相同，在此不再赘述。

2）switch 多分支语句

switch 多分支语句的作用与嵌套使用 if 语句基本相同，但比 if 语句更具有可读性。switch 语句允许在找不到一个匹配条件的情况下执行默认的 default 组的语句。switch 语句的语法格式如下：

```
switch (表达式或变量){
    case 常量 1:{表达式或变量与常量 1 相等执行语句 1}; break;
    case 常量 2:{表达式或变量与常量 2 相等执行语句 2}; break;
    …
    case 常量 n:{表达式或变量与常量 n 相等执行语句 n}; break;
    default:{表达式或变量与 n 个常量都不相等执行语句 n+1}; break;
}
```

其中：常量是任意的常数表达式。当表达式或变量的值与某个常量值相等时，就执行此 case 后的语句，如果与所有的常量值都不相等，执行 default 后面的语句。break 结束 switch 语句，使 JavaScript 只执行匹配的分支。省略 break 语句，则从相等常量分支入口进入并执行包括后面所有分支的语句，不再对 case 常量进行判断比较，switch 语句就失去了使用的意义。

【例 2-14】用 switch 语句转换输出成绩对应的等级。

在页面中添加用户输入成绩的表单及表单元素。具体代码如下：

```
<form name="frm" method="post" action="">
    输入百分制的成绩: <input name="cjz" type="text" id="cjz">
    <input name="btn1" type="button" value=" 判断级别 " onclick="change()">
    <!-- 利用按钮的 onclick 事件调用 change() 函数 -->
    <input name="btn2" type="reset" value=" 重置 ">
</form>
```

编写自定义的 JavaScript 函数 change()，用于通过 switch 语句判定输入的成绩对应的级别。change() 函数的具体代码如下：

```
<script>
    function change(){
        var cj=parseFloat(frm.cjz.value);   // 取文本框中的成绩，并转换成浮点数
        switch (Math.floor(cj/10)){          // 将表达式结果向下取整
            case 10: case 9:
```

```
                    dj=" 优秀 ";break;
            case 8:
                    dj=" 良好 "; break;
            case 7:
                    dj=" 中等 "; break;
            case 6:
                    dj=" 合格 "; break;
            default:
                    dj=" 不合格 ";break;
        }
        document.write(" 该生成绩是 "+cj+", 对应的等级是 "+dj);
    }
</script>
```

注意：switch 语句中的每个 case 后面的值必须互不相同，语句按照 case 顺序判断执行，最后执行 default 后面的语句。

在程序开发中，if 语句和 switch 语句根据实际情况选择，具体问题具体分析，选择最适合的条件语句。

3）for 循环语句

for 循环语句又称计数循环语句，一般用于明确循环次数的情况。在程序设计中应用广泛，其语法格式如下：

```
for( 循环变量初始化表达式 ; 循环条件判断表达式 ; 循环变量步长变化表达式 ){
        循环体
    }
```

其中：循环条件可以是一个关系表达式，用来限定循环变量的边界值。如果循环变量超过了该值，则停止循环语句的执行。循环体就是循环条件为 true 时，重复执行的语句或语句块。

for 循环语句执行的过程：先执行初始化语句，然后判断循环条件，如果判断结果为 true，则执行一次循环体，否则退出循环；最后执行改变循环变量的值的步长变化表达式，至此完成一次循环；重复进行下一次循环，直到循环条件为 false，结束循环。

【例 2-15】计算并在网页中显示输出 100 以内所有奇数的和。

```
<script>
    var sum=0;
    for(i=1;i<100;i+=2){
        sum+=i;                              //for 循环语句以内所有奇数的和为
    }
    document.write("1~100 之间的奇数和 ="+sum);
</script>
```

其中：用 for 语句时，一定要保证循环正常结束，否则循环体无限地执行，形成死循环。例如，循环语句 for(i=1;i>=1;i++) 就会造成死循环，因为 i>=1 永远成立，循环无法结束。

本例题涉及不到表单中的元素输入的情况，因此将上述 JavaScript 脚本内容直接置于 HTML

页面的 \<head>\</ head> 或者 \<body>\</ body> 标记内即可。

4）while 循环语句

while 循环语句又称前测试循环语句，在循环次数不确定的情况下，利用 while 循环条件控制是否要继续重复执行循环语句。其语法格式如下：

```
while( 循环条件表达式 ){
    循环体
}
```

其中：循环条件表达式可以是一个关系表达式或者逻辑表达式。循环执行的过程要先判断循环条件是否成立，然后再决定是否重复执行循环体。条件表达式的值为 true, 则执行循环体，否则退出循环。

注意：一定要保证循环可以正常结束，否则形成死循环。

【例 2-16】利用文本框输入数据，求其阶乘，并将求得结果在另一个文本框中输出。

在页面中添加用户输入数据和输出计算结果的表单及表单元素。具体代码如下：

```
<form name="frm" method="post" action="">
    输入整数: <input name="szn" type="text" id="szn">
    <input name="btn1" type="button" value=" 计算阶乘 " onclick="fact()">
    // 利用按钮的 onclick 事件调用 fact() 函数
    阶乘等于: <input name="jgsz" type="text">
</form>
```

编写自定义的 JavaScript 函数 fact()，通过 while 语句计算输入数据的阶乘。fact() 函数的具体代码如下：

```
<script>
    function fact(){
    var i=parseInt(frm.szn.value);          // 取文本框中的内容，并转换成整数数
    var result="";
    if(i>0){
        result=1;
        while(i>=1){
            result*=i;
            i--;
        }
        frm.jgsz.value=result;               // 将计算的结果利用文本框输出
    }
    else
        frm.jgsz.value=" 输入错误，无法计算! ";
    }
</script>
```

读者可以建立一个 HTML 程序，加入上述代码，运行查看不同情况的结果。

5）do...while 循环语句

do...while 循环语句又称后测试循环语句，与 while 循环一样，常用于循环执行次数不确定的

情况，也是由循环条件控制循环语句的执行。但与 while 循环不同的是，它先执行一次循环语句，然后再判断是否继续执行。其语法格式如下：

```
do{
    循环体
} while(循环表达式);
```

其中：循环体首先被执行一次，然后判断循环表达式，如果条件表达式的结果为 true，继续执行，否则退出循环。循环表达式是一个包含比较运算符的条件表达式，或者逻辑表达式。

【例 2-17】用 do…while 循环语句将"JSP Web 技术及应用"用六种标题格式输出。建立 six_title.html 页面，页面代码如下：

```html
<html>
  <head>
      <title>six_title.html</title>
    <script  type="text/javascript">
        var i=1;
        var str="JSP Web 技术及应用 ";
        str1="";
        do {
          str1+="<h"+i+">"+str+"</h"+i+">";
        }while(i++<6);
        document.write(str1);
    </script>
  </head>
<body> </body>
</html>
```

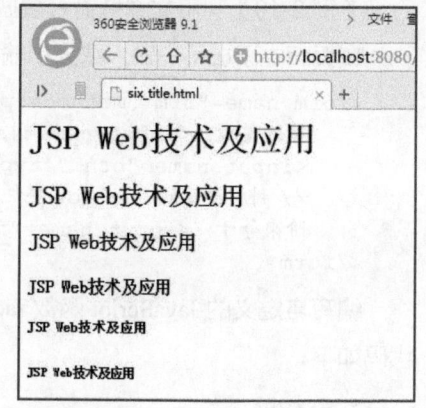

将 six_title.html 页面保存，并浏览结果如图 2-12 所示。

■ 图 2-12　六种标题的显示结果

6）其他语句

在循环语句的使用过程中，也会遇到一些特殊的要求，例如需要提前终止本次循环，进入下一次循环的情况，或者需要提前终止整个循环语句的执行。continue 与 break 语句应用在循环体内就可实现循环中的这两种特殊情况。

（1）continue 语句。continue 语句用于中止本次循环，开始下一次循环。语句通常与 if 条件结合在一起，只能用在 while、for 和 do…while 循环语句中。

当用 continue 语句中止本次循环后，如果循环条件值为 true，则继续执行下一次循环，否则退出循环。

（2）break 语句。break 语句用于退出该语句所在层的循环语句。break 语句通常与 if 条件结合在一起，用在 for、while、do…while 循环语句中。也可以用在 switch 语句中。

（3）return 语句。return 语句常用在自定义函数内，用于返回调用者。return 表达式 / 变量名，将表达式结果或者变量的值返回给函数的调用者。

函数实质上就是单独作为逻辑单元对待的一组 JavaScript 代码，可以实现一个特定的功能，大多需要事件驱动调用执行。合理地使用函数可以使代码更为简洁，重用性高。在 JavaScript 中，函数是非常重要的。

6. 函数

在 JavaScript 中，函数分为系统本身提供的内部函数，也有系统对象定义的函数，另外就是程序员自定义的函数。

1）常用系统函数

系统函数又称内部函数，这些函数可以直接使用。常用的系统函数见表 2-14。

■ 表 2-14　常用系统函数

函数名称	作　用	实　例	结果
eval（字符串表达式）	返回字符串表达式的值，如果参数不是字符串，则返回 undefined	eval("1+2*4 ")	9
escape（字符串）	返回字符串中的空格、标点符号及其他不在 ASCII 字母表中的字符。*、@、-、+、/、.、_、和 / 除外	eval("a b")	a%20b
unescape(string)	escape() 的反函数，string 是包含 %xx（十六进制数值）的字符串，返回 ISO-Latin-1 字符集的字符串 ASCII 码	unescape("a%20 b")	a b
isNaN(testValue)	返回参数值是否为非数值型数值	isNaN("a b") isNaN("12")	true false
parseFloat(string)	将 string 转换为浮点数值，如果第一个字符不能转换为数值，则返回 "NaN"	parseFloat("1.2a3")	1.2
parseInt(string,radix)	将字符串转换成整数数字形式，string 允许包含空格	parseInt("12.3",10) parseInt("12.3",8)	12.3 14.2
alert（"信息文本"）	显示一个警告对话框，包括一个 OK/ 确认按钮	alert(" 密码不能空 ")	
confirm（"信息文本"）	显示一个确认对话框，包括 OK/ 确认、Cancel/ 取消按钮	confirm(" 确定要删除此记录吗？ ")	
prompt（"信息文本"，"默认值"）	显示一个输入对话框，提示等待用户输入数据，包括 OK/ 确认、Cancel/ 取消按钮，单击取消按钮，返回值为 null	prompt(" 请输入性别 "," 女 ")	

除表 2-14 中所列的常用函数外，还有与系统对象和数组有关的常用函数，在学习相关知识时再详细介绍。

2）自定义函数

自定义函数是根据程序设计的需要，由用户自己定义、编写的一个完成特定功能的函数。其使用过程为，先定义函数，再由具体事件调用。

（1）自定义函数的定义。自定义函数由关键字 function、函数名、一组参数，及函数体组成。函数体由实现函数功能的代码段构成，需要用大括号括起来。定义自定义函数的基本语法如下：

```
function 函数名 ([ 参数 1, 参数 2,......]){
    函数体；
    [return 表达式 / 变量名 / 常量；]
}
```

其中：函数名是必选项，在同一个页面中，函数名必须是唯一的，且区分大小写。参数列表是可选项，如果参数均省略，函数称为无参函数；当函数有参数时，称为有参函数；当有多个参数时，参数间用逗号分隔，一个函数最多可以有 255 个参数。

return 语句是可选项，用于返回函数值，返回的表达式为任意表达式。

（2）函数的调用。函数的调用通过对象的事件实现，如果调用无参函数，直接使用函数名加上小圆括号即可；如果函数是有参函数，则调用时需要传递实际参数，传递实际参数的个数和类型应该与定义函数时形式参数的个数和类型一致，多个参数间用逗号分隔。

如果函数有返回值，一般用赋值语句将函数返回值赋给一个变量。

【例 2-18】定义一个用于计算图书销售价格的函数 func()，该函数有两个参数，用于指定单价和销售数量，返回值为计算后的金额。

建立 book_s.html 页面，布局表单，添加两个文本框用于输入图书的单价和销售数量，通过计算按钮调用自定义函数 func()，函数返回的销售金额在弹出框中输出。页面 book_s.html 代码如下：

```html
<html>
  <head>
     <title>book_s.html</title>
     <script type="text/javascript">
        function func(x,y){
           return x*y;
        }
     </script>
  </head>
  <body>
    <form name="frm" method="post">
        购买图书数量： <input type="text" name="bn" value="1" >
        图书单价： <input type="text" name="pr" value="">
        <input type="button" name="js" value=" 计算 " onclick="func_mess()">
    </form>
        <script type="text/javascript">
        function func_mess(){
            var num=parseInt(frm.bn.value);
            var price=parseFloat(frm.pr.value);
            var money=func(num,price);
            alert(" 销售金额为： "+money+" 元 ");
        }
        </script>
  </body>
</html>
```

说明：该程序也可以采用其他方式实现，为了介绍函数的定义、无参函数和有参函数的调用方法，以及函数结果的返回方法等，这里采用上述代码完成页面的设计，保存并运行程序，输入购买图书的数量和单价，单击"计算"按钮，弹出图 2-13 所示的结果。

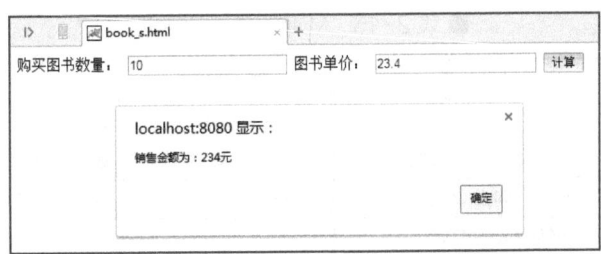

■ 图 2-13　book_s.html 的显示结果

2.3.2　常用对象

JavaScript 是一种基于对象的语言，并且将对象划分成多层次。JavaScript 中的对象从一个变量到网页文档、窗口甚至是浏览器屏幕，所有的编程都是基于对象的。对象由属性和方法构成，属性用来描述对象的静态特征，并通过对象的内置变量存放对象的特征参数，也就是与对象有关的程序中涉及的数值；方法描述对象的行为，通过方法完成程序中与对象有关的功能，也就是与对象有关的程序中使用的内置函数。用户可以直接使用对象的方法实现许多功能。

JavaScript 的对象简单分为本地对象（JavaScript 本身提供，无须定义，通过对象名直接使用）、内建对象（需要声明具体对象，通过对象名使用）、浏览器对象（HTML DOM 定义的一系列标准对象）和用户自定义对象。

1. 本地对象

JavaScript 提供的本地对象是其本身具有的，用户直接使用对象名引用对象具有的属性和方法即可，无须定义变量。

1）Math 对象

Math 对象主要用于完成数学任务，提供了多种与计算有关的算术常量和函数。其常用属性和方法见表 2-15 和表 2-16。

■ 表 2-15　Math 对象常用属性

属　　性	描　　述
E	计算算术常量 e，即自然对数的底数（约等于 2.718）
LN2	计算 2 的自然对数（约等于 0.693）
LN10	计算 10 的自然对数（约等于 2.302）
LOG2E	计算以 2 为底的 e 的对数（约等于 1.4426950408889634）
LOG10E	计算以 10 为底的 e 的对数（约等于 0.434）
PI	返回圆周率（约等于 3.14159）
SQRT1_2	计算 2 的平方根的倒数（约等于 0.707）
SQRT2	计算 2 的平方根（约等于 1.414）

■ 表 2-16　Math 对象常用方法

方　　法	描　　述	方　　法	描　　述
abs(x)	返回 x 的绝对值	min(x,y,z,…,n)	返回 x,y,z,…,n 中的最低值
asin(x)、acos(x) 等	返回 x 的反三角函数值	pow(x,y)	返回 x 的 y 次幂
ceil(x)	对 x 进行向上取整	random()	返回 0~1.0 之间的随机数
exp(x)	返回自然数 e 的指数	round(x)	对数值进行四舍五入为最接近的整数
floor(x)	对数 x 进行向下取整	sqrt(x)	返回数的平方根
log(x)	返回数的自然对数（底为 e）	sin(x)、cos(x) 等	返回 x 的三角函数值
max(x,y,z,…,n)	返回 x,y,z,…,n 中的最高值		

【例 2-19】从文本框输入圆的半径，计算并输出球的体积。

```html
<html>
  <head>
    <title>ball_v.html</title>
    <script>
    function func_v(){
    const PI=3.14159;                          // 定义常量PI
    var r=parseFloat(frm.szr.value);
    var v;
    if(r>0){
        v=4/3*PI*Math.pow(r,3);
        frm.jgv.value=v;
    }
    else
        frm.jgv.value=" 输入错误，无法计算！ ";
    }
    </script>
  </head>
  <body>
    <form name="frm">
        输入球半径: <input type="text" name="szr" value="1" >
        球体积等于: <input type="text" name="jgv" value="">
        <input type="button" name="js" value=" 计算" onclick="func_v()">
    </form>
  </body>
</html>
```

　　将上述代码放入新建的 HTML 页面文件，并发布浏览网页，针对不同的输入，产生不同的执行结果，如图 2-14 所示。

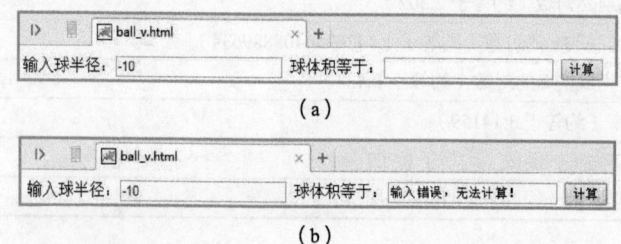

（a）

（b）

■ 图 2-14　输入圆的半径，计算输出球的体积

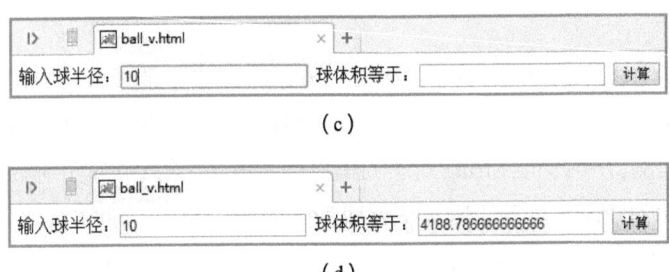

（c）

（d）

■ 图 2-14 输入圆的半径，计算输出球的体积（续）

2）Number 对象

Number 对象是用来表示原始数值的包装对象。编写 JavaScript 脚本程序时，无须用户创建 Number 对象，直接使用数值变量名。其常用属性和方法见表 2-17 和表 2-18。

■ 表 2-17 Number 对象常用属性

属　性	描　述	属　性	描　述
MAX_VALUE	可取的最大数	NaN	非数字值
MIN_VALUE	可取的最小数	POSITIVE_INFINITY	正无穷大，溢出时返回该值
NEGATIVE_INFINITY	负无穷大，溢出时返回该值		

■ 表 2-18 Number 对象常用方法

方　法	描　述
toExponential(x)	把对象的值转换为指数计数法
toFixed(x)	把数字转换为字符串，结果保留指定的 x 位有效位数，按照四舍六入五凑偶处理小数的数字。x 的取值范围为 0~20 的整数
toPrecision(x)	把数字格式化为指定的长度
toString(x)	把数字按照指定的基数 x 转换为字符串，x 的取值范围为 2~36 的整数，默认是十进制
valueOf()	返回一个 Number 对象的基本数字值

例如：将一个十进制整数转换成二进制输出。

```
var num=123;
alert(num.toString(2));
```

例如：将十进制数 123.4567 转换成有两位小数的字符串输出。

```
var num=1234.567;
alert(num.toFixed(2));
```

2. 内建对象

内建对象又称宿主对象，对象独立于宿主环境，使用方法与本地对象不同，在 JavaScript 中使用内建对象时，需要在脚本程序中由用户先声明具体对象，然后通过对象名使用各种属性或方法。

1）String 对象

String 对象是动态对象，声明该对象有两种方法：第一种需要用 new 创建对象实例，例如 var s1=new String("hello!")；但是，由于在 JavaScript 中可以将用单引号或双引号括起来的字符串当作一个字符串对象的实例，所以声明 String 对象的第二种方法是，直接将字符串赋给某个字符串对象，如 var s2="Welcome!"。String 对象变量声明完毕后，采用对象名后面加点 "."的形式调用 String 对象的属性和方法。String 对象的常用属性和方法见表 2-19 和表 2-20。

■ 表 2-19 String 对象的常用属性

属　　性	描　　述
constructor	对创建该对象的函数的引用
length	字符串的长度，一个汉字按一个字符计算
prototype	允许用户向对象添加属性和方法

■ 表 2-20 String 对象的常用方法

方　　法	描　　述
charAt()	返回字符串指定位置的字符，字符串的位置从 0 开始
concat()	连接两个或更多字符串
match()	在字符串内检索指定的子串，或找到一个或多个正则表达式的匹配
indexOf()	字符查找，返回指定字符串在字符串中首次出现的位置，如果没有发现，返回 -1
lastIndexOf()	从后向前查找字符串，并从起始位置开始计算返回字符串最后出现的位置
replace()	在字符串中查找匹配的子串，并替换与表达式匹配的子串
search()	查找与表达式相匹配的值
slice()	提取字符串的片断，并在新的字符串中返回被提取的部分
split()	把字符串按照指定的字符分割为多个字符串，形成字符串数组
substr()	字符串截取方法，从起始索引号提取字符串中指定数目的字符
substring()	提取字符串中两个指定的索引号之间的字符
toLowerCase()	把字符串转换为小写
toUpperCase()	把字符串转换为大写
trim()	去除字符串两边的空白
valueOf()	返回某个字符串对象的原始值

下面通过实例对比较常用的方法进行详细介绍。

例 1：在字符串中查找字母 o 所在的位置。

```
var str1="Welcome to China.";
var o_inder=str1.indexOf("o");     // 从 str1 对象的结尾处开始向串首查找子串 o，返回结
果为 4
ver x_index=str1.indexOf('o',6);  // 从 str1 对象的第 7 个字符开始查找子串 o，结果为 9
```

其中，在 JavaScript 中，String 对象的索引值从 0 开始，结果返回值为 4。indexOf() 方法用于返回 String 对象内子字符串首次出现的字符位置。如果没有找到指定的子字符串，则返回 -1。

例 2：在字符串中逆序查找字母 o 所在的位置。

```
var str2="Welcome to China.";
var o_inder=str2.lastindexOf("o");     // 从 str2 对象的开始处查找子串 o，返回结果为 9
ver x_index=str2.lastindexOf('o',6);// 从 str2 的第 7 个字符开始向串首查找子串 o，
```
结果为 4

其中：如果没有找到指定的子字符串，则结果也返回 –1。

例 3：将字符串"fat bat cat"中的字母 a 用 i 替换。

```
var str3="fat bat cat";
var n=str3.replace("a","i");      // 返回结果为 "fitbatcat"，仅替换第一个与表达式匹配的子串
var m=str3.replace(/a/g,"i");     // 返回结果为 "fitbitcit"，全部替换与表达式匹配的子串
```

说明：如果正则表达式中设置了标志 g，该方法将替换检索到的所有与模式匹配的子串，否则只替换所检索到的第一个与模式匹配的子串。

例 4：将字符串"fat bat cat"分割成字符串数组。

分析：因为字符串中的三个单词之间是用空格分隔的，所有利用 split() 方法分割字符串为字符串数组时，指定分隔符应该为空格" "，返回值是一个字符串数组。

```
<script type=text/javascript>
  var str4="fat bat cat";
  var a=str4.split(" ");                    // 分割字符串数组
  document.write("字符串 "+str4+" 分割后的数组为: <br>");
  for(i=0;i<a.length;i++){                   // 通过 for 循环输出各个数组元素
      document.write("a["+i+"]:"+a[i]+"<br>");
  }
</script>
```

字符串 fat bat cat 分割后的数组为：

```
a[0]:fat
a[1]:bat
a[2]:cat
```

对于 String 对象除了上述常用属性和方法外，还有一些改变字符串在网页中的显示外观的方法，如 big()、small()、bold()、italics()、sub()、sup()、fontcolor()、fontsize()、strike() 等。

2）Array 数组对象

在程序设计中通常用数组来组织相同数据类型的多个数据。在 JavaScript 脚本语言中，同样用数组对象存储多个数值，但是由于 JavaScript 语言的弱类型，对象数组的数组元素的数据类型不要求必须一致。但是，数组的使用要遵循先声明、后使用的规则。由于数组元素个数较多，因此数组的应用往往要结合循环结构。

（1）定义 Array 数组对象。有如下三种方法：

```
方法一：var 数组对象名 =new Array();              // 声明数组，长度为 0，空数组
方法二：var 数组对象名 =new Array(size);          // 声明数组，长度为 size
方法三：var 数组对象名 =new Array("C", "C++", "Java");// 声明数组，并初始化数组元素
```

或者，var 数组对象名 =["C", "C++", "Java"];

（2）为数组对象赋值。第一个数组元素的索引值为 0，第二个索引值为 1，依此类推。数组中实际元素的个数为数组的长度，JavaScript 对数组的长度没有特殊的限制，用户可以根据需要随时增加或减少数组长度。通过数组名 .length 获取数组的实际长度，即已经赋值的数组元素个数。为已经声明的对象数组赋值通常利用赋值语句。例如：

```
var a1=new Array();
a1[0]="C";
a1[1]="C++";
a1[2]="Java";
```

对象数组 a1 的长度为 3，a1.length 的值是 3。

（3）数组的使用。数组定义后通过使用数组元素的方法使用数组。数组元素的下标从 0 开始，最大元素的下标就是数组长度 -1。如果在数组使用中，数组元素的下标值超出了数组的边界，则会返回 "undefined"。

数组对象的常用属性和方法见表 2-21 和表 2-22。

■ 表 2-21　数组对象的常用属性

属　性	描　述
constructor	返回对创建此对象的数组函数的引用
length	设置或返回数组中元素的数目

■ 表 2-22　数组对象的常用方法

方　法	描　述
join(分隔符)	把数组所有元素连接成一个字符串，元素间通过指定分隔符分隔，默认逗号
pop()	删除并返回数组的最后一个元素
push(x1,x2,....,xn)	向数组的末尾添加一个或更多元素，并返回新的数组长度
unshift(x1,x2,......)	向数组的开头添加一个或更多元素，并返回新的数组长度
shift()	删除并返回数组的第一个元素
splice(i,n,x1,x2,..)	删除 n 个元素，数组从标号为 i 的元素开始先删除 n 个元素后，再从该位置添加若干个新元素。如果删除元素个数为 0，则仅添加新元素
slice(start,end)	从某个已有的数组返回选定的元素，start、end 元素标号，结果不包含 end
reverse()	颠倒数组中元素的顺序
toString()	把数组转换为字符串，并返回结果
valueOf()	返回数组对象的原始值

例 1：将 Python 和 Unity 添加到数组 a1 中，并返回数组的新长度。

```
var length=a1.push("Python", "Unity");        // 数组新长度 length 的值为 5
```

例 2：将数组 a1 的元素连成一个字符串，元素之间用分号 ";" 分隔。

```
var str_a1=a1.join(";");    // 变量 str_a1 的值是字符串 "C;C++;JAVA;Python;Unity"
```

例 3：将 Photoshop 插入到数组元素 Python 的后面。

```
a1.splice(4,0,"Photoshop");
```

在 splice() 方法中，删除元素的个数为 0，插入新元素的标号是 4，插入数组元素内容为 Photoshop，数组长度变位 6。思考如果将方法改为 a1.splice(4,1,"Photoshop");，数组将会发生哪些声明变化？

【例 2-20】编写自定义 JavaScript 函数 trim()，在函数中用 String 对象的 replace() 方法去掉字符串中的首尾空格。

首先，设计页面，添加输入字符串与输出处理后的字符串的文本框控件，以及命令按钮。

```
<form name="frm1" method="post" action="">
    原字符串: <input type="text" name="txt1" value="" />
    处理后的字符串: <input type="text" name="txt2" value="" />
    <input type="button" name="btn" value=" 提交处理 " />
</form>
```

然后，编写自定义函数 trim()。

```
<script>
    function trim(){
        var str=frm1.txt1.value;        // 提取原字符串
        if(str==""){                     // 当原字符串为空时
            alert(" 请输入字符串 ");
            frm1.txt1.focus();
            return;
        }
        else{                            // 当原字符串不为空时，去掉字符串中的首尾空格
            var objExp=/(^\s*)|(\s*$)/g;     // 创建 RegExp 对象
            str=str.replace(objExp,"");      // 替换字符串中的首尾空格
        }
        frm1.txt2.value =str;           // 将转换后的字符串写入到 " 转换后的字符串 " 文本框
    }
</script>
```

最后，应用提交处理按钮的 onclick 事件调用自定义函数 trim()，具体代码如下：

```
<input name="Button" type="button" onclick="trim()" value=" 提交处理 ">
```

保存并发布浏览网页，运行程序，输入原字符串，单击"提交处理"按钮，将去掉字符串中的首尾空格，并显示到"处理后的字符串"文本框中，如图 2-15 所示。

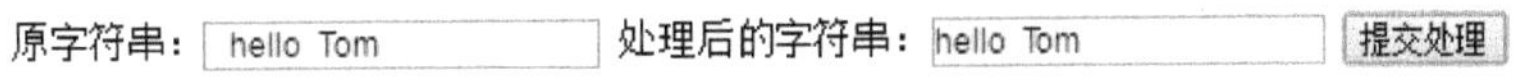

原字符串: hello Tom　　处理后的字符串: hello Tom　　提交处理

■ 图 2-15　处理结果

3）Date 对象

在 Web 程序开发中日期和时间的使用频率非常高，例如，在网页中显示日期时间或者显示用于计时的时钟等。JavaScript 提供的 Date 对象可以实现对日期和时间的操作，如获取当前系统时

间，并指定显示的格式等。Date 对象具有动态性，在使用时必须用 new 关键字创建一个实例。创建 Date 对象的语法格式如下：

```
Date Obj=new Date();
Date Obj=new Date(dateValue);
Date Obj=new Date(year,month,date[,hours[,minutes[,seconds[,ms]]]]);
```

其中：参数 dateValue 如果是一个数值，则表示指定日期与 1970 年 1 月 1 日午夜间全球标准时间相差的毫秒数。如果是字符串，则 dateValue 按照 parse() 方法中的规则进行解析；year 一个 4 位数的年份，输入的是 0 ~ 99 的数值，则加上 1900；month 月份，值为 0 ~ 11 的整数，0 代表 1 月份，依此类推；date 表示日，值为 1 ~ 31 的整数；hours 小时，值为 0 ~ 23 的整数；minutes 分钟，值为 0 ~ 59 的整数；seconds 表示秒，值为 0 ~ 59 的整数；而 ms 则是毫秒，值为 0 ~ 999 的整数，多数情况下会将毫秒省略。

Date 对象提供直接访问的属性很少，但是获取、设置日期和时间的方法很多。Date 对象的常用属性和方法见表 2-23 和表 2-24。

表 2-23　Date 对象的常用属性

属　　性	描　　述
constructor	返回对创建此对象的 Date() 函数的引用
prototype	能向对象添加属性和方法

表 2-24　Date 对象的常用方法

方　　法	描　　述
Date()	返回系统当前的日期和时间
getDate()	返回 Date 对象的一个月中的某一天（1~31）
getDay()	返回 Date 对象的一周中的某一天（0~6）
getMonth()	返回 Date 对象的月份（0~11）
getFullYear()	返回 Date 对象的四位数字的年份
getHours()	返回 Date 对象的小时（0~23）
getMinutes()	返回 Date 对象的分钟（0~59）
getSeconds()	返回 Date 对象的秒数（0~59）
setDate()	设置 Date 对象中的日，即日期中的某一天（1~31）
setMonth()	设置 Date 对象中的月份（0~11）
setFullYear()	设置 Date 对象中的年份（四位数字）
setHours()	设置 Date 对象中的小时（0~23）
setMinutes()	设置 Date 对象中的分钟（0~59）
setSeconds()	设置 Date 对象中的秒钟（0~59）
setTime()	以毫秒设置 Date 对象
toString()	把 Date 对象转换为字符串

续表

方　　法	描　　述
toTimeString()	把 Date 对象的时间部分转换为字符串
toDateString()	把 Date 对象的日期部分转换为字符串
valueOf()	返回 Date 对象的原始值

例如：在网页上显示系统当前日期。代码如下：

```
var now=new Date();
document.write(now);
// 显示结果为: Mon Oct 01 2018 19:24:11 GMT+0800 (中国标准时间)
```

【例2-21】建立一个页面 date_index.html，在合适位置显示 ××××年 ××月 ××日 h:m:sec 自定义格式的系统当前日期和时间。

首先，建立获取并显示自定义日期格式的 JavaScript 脚本函数 showTime()，函数代码如下：

```
function showTime(clock){
    var dd=new Date();              // 创建 Date 对象
    var year=dd.getFullYear();      // 获取年份
    var month=dd.getMonth();        // 获取月份
    var date=dd.getDate();          // 获取日期
    var h=dd.getHours();            // 获取小时
    var m=dd.getMinutes();          // 获取分钟
    var sec=dd.getSeconds();        // 获取秒
    month=month+1;
    var time=year+" 年 "+month+" 月 "+date+" 日 "+" "+h+":"+m+":"+sec;
    // 组合系统时间
    clock.innerHTML=" 当前时间: "+time; // 在 div 标记中显示系统时间
}
```

然后，在页面的加载事件中每隔 1 秒调用一次 showTime() 函数以实现实时显示系统时间，具体代码如下：

```
window.onload=function(){
    window.setInterval("showTime(clock)",1000);
}
```

将上述两个 JavaScript 脚本自定义函数置于 <head></head> 标记对内。

最后，在 <body></body> 标记对中添加 <div> 标记，并将其 id 命名为 clock。代码如下：

```
<body>
    <div id="clock"></div>
</body>
```

保存发布网页，运行程序，页面结果显示如图 2-16 所示。页面上显示的时间随着系统时间的变化而实时自动更新。

■ 图 2-16　显示系统时间

3. 浏览器对象

浏览器对象是指访问和操作浏览器窗口的浏览器对象模型 BOM（Browser Object Model），起初该模型是针对 HTML 和 XML 文档的一个 API，现已成为表现和操作页面标记的跨平台、语言中立的一种标准。该模型包含的整体对象如图 2-17 所示。

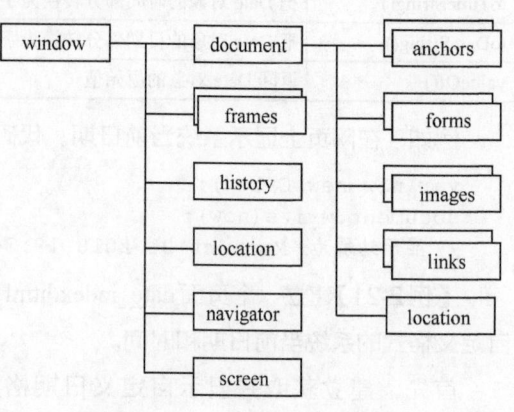

浏览器对象的核心是 window 对象，也是 BOM 中的顶级对象。有些对象有特殊双重身份，例如 document 对象既是 BOM 顶级对象 window 的一个属性，也是一个对象；location 对象既是 window 对象的属性，同时也是 document 对象的属性。下面对常用的浏览器对象逐一介绍。

■ 图 2-17　BOM 整体对象图

1）window 对象

window 对象是一个全局对象，在 JavaScript 中起重要作用。当网页没有框架或者框架没有子框架时，window、self、top 和 parent 都相同，均指最顶层框架，即浏览器窗口。当网页中有子框架时，window、self 和 top 都代表最顶层框架，parent 指向当前框架的直接上层框架。每个框架都有自己的 window 对象，利用 name 属性，可以表示区分所处框架。也可以通过索引（从 0 开始，从左至右，从上至下）访问框架相应的 window 对象。

window 对象在页面的 \<body\>、\<frameset\> 标记中被自动创建，不用 new 关键字创建对象实例，用户直接用"对象名.属性名""对象名.方法名()"的格式访问 window 对象的属性或方法。另外，window 对象使用频繁，又是顶级对象，在使用 window 对象的属性和方法时，可以省略 window 对象的名称。例如，window.alert(" 欢迎 "); 可以直接写成语句 alert(" 欢迎 ");。

window 对象提供了许多属性和方法用来操作浏览器页面的内容，常用属性和方法见表 2-25 和表 2-26。

■ 表 2-25　window 对象的常用属性

属 性 名 称	作 用 描 述
document	对窗口或框架中含有文档的 Document 对象的只读引用
location	显示窗口中当前显示文档的 Web 网址；如果将一个 URL 赋予该对象或者它的 href 属性，则浏览器将加载并显示该 URL 指定的文档在当前窗口中
length	窗口或框架包含的框架个数
history	记录一系列用户访问的网址，通过 back()、forward()、go() 方法重复以前执行的访问
name	窗口对象的名称
top	表示最顶层的浏览器窗口

属 性 名 称	作 用 描 述
parent	表示包含当前窗口的父窗口
self	表示当前窗口
screen	只读引用，提供浏览器尺寸、定位、颜色深度等信息

■ 表 2-26　window 对象的常用方法

方 法 名 称	作 用 描 述
alert()	弹出一个提示对话框和"确定"按钮
open()	打开一个新的浏览器窗口，或查找一个已命名的窗口，可以指定窗口大小等
close()	关闭当前窗口
confirm()	确认框，有"确认 /true"和"返回 /false"两个按钮
prompt()	文本输入框，有"确认"（返回文本输入域的内容）和"取消"按钮（返回 null）
setTimeOut()	定时器只执行一次：参数为有执行函数或代码、执行代码前需等待的时间（毫秒）
clearTimeOut()	取消一次定时器：参数为 setTimeout() 的引用
setInterval()	循环执行：参数为执行函数或代码、循环执行代码的间隔时间（毫秒）
clearInterval()	取消循环执行：参数为 setInterval() 的引用
find()	搜索对话框：与用浏览器菜单栏的"查找"命令打开对话框一样
print()	打印对话框：与用浏览器菜单栏的"打印"命令打开对话框一样

例 1：用 window 对象的 alert() 方法弹出提示对话框。

```
window.alert("hello！");
```

例 2：打开一个浏览器窗口，在该窗口中显示 book.html 文件，并设置打开窗口的名称为 book，以及窗口的上边距、左边距、宽度和高度。

```
window.open("book.html","book","width=500,height=360,top=20,left=20");
```

【例 2-22】设计用户注册页面 window_index.html，页面包含用户名、密码、确认密码三个文本框，"提交""重置""关闭"三个命令按钮。单击"关闭"按钮，关闭当前浏览器窗口。页面 window_index.html 代码如下：

```html
<html>
  <head>
    <title>window_index.html</title>
  </head>
  <body>
<form id="frm1" name="frm1" method="post" action="">
    <table width="380" height="180" border="0">
      <tr>
        <td width="120" align="right">用户名：</td>
        <td width="254" align="left">
        <input type="text" name="txt_name" id="txt_name" /></td>
      </tr>
```

```
<tr>
    <td align="right"> 密码 :</td>
    <td align="left">
    <input type="password" name="txt_psd" id="txt_psd" /></td>
</tr>
<tr>
    <td align="right"> 确认密码： </td>
    <td align="left">
    <input type="password" name="txt_psd1" id="txt_psd1" /></td>
</tr>
<tr>
    <td colspan=2 align="center">
    <input type="submit" name="b_s1" value=" 提交 " />
    <input type="reset" name="b_r2" value=" 重置 " />
    <input type="button" name="b_b3" value=" 关闭 " onclick="window.
close()" /></td>
    </tr>
    </table>
    </form>
    </body>
</html>
```

保存发布网页，运行程序，页面结果显示如图 2-18
所示。

说明：页面利用 <table> 标记布局注册信息；当
window 对象赋给变量后，用打开窗口句柄的 close() 方法
关闭窗口。

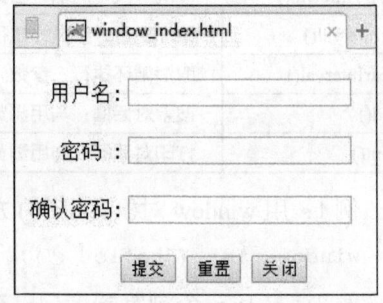

■ 图 2-18 Window_index.html 运行界面

2）document 对象

document 对象代表整个 HTML 文档，当浏览器载入 HTML 文档，HTML 文档就成为
document 对象。用户在 JavaScript 脚本中通过 document 对象完成对 HTML 文档中的所有元素
的访问，并且通过该对象使用户与网页之间的交互性更加多样，document 对象在动态网页的制
作中起关键作用。document 对象可以访问网页中的所有元素，其常用属性和方法见表 2-27 和
表 2-28。

■ 表 2-27 document 对象常用属性

属　　性	描　　述	属　　性	描　　述
activeElement	返回当前获取焦点元素	referrer	返回载入当前文档的 URL
cookie	设置或返回与当前文档有关的所有 cookie	title	返回当前文档的标题
Element	返回文档的根节点	URL	返回文档完整的 URL
URI	设置或返回文档的位置		

■ 表 2-28　document 对象常用方法

方　　法	描　　述
document.close()	关闭用 document.open() 方法打开的输出流，并显示选定的数据
document.getElementsByClassName()	返回文档中所有指定类名的元素集合，作为 NodeList 对象
document.getElementById(id)	返回指定 id 的第一个对象的引用
document.getElementsByName(name)	返回指定名称的对象集合
document.getElementsByTagName(tagname)	返回指定标签名的对象集合
document.open()	打开一个流，收集来自 document.write() 或 document.writeln() 方法的输出
document.write()	向文档写入数据，写入的数据作为标准文档 HTML 来处理
document.writeln()	向文档写入数据，不同于 write() 的是在写入数据之后加一个换行符

document 对象访问文档中的图片、表单中的控件等元素，这些元素必须已经定义了 name 属性。访问页面中元素的方法如下：

```
document.被访问元素名.value;
```
或者 document.元素名.子元素名.value;

【例 2-23】设计一个页面 document_index.html，界面如图 2-19 所示。在一个文本框中输入书名，另一个输入单价，通过选择框选择数量。单击"提交"按钮，将在对话框中显示输出在页面中设置的信息。

为了实现题目要求，设计 JavaScript 脚本的自定义函数 sub_msg()，并由"提交"按钮的单击事件调用该函数。页面 document_index.html 的代码如下：

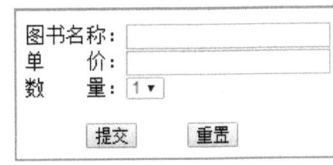

■ 图 2-19　界面设计

```
<html>
<head>
   <script type="text/javascript">
   function sub_msg(){
      var book_name=document.frm1.txt_name.value;
      var book_p=document.frm1.txt_p.value;
      var book_n=document.frm1.sel_n.value;
      var str="图书名称: "+book_name+"  图书定价: "+book_p+"  购买册数: "+book_n;
      alert(str);
   }
   </script>
</head>
<body>
<form id="frm1" name="frm1" method="post" action="">
   图书名称: <input type="text" name="txt_name" id="txt_name" value="" /><br>
   单     价: <input type="text" name="txt_p" id="txt_p"value=
"" /><br>
   数     量: <select name="sel_n" id="sel_n">
   <option>1</option>
   <option>2</option>
   <option>3</option>
```

```
      <option>4</option>
      <option>5</option>
    </select><br><br>
         <input type="button" onclick="sub_msg()" value=
"提交"/>
        <input type="Submit" value="重置" />
    </form>
    </body>
    </html>
```

保存发布网页，运行程序，页面结果显示如图 2-20 所示。弹出的窗口上显示表单中用户所输入和选择的信息。

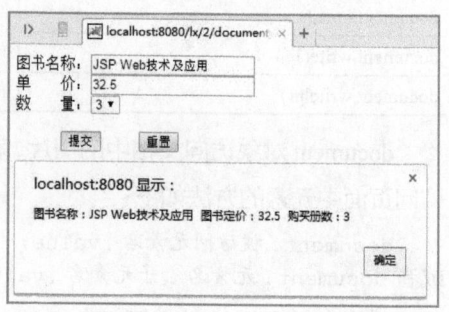

■ 图 2-20　document 访问页面元素结果

2.3.3　事件

通过对前面的关于对象使用的学习中了解到 JavaScript 可以通过事件驱动的方式调用用户编写的自定义函数，实现人机交互。

1. 常用事件

JavaScript 是事件驱动的，事件可以由用户触发（如单击鼠标），也可以由页面的改变引发（如页面加载等）。计算机随之对客户端的事件作出相应的响应，无须经过服务器端程序。将事件驱动的某种操作称为事件，而计算机作出的响应称为事件响应。从事件触发，到启动事件处理程序，最后到事件处理程序做出反应的这一过程称为事件处理过程。期间启动的事件处理程序可以是任意 JavaScript 语句，但大多数是特定的自定义函数 Function()。由于事件的触发来源不同，事件也被分成了不同类型。多数浏览器内部对象都有很多事件，JavaScript 常用对象的常用事件见表 2-29。

■ 表 2-29　JavaScript 的常用事件

事 件 分 类	事 件 名 称	事　　件
鼠标事件	click	单击鼠标时触发
	dblclick	双击鼠标时触发
	mousedown	鼠标按键被按下（左键或者右键）时触发
	mousemove	鼠标在元素内部移动时触发
	mouseleave	鼠标移出元素范围时触发
	mouseenter	鼠标移入元素范围内触发
	mouseout	鼠标移出目标元素上方
	mouseover	鼠标移入目标元素上方，鼠标移到其后代元素上时会触发
	mouseup	鼠标按钮被释放弹起时触发

事 件 分 类	事 件 名 称	事　　　件
键盘事件	onkeydown	某个键盘的键被按下
	onkeypress	某个键盘的键被按下或按住，又松开时触发
	onkeyup	某个键盘的键被松开时触发
窗口事件	onload	窗口加载时触发
	onunload	窗口卸载时触发
表单元素事件	onfocus	元素获得焦点时触发
	onblur	元素失去焦点时触发
	onchange	用户改变元素域的内容时触发
	onselect	当元素被选择时触发
	onrest	表单 form 被重置时触发
	onsubmit	表单 form 提交时触发

2. 指定事件处理程序

在使用事件处理程序对页面进行操作时，最主要的是如何通过对象的事件来指定事件处理程序。指定事件处理程序有 3 种方法。

方法一：直接在 HTML 标记中指定。格式如下：

`< 标记 事件 =" 事件处理程序 " [ 事件 =" 事件处理程序 "……]>`

例如：`<input type="botton" name="btn" id="btn" value="`单击`" onclick="alert`
`('hello！ ')">`

方法二：编写特定对象的特定事件。格式如下：

```
<script language="JavaScript" for=" 对象名 " event=" 事件名 ">
    ……事件处理程序代码
</script>
```

例如：
```
<script language="JavaScript" for="window" event="onload">
    alert("JavaScript");
</script>
```

方法三：在 JavaScript 中说明。格式如下：

`< 对象 >.< 事件 >=< 事件处理程序 >;`

事件处理程序是真正的代码，当事件处理程序是一个无参的自定义函数时，函数名后不用加小圆括号。例如：

```
function msg_show(){
    alert("JavaScript");
}
window.onload=msg_show;              // 不以字符串形式调用函数
```

上机实践与练习

1. 设计用户登录注册界面。

2. 修改实时显示系统时间的例题，将时间格式设置为 ××××年××月××日 星期几 h:m:s 的形式。

3. 在线图书借阅是图书管理系统必不可少的功能，用户可以从某类图书中选择若干本图书借阅。当用户单击"借阅"按钮时，程序应统计出借阅图书的名称、借阅时间和借阅图书数量等信息，并在页面或者弹出 alert 对话框显示。

JSP 语法基础

　　学习和应用 JavaWeb 开发技术，熟练掌握 JSP 知识是必不可少的。本章将介绍 JSP 的页面基本构成、JSP 的基本语法、指令标识以及动作标识等主要内容。

3.1 JSP 基本语法

JSP 页面是指扩展名为 .jsp 的文件。在第 1 章中介绍过创建 JSP 文件的方法步骤，这里不再赘述。下面详细介绍 JSP 文件的页面构成。

3.1.1 JSP 页面构成

JSP 页面文档一般由静态网页和动态网页两部分构成。静态网页部分即 HTML 代码，按照常规的 HTML 标记的使用规则写入到 JSP 页面即可。动态部分也是实现动态功能的 JSP 元素部分，由 Java 程序段、表达式，以及 JSP 指令标记、JSP 动作标记和必要注释内容组成。在 JSP 元素中，除了 JSP 动作标记像 HTML 标记使用方法一样外，其余的 JSP 元素全部写在 <%%> 之间。JSP 元素的语法标识见表 3-1。

■ 表 3-1 JSP 元素的语法标识

JSP 元素	语法标识	实 例
JSP 指令标记	<%@ 指令命称 %>	<%@ page import="java.util.Date" %>
JSP 动作标记	<jsp: 动作标记名称 >	<jsp:include>
Java 代码段	<%Java 代码段 %>	<% if(x>y){return x}%>
变量和方法声明	<%! %>	<%! int x %>
表达式	<%= 表达式 %>	<%=3*4%>
注释	<%-- 注释 --%>	<%-- 注释内容 --%>

【例 3-1】编写一个名为 index.jsp 的页面，显示当前时间。

```
<%@ page language="java" contentType="text/html; charset=gb2312"
pageEncoding="utf-8"%>
<%@ page import="java.util.Date" %>
<%@ page import="java.text.SimpleDateFormat"%>
```

指令标记

```
<html>
<head>
  <meta http-equiv="Content-Type" content="text/html; charset=GB2312">
  <title>JSP 页面: 显示系统时间 </title>
</head>
<body>
```

HTML 标记

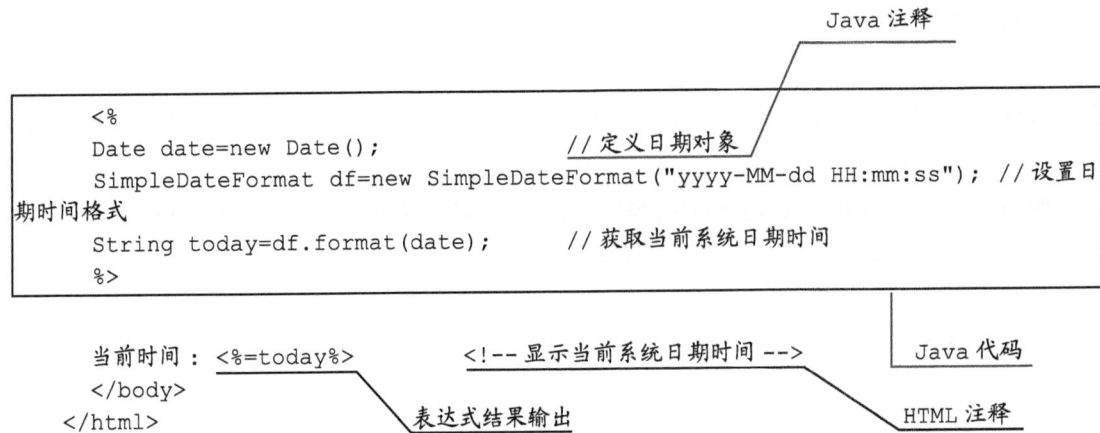

```
       <%
       Date date=new Date();               // 定义日期对象
       SimpleDateFormat df=new SimpleDateFormat("yyyy-MM-dd HH:mm:ss"); // 设置日
期时间格式
       String today=df.format(date);         // 获取当前系统日期时间
       %>
```

当前时间：<%=today%>　　　<!-- 显示当前系统日期时间 -->　　　Java 代码

　　</body>　　　　　　　　　　　　表达式结果输出　　　　　　HTML 注释

</html>

此例中 JSP 页面包含了指令标识、HTML 代码、嵌入的 Java 代码段、JSP 表达式和注释等内容。部署并运行程序，结果为"当前时间：2018-09-16 18:41:30"。

3.1.2　JSP 脚本

在 JSP 页面中，脚本标识包括 3 部分，即 JSP 表达式（Expression）、声明标识（Declaration）和脚本程序（Scriptlet）。在 JSP 页面中用户可以像写 Java 程序一样进行变量的声明、自定义函数或者进行表达式的运算。

1. JSP 声明

变量和方法是编程中必不可少的元素，在 JSP 页面若想使用二者，必须先声明方可使用。JSP 的声明变量和方法的方式与 Java 相同。

1）声明变量

变量分为局部变量和全局变量，两者声明的 JSP 脚本元素不同，保存的位置不同。变量的类型可以是 Java 语言运行的任何数据类型。

（1）定义局部变量。JSP 局部变量是 JSP 本地变量，对于外部函数不可用，即使外部函数和变量声明在同一个 JSP 页面。局部变量在 JSP 中多次使用时，每次都会被重新初始化，所以局部变量的初始值始终保持不变。声明局部变量的语法格式如下：

```
<% 声明局部变量及使用局部变量的代码段 %>
例如：<% int x=1,y;
         String str1="JSP WEB";
         y=++x;
      %>
```

说明：JSP 程序段中的变量必须先声明、后使用。每条语句的句末加英文状态的分号"；"，声明的局部变量作用域仅限于它所在的方法函数内。

（2）定义全局变量。全局变量不属于任何方法函数，在整个 JSP 页面的访问期间内有效。全局变量被访问调用多次时，上一次对全局变量的执行结果为下一次执行的初始值。定义全局变量的语法格式如下：

```
<%! 声明全局变量的代码段 %>
```

说明：<% 与 ! 之间无空格，! 与其后面的代码之间可以有空格。<%! 与 %> 可以不在同一行。每条声明语句以分号 ";" 结束。

服务器响应 JSP 页面时，首先将页面转换为 Servlet 类，在类中把定义的全局变量和方法转换为类的成员变量和方法。因此全局变量的有效范围与声明的位置无关。例如：

```
<%! int n=1000;%>
```

声明全局变量 n 后，在一个 JSP 页面的 <body></body> 标记中，加入下面利用表达式输出的代码：

```
访问人数：<%=n++ %>
```

部署运行网页，每次刷新页面时，都会输出前一次数值 +1 的结果。

2）声明方法

声明方法与声明全局变量的语法格式相同，在 <%! 和 %> 之间进行方法的声明。声明的方法也在整个 JSP 内有效，与声明的位置无关。

【例 3-2】编写计算输出圆面积的方法。

```
<%@ page language="java" pageEncoding="gbk" contentType="text/html;charset=
GB2312"%>
<HTML>
    <BODY>
        <%! double PI=Math.PI;                  // 获取圆周率的值
            double getArea(double r){           // 声明方法 getArea()
                return PI*r*r;                  // 计算圆面积，并返回计算结果
            }
        %>
        <% int r=100;     // 定义局部变量 r，不同于 getArea(double r) 方法中的形参 r
        out.println(" 调用 getArea() 方法，计算半径 ="+r+" 的圆面积：");
        double area=getArea(r);
        out.println(area);
        %>
    </BODY>
</HTML>
```

2. JSP 表达式

利用表达式可以方便地在 JSP 页面中输出信息，表达式的值由服务器计算，并将计算的最终结果以字符串形式发送到客户端显示。如果表达式非法，则无法计算，会给出编译错误。使用表达式的语法格式如下：

```
<%= 表达式 %>
```

说明：表达式可以是任何 Java 语言的合理表达式。<% 与 = 之间无空格，但是 = 与后面的表达式之间可以有空格。表达式与 %> 之间可以有空格，但是不能有分号 ";"。

例 1：使用 JSP 表达式在页面中输出信息。

```
<% String name="王一"; %>                    // 定义姓名变量
姓名: <%=name %>                              // 输出结果为: 姓名: 王一
<%=" 姓名: " +name %>                         // 输出结果为: 姓名: 王一
<%="5+6="+(5+6) %>                           // 输出结果为: 5+6=11
```

例 2：利用表达式动态设置标记属性。

```
<%String url="t1.jpg";%>                     // 定义保存文件名称的变量
<img src="image/<%=url%>">
```

JSP 表达式可以插入到网页的文本中随之输出其结果，还可以灵活地插入到 HTML 标记中，用于动态设置标记的属性值。

【例 3-3】 利用表达式修改计算圆面积的程序。

```
<%@ page language="java" pageEncoding="gbk" contentType="text/
html;charset=GB2312"%>
    <HTML>
    <BODY>
        <% int r=10;                         // 局部变量声明
            double area=getArea(r);          // 方法调用
        %>
        <%=" 调用 getArea 方法, 计算半径 ="+r+" 的圆面积: "%>    // 利用表达式输出
        <%=getArea(r)%>
        <%! double PI=Math.PI;               // 全局变量和方法的作用域与声明位置无关
            double getArea(double r){
                return PI*r*r;
            }
        %>
    </BODY>
</HTML>
```

3. Java 程序段

代码段就是 JSP 页面中嵌入的 Java 代码或脚本代码，可以实现的功能是 JSP 表达式无法可比的。代码段使用灵活，在 Java 代码段中可以定义变量和方法，只不过创建的变量或方法，在当前 JSP 页面中有效，页面关闭后，就会被销毁释放。在 Java 代码段中还可以使用程序流程控制语句等。通过脚本代码可以应用 JSP 内置对象在页面输出内容，如上面例 3-2 中的 out.println(area);、处理请求和响应、访问 session 会话等。根据网页需要，用户可以在一个 JSP 页面中插入多个 Java 代码段或者脚本代码，在页面请求的处理期间 JSP 引擎会按照代码段的顺序解析执行。Java 代码段或脚本代码段均插入在 <% 和 %> 之间，其语法格式如下：

```
<% Java 代码或脚本代码 %>
```

【例 3-4】 通过代码段、表达式在 JSP 页面中输出九九乘法表。通过代码段将输出九九乘法表的文本连接成一个字符串，通过 JSP 表达式输出该字符串。li_cfb.jsp 文件主要代码如下：

```
<body>
<% String str="";                          // 声明保存九九乘法表的字符串变量
  for (int i=1;i<=9;i++){                   // 连接生成九九乘法表的字符串，外循环
    for (int j=1;j<=i;j++) {                // 内循环
      str+=j+"*"+i+"="+j*i;
      str+="   ";                 // 加入空格
    }
    str+="<br>";                            // 加入换行符
  }
%>
<%=str%>
</body>
```

部署并运行程序，显示结果如图 3-1 所示。

```
1*1=1
1*2=2    2*2=4
1*3=3    2*3=6    3*3=9
1*4=4    2*4=8    3*4=12    4*4=16
1*5=5    2*5=10   3*5=15    4*5=20    5*5=25
1*6=6    2*6=12   3*6=18    4*6=24    5*6=30    6*6=36
1*7=7    2*7=14   3*7=21    4*7=28    5*7=35    6*7=42    7*7=49
1*8=8    2*8=16   3*8=24    4*8=32    5*8=40    6*8=48    7*8=56    8*8=64
1*9=9    2*9=18   3*9=27    4*9=36    5*9=45    6*9=54    7*9=63    8*9=72    9*9=81
```

■ 图 3-1 九九乘法表

3.1.3 JSP 注释

在 JSP 页面加入注释信息可以增强文件的可读性、便于后期的维护。由于 JSP 页面由 HTML、JSP、Java 脚本等元素构成，所以 JSP 注释可以使用多种注释格式。注释信息不会在网页中显示，但是根据在客户端对用户是否看见分两种：一种是客户端注释，该注释信息在客户端可以显示；另一种是服务器端注释，此类注释信息仅对开发人员可见。

1. HTML 注释

HTML 语言的注释信息属于客户端注释，用户选择浏览器"查看"→"查看网页源代码"命令，或者右击网页任意位置，在弹出的快捷菜单中选择"查看源代码"命令，可以看到完整的代码及注释信息，这种注释是不安全的。HTML 注释语法格式如下：

```
<!-- 注释信息 -->
```

说明：为 HTML 添加注释信息，使得其他程序开发人员可以从注释中了解代码的用途。

2. JSP 注释

JSP 页面的注释信息都是服务器端注释，即一种隐藏注释，提升了代码的安全性。JSP 注释语法格式如下：

```
<% -- 注释信息 -- %>
```

说明：注释信息不会被编译，因此也不会被执行。

3. Java 注释

在 JSP 页面可以嵌入 Java 代码段，在 Java 中的注释方法同样可以运用在 JSP 的 Java 代码中。单行注释的语法格式如下：

```
// 注释内容
```

该注释语句要在 <%%> 里面应用，前面例题中经常用到，这里不再详述。

多行注释的语法格式如下：

```
/* 注释信息 */
```

说明：注释内容既可以是单行信息，也可以是多行信息。利用多行注释，可以将大段的代码暂时标注为注释信息不让其执行，提高开发效率。JSP 编译时会忽略掉服务器端注释，所以注释信息中即使存在错误语法，也不影响程序的运行。由于在各章的例题代码中经常用到注释语句，这里不再举例说明。

3.2　JSP 指令

指令标识主要用于设定整个 JSP 页面范围内都有效的相关信息，即设置 JSP 程序和由该 JSP 程序编译所生成的 Servlet 程序的属性，被服务器解释并执行，不产生任何内容输出到网页中，所以 JSP 指令标识对于客户端浏览器是不可见的。在 JSP 中常用的指令有 page、include 和 taglib 指令。

JSP 指令标识的语法格式如下：

```
<%@ 指令名 属性 1=" 属性值 1" 属性 2=" 属性值 2"……%>
```

其中：指令名就是指定的指令名称。不同的指令包含不同的属性，在一个指令中，可以设置多个属性，属性间用逗号或空格分隔。注意属性名区分字母的大小写。

例如，在应用 MyEclipse 创建 JSP 文件时，在文件的开始处默认添加一条指令，用于指定 JSP 所使用的语言、编码方式等。这条指令的具体代码如下：

```
<%@ page language="java" contentType="text/html; charset=GB2312"
pageEncoding="GB2312"%>
```

指令标识的 <%@ 之间不要添加空格，与 %> 结合使用完整的标记，但是标签中定义的属性与指令名称之间，属性之间都需要有空格分隔。

3.2.1　page 指令

page 是 JSP 页面最常用的指令，用来定义整个 JSP 页面的相关属性，这些属性被服务器解析成 Servlet 时会转换为相应的 Java 程序代码。page 指令的语法格式如下：

```
<%@ page attr1="value1" attr2="value2" ……%>
```

page 指令的常用属性及用法见表 3-2。

■ 表 3-2　page 指令的常用属性及用法

属　　性	说　　明	用法实例
language	设置 JSP 页面使用的语言，默认值为 Java	`<%@ page language="java" %>`
import	设置 JSP 导入的包，JSP 页面可以嵌入 Java 代码片段，Java 代码在调用 API 时需要导入相应的类包	`<%@ page import="java.util.*","java.io.*"%>`
pageEncoding	设置 JSP 页面本身的编码格式，默认值为 ISO-8859-1（不支持中文）。通常设为 GBK（支持简体中文和繁体中文）。jsp 编译成 .java 时，根据此设定读取页面内容	`<%@ page pageEncoding="GBK"%>`
contentType	设置 JSP 页面的 MIME 类型和 JSP 页面在浏览器显示网页内容依据的字符编码。中文的编码格式为 UTF-8 或 GB2312，默认值为 ISO-8859-1	`<%@ page contentType="text/html; charset=UTF-8"%>`
session	指定 JSP 页面是否使用 HTTP 的 session 会话对象，默认值为 true	`<%@ page session="false"%>`
buffer	设置 JSP 的 out 输出对象使用的缓冲区大小，默认值为 8KB，单位只能用 KB	`<%@ page buffer="128kb"%>`
autoFlush	设置 JSP 页面缓存满时，是否自动刷新缓存，默认值为 true。如果为 false，则缓存满时将抛出异常	`<%@ page autoFlush="false"%>`
isErrorPage	将当前 JSP 页面设置成错误处理页面进行处理另一个 JSP 页面的错误，即异常处理	`<%@ page isErrorPage="true"%>`
errorPage	指定处理当前 JSP 页面异常错误的另一个 JSP 页面，被指定的错误处理页面的 isErrorPage 属性必须为 true。一旦设置了该属性，则 JSP 文件中的任何错误都被忽略，优先调用错误处理页面	`<%@ page errorPage="error_p.jsp"%>`
info	如果在网页中经常用到一个固定的字符串，则可以将该字符串赋给属性 inof，在页面中需要显示字符串时，用 getServletInfo() 方法获取即可。并且根据需要也可以修改字符串的内容	`<%@ page info="Tianjin Foreign Studies University" %>`

注意：除了 import 属性之外，其他属性都只能使用一次。例如：

```
<%@ page language="java" import="java.util.*" pageEncoding="GBK"%>
<%@ page info="Tianjin Foreign Studies University" %>
```

在 `<body></body>` 标记中，利用 `<%=getServletInfo()%>` 输出表达式在页面中显示 "Tianjin Foreign Studies University" 字符串。其中，方法 getServletInfo() 获取 info 属性的属性值。

【例 3-5】设定页面 page_1.jsp 的错误页面 error.jsp。

（1）建立页面 page_1.jsp 的代码如下：

```
<%@page pageEncoding="gbk"  errorPage="error.jsp"%>
<html>
    <body>
        <%! int i=0;%>
        <%=10/i%>
    </body>
</html>
```

（2）建立页面 error.jsp，其代码如下：

```
<%@ page isErrorPage="true" pageEncoding="gbk" %>
```

```
<html>
<body>
    异常信息：页面中的计算式不符合数学规定
</body>
</html>
```

部署并浏览 page_1.jsp 程序，页面显示内容为"异常信息：页面中的计算式不符合数学规定"。

3.2.2　include 指令

用户在开发制作网站时，经常有频繁出现的重复性信息，例如每个页面都有的页眉和页脚部分。可以将这些经常重复使用的内容保存成一个 txt 文本文件、HTML 页面或者 JSP 文件，利用 JSP 的静态包含指令标识 include 实现将一个 JSP 页面文件包含到其他需要的 JSP 页面内。所谓的静态包含就是说被包含文件中所有内容会被原样包含到一个 JSP 页面中，即使被包含文件中含有 JSP 代码，在包含时也不会被编译执行。使用 include 指令，最终生成一个 JSP 文件，所以在被包含和包含的文件中，不能有相同名称的变量，page 指令中的一些属性也不要重复使用。利用 include 指令包含文件的方法可大大提高代码的重用性，且便于后期维护。include 指令的语法格式如下：

```
<%@ include file="path"%>
```

说明：指令只有一个 file 属性，用来指定要包含文件的路径以及文件名。路径用相对路径或者绝对路径均可。

【例 3-6】用 include 指令包含一个文本文件。

（1）在资源管理器中利用记事本建立名为 message.txt 文本文件，如果文件中有中文信息，保存文件时，在"另存为"对话框中，一定要将编码由默认的 ANSI 格式更改为 UTF-8 格式。否则，文件中包含的中文信息客户端浏览器显示为乱码。将建立的 message.txt 文件保存在项目的 WebRoot 目录中或者其下一级目录 txt 中。在 MyEclipse 中进行刷新操作，可以在界面的 WorkSpace 窗口看到 message.txt 文件。message.txt 文本文件内容如下：

```
天津外国语大学 <br>
Tianjin Foreign Studies University
```

（2）在 MyEclipse 中建立 include_L1.jsp 页面，包含并输出 message.txt 文件的内容，代码如下：

```
<%@ page language="java" pageEncoding="GBK" contentType="text/html;
charset=utf-8"%>
    <HTML>
        <head>
            <title>include 指令练习 </title>
        </head>
        <BODY>
            欢迎 <br>
            Welcome<br>
            <%@ include file="txt/message.txt" %>    <!-- 被包含的文件在txt文件夹中，
引用的相对路径 -->
        </body>
    </HTML>
```

部署并运行程序，显示结果为：

欢迎
Welcome
天津外国语大学
Tianjin Foreign Studies University

【例 3-7】 应用 include 指令包含一个 HTML 文件，其内容为网站的 Banner 和导航条。

（1）编写名称为 top_p.html 的页面，用于显示网站的信息和导航条（这里用一张图片代替详细信息，读者可以自行设计并实现）。top_p.html 文件的代码如下：

```
<img src="image/twxh.jpg" height="80">
```

（2）建立名为 include_index.jsp 的文件，页面中包括 top_p.html 页面。include_index.jsp 文件的代码如下：

```
<%@ page language="java" import="java.util.*" pageEncoding="gbk"%>
<html>
  <head>
    <title>My JSP include_index.jsp starting page</title>
  </head>
  <body style="margin:0px;">
      <%@ include file="top_p.html" %>
      <br>
  <hr><br>
          网页的主体内容部分
  </body>
</html>
```

■ 图 3-2　包含 HTML
页面的形式结构

部署并运行程序，显示效果如图 3-2 所示。

注意： 应用 include 指令进行文件包含时，为了使整个页面的层次结构不发生冲突，建议在被包含的页面中将 <html>、<body> 等标记删除。

【例 3-8】 修改例 3-7 的 include_index.jsp 文件，其内容添加网站页脚的版权信息栏。

（1）编写名称为 bottom_p.jsp 的页面，用于显示网站的版权信息（这里用一段文字代替详细信息，读者可以自行设计并实现）。bottom_p.jsp 文件的代码如下：

```
<%@ page language="java" import="java.util.*" pageEncoding="gbk"%>
<!DOCTYPE HTML PUBLIC "-//W3C//DTD HTML 4.01 Transitional//EN">
    <br> 版权所有，不得复制！ <br>
```

（2）修改例 3-7 中的 include_index.jsp，在网页主体部分的下方利用 include 指令加入版权信息。

```
<%@ page language="java" contentType="text/html;charset=GB2312"
pageEncoding="gbk"%>
<html>
    <head>
        <title>使用文件包含 include 指令</title>
    </head>
    <body style="margin:0px;">
```

```
        <%@ include file="top_p.html" %>
        <br>  <hr>  <br>
            网页的主体内容部分
        <%@ include file="bottom_p.jsp"%>
    </body>
</html>
```

注意：应用 include 指令包含 JSP 文件时，涉及页面的 page 指令，相同属性值的设置不要冲突。被包含的 JSP 文件会先被执行，然后包含文件 JSP 才会被继续执行。被包含的 JSP 文件内容一旦被修改，则包含该文件的所有主 JSP 文件均需重新编译。因此，include 指令适用于包含静态 HTML 文件，如果网站需要包含动态 JSP 网页，最好应用 include 动作。关于 JSP 动作的内容，下一节详细介绍。

3.2.3　taglib 指令

在 JSP 文件中，taglib 指令标识声明页面中所使用的标签库，同时引用标签库，并指定标签的前缀。在页面中引用标签库后，就可以通过前缀来引用标签库中的标签。taglib 指令的语法格式如下：

```
<%@ taglib prefix="tagPrefix" url="taglibURL"%>
```

其中：prefix 属性用于指定标签的前缀。前缀名由用户命名，但不能命名为 jsp、jspx、java、javax、sun、servlet 和 sunw 等。属性 url 用于指定标签库文件或者自定义标签库的存放位置。

关于引用 JSTL 中的核心标签库，以及自定义标签和如何使用 JSTL 核心标签库中标签的相关内容，在本书的第 9 章介绍。

3.3　JSP 动作

JSP 动作指使用 XML 语法格式的标记来控制服务器的行为。也就是说 JSP 动作是利用一些特殊的 JSP 动作标记，实现一些功能，如动态地插入文件、将用户重定向到另一个页面，以及重用 JavaBean 组件等。

JSP 动作标识有 8 个：<jsp:include>、<jsp:forward>、<jsp:param>、<jsp:plugin>、<jsp:fallback>、<jsp:useBean>、<jsp:getProperty>、<jsp:setProperty >。其中后 3 个与 JavaBean 结合使用，将在第 5 章介绍。本节主要介绍前 5 个 JSP 动作标识的具体使用方法，通用的语法格式如下：

单标记使用方法：<jsp: 动作名　属性 =" 属性值 "　属性 =" 属性值 "... />

双标记使用方法：<jsp: 动作名　属性 =" 属性值 "　属性 =" 属性值 "...> 相关内容 </jsp: 动作名 >

3.3.1　<jsp:include> 动作标记

利用 <jsp:include> 动作标记可以实现向当前页面中包含其他文件的功能。被包含的文件可以是动态文件，也可以是静态文件。功能与 include 指令相似，但是 <jsp:include> 标识对包含的动态文件和静态文件的处理方式不同。<jsp:include> 标识会识别被包含的文件类型，如果包含的是静态文件，则页面执行后，在使用了该标识的位置会传输给浏览器解析这个文件的内容。如果包含的是动态文件，JSP 编译器将编译并执行该文件。include 动作标记会自动检查被包含文件的变化，并将变化后的输出重新包含进来，实现实时更新。因此，建议多利用 <jsp:include> 动作标记实现文件的包含操作。

<jsp:include> 动作标识的语法格式如下：

```
<jsp:include page="url" flush="false/true"/>
```

或

```
<jsp:include page="url" flush="false/true"/>
    子动作标识 <jsp:param>
</jsp:include>
```

其中：page 用于指定被包含文件的相对路径，例如，指定属性值为 top_p.html，则表示将与当前 JSP 文件同一文件夹中的 top_p.html 文件包含到当前页面中。flush 属性为可选属性，用于设置是否刷新缓冲区，默认值为 false。若设置为 true，在当前页面输出使用了缓冲区的情况下，先刷新缓冲区，然后再执行包含工作。

【例 3-9】创建 include_index1.jsp 页面，利用 <jsp:include> 标识包含网站 top_p.html 和 bottom_p.jsp 页面。

include_index1.jsp 页面文件的代码如下：

```
<%@page language="java" contentType="text/html; charset=GB2312"
pageEncoding="GB2312"%>
<html>
    <head>
        <title> 使用 &lt;jsp:include&gt; 动作标识包含文件 </title>
    </head>
    <body style="margin:0px;">
        <jsp:include page="top_p.html"/>
        <hr><br>
        网页主体节部分
        <br><hr>
        <jsp:include page="bottom_p.jsp"/>
    </body>
</html>
```

部署并运行程序，浏览器显示结果如图 3-3 所示。　　　■ 图 3-3　页面浏览结果

如果 JSP 页面中需要显示大量纯文本，可将文本存入静态文件，如 txt 记事本文件中，通过 include 指令或 include 动作标识包含到 JSP 页面，这样使得页面更加简洁，代码重用性高。不过，include 指令与 <jsp:include> 动作标识二者之间是有差别的。

（1）include 指令通过 file 属性实现包含文件，该属性不支持任何表达式；<jsp:include> 动作标识通过 page 属性指定被包含的文件，但 page 属性支持 JSP 表达式。

（2）include 指令的包含文件是将被包含文件的内容原封不动地插入到包含页中，JSP 编译器将合并后的文件编译成一个 Java 文件；<jsp:include> 动作标识的包含文件是执行到该标识时，JSP 程序将请求转发到被包含的页面，并将被包含文件执行的结果输出到浏览器，然后返回包含页面继续执行其后续的代码。JSP 编译器对涉及的文件分别进行编译执行。

（3）include 指令包含文件是生成一个文件，所以在被包含文件、包含文件中不能有重名的变量或方法；而 <jsp:include> 动作标识包含文件时，每个文件单独编译，文件中变量和方法不相冲突。

动作标识 <jsp:param> 是 <jsp:include> 和 <jsp:forward> 两个动作标记的子标记，用于向被包含的动态页面或者转发的动态页面传递参数。关于 <jsp:param> 的使用与 <jsp:forward> 动作标记一起介绍。

3.3.2　<jsp:forward> 动作标记

大多数网站都具有用户登录、注册等功能，用户成功登录或提交注册信息后，可以转到另一个页面，这种转向又称跳转。转向将当前页面 A 导向到另一页面 B 上，在客户端地址栏仍是页面 A 的 URL，而浏览器显示的内容却是页面 B 的。这种转向由动作标记 <jsp:forward> 实现，请求转向的 Web 资源可以是 JSP 页面、HTML 页面和 Servlet 等。执行转向请求转发后，当前页面将不再被执行，而去执行标识指定转向的目标页面。

<jsp:forward> 动作标识的语法格式如下：

格式一：<jsp:forward page="URL"/>

格式二：<jsp:forward page="URL">

　　　　　　　子动作标识 <jsp:param>
　　　　　</jsp:forward>

其中：page 属性指定请求转发的是内部资源，即当前应用中的页面，属性值可以是文件路径，或者是表示文件路径的 JSP 表达式。

通过传递参数子标记 <jsp:param> 向目标文件传递参数，其语法格式如下：

<jsp:param name=" 参数名 " value=" 参数值 ">

其中：name 属性用于指定参数名称。value 属性用于设置具体的参数值。

【例 3-10】应用 <jsp:forward> 标识将页面转向到用户登录页面 forward_login.jsp。

（1）创建名称为 forward_index.jsp 的文件，通过 <jsp:forward> 动作标识将页面转发到用户登录页面。forward_index.jsp 文件的具体代码如下：

```
<%@ page language="java" contentType="text/html; charset=GB2312""pageEncoding="gbk"%>
<html>
    <body>
        <jsp:forward page="forward_login.jsp" />
    </body>
</html>
```

（2）编写 forward_login.jsp 文件，在该文件中布置用户登录信息。具体代码如下：

```
<%@ page language="java" contentType="text/html; charset=gb2312" pageEncoding="gbk"%>
<html>
    <body>
        <form name="frm1" method="post" action="">
            用户名: <input name="name" type="text" id="name" style="width:120px"><br>
            密    码: <input name="pwd" type="password" id="pwd" style=
"width:120px">
            <br><br>
            <input type="submit" name="smt" value="登录">    
            <input type="reset" name="rst" value=" 重置 ">
        </form>
    </body>
</html>
```

说明：两个 JSP 页面文件存放在同一个目录中。

【**例 3-11**】将 forward_login.jsp 页面中用户登录信息提交给 message_check.jsp 页面，检测用户登录信息的正确性，信息正确时利用 <jsp:forward> 动作标记转向 message_show.jsp 页面显示，通过 <jsp:param> 子动作标记传递参数。

（1）修改 forward_login.jsp 页面代码，通过"登录"按钮将输入的用户名和密码信息提交给页面 message_check.jsp 检验。forward_login.jsp 页面代码修改如下：

```
<%@ page language="java" contentType="text/html; charset=gb2312"
pageEncoding="gbk" %>
<html>
    <head>
        <title> 用户登录 </title>
    </head>
    <body>
        <form name="frm1" method="post" action="message_check.jsp">
            用户名: <input name="name" type= "text" id="name" style="width:120px"><br>
            密    码: <input name="pwd" type="password" id="pwd" style=
"width:120px">
            <br><br>
            <input type="submit" name="sbm" value="登录">    
            <input type="reset" name="rst" value=" 重置 ">
        </form>
    </body>
</html>
```

（2）建立 message_check.jsp 页面，接收并检测登录信息的正确性，并实现页面的转向。

```
<%@ page language="java" import="java.util.*" pageEncoding="gbk"%>
<html>
    <body>
        <% request.setCharacterEncoding("gbk");    // 解决汉字在传递中的乱码问题
        String user_name=request.getParameter("name");
        String user_pwd=request.getParameter("pwd");
        if(user_name=="")user_name=" 姓名为空 ";
```

```
        if(user_pwd=="")user_pwd=" 密码为空 ";
    %>
    <jsp:forward page="message_show.jsp" >
    <jsp:param name="xm" value="<%=user_name %>" />
    <jsp:param name="mm" value="<%=user_pwd %>" />
    </jsp:forward>
    </body>
</html>
```

说明：在代码中，<jsp:param> 动作标识指定的参数随着转发到 message_show.jsp 页面的同时，将传递的两个参数以 "参数名与值" 的形式加入到请求中。

对于登录信息的正确性，可以用已知的用户名和密码验证。读者可以自行修改实现。

（3）建立 message_show.jsp 页面，接收通过 <jsp:param> 标识传递的参数并显示。

```
<%@ page contentType="text/html;charset=GB2312" %>
<HTML>
    <HEAD>
        <title>JSP 页面间转向并传递参数 </title>
    </HEAD>
    <BODY>
      <P>用户注册的信息: </P>
      <% String name=request.getParameter("xm");
         String password=request.getParameter("mm");
         out.println("<br>用户注册的姓名是 "+name);
         out.println("<br>用户注册的密码是 "+password);
       %>
    </BODY>
</HTML>
```

部署并运行程序，网页显示结果如图 3-4 所示。

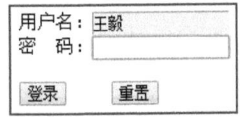

用户名: 王毅	
密 码:	
登录	重置

用户注册的信息:

用户注册的姓名: 王毅
用户注册的密码: 密码为空

(a) 输入登录信息界面　　　　　　　　　　(b) 登录信息显示界面

■ 图 3-4　程序运行结果

3.3.3　<jsp:plugin> 动作标记

<jsp:plugin> 动作标记用来在 JSP 中嵌入 Java 插件，显示一个 Applet 或者执行一个 Bean。当 JSP 页面被响应时，<jsp:plugin> 将会根据浏览器的版本替换成 <object> 标签或者 <embed> 标签。

<jsp:plugin> 动作元素的语法格式如下：

```
<jsp:plugin type="Applet" code=" 小程序文件名 " jreversion="Java 虚拟机版本号 "
width=" 小程序宽度值 " height=" 小程序高度值 ">
    <jsp:fallback>
```

　　　　　提示信息：当浏览器不支持或无法启动 Bean 或 Applet 时，页面输出的错误提示信息
　　</jsp:fallback>
</jsp:plugin>

　　说明： 动作标记 <jsp:fallback> 是动作标记 <jsp:plugin> 子标记。二者需配合使用。

　　【例 3-12】 假设在目录 **applet** 中有名为 **Clock.class** 的 Java 类，利用动作标记 <jsp:plugin> 将时钟显示在 **plugin_p.jsp** 页面。plugin_p.jsp 页面代码如下：

```
<%@ page language="java" contentType="text/html; charset=gb2312"%>
<html>
    <head>
        <title>plugin 动作标记 </title>
    </head>
    <body>
        <%-- 指定其 Java 类为 Clock.class，所在目录为 applet，类型为 applet --%>
        <jsp:plugin code="Clock.class" codebase="Applet" type="applet">
        <jsp:fallback>
            找不到或无法启动 Bean 或 Applet
            </jsp:fallback>
        </jsp:plugin>
    </body>
</html>
```

　　部署并运行程序，如果浏览器支持，则显示 Clock.class 的内容，否则显示子标记中给出的错误信息。

上机实践与练习

1. 在 JSP 页面中输出完整的时间，格式为"年 月 日 时分：秒"。
2. 在 JSP 页面中设计用户的登录界面，并验证用户的合法性。
3. 计算 1~5 的阶乘并在 JSP 页面中输出。
4. 在 JSP 页面中输出一个 7 行 6 列的表格，其中表格的奇偶数行的底色用不同的颜色相间。
5. 制作班级课程表。

JSP 内置对象

为了便于 Web 应用程序开发，JSP 不仅提供了动作标记，还内置了一些对象。对于内置对象的使用，无须像 Java 语法那样在对象使用前，先实例化这个对象。由于 JSP 内置对象的自动载入性，用户可以根据需要直接使用以实现动态创建 Web 页面内容，提高代码的开发效率。

JSP 内置对象有 9 个, 内置对象及其作用见表 4-1。

■ 表 4-1　JSP 内置对象

对象名	说　　明	作　用　域	所属类型
request	获取客户端的请求信息	request	javax.servlet.ServletRequest 或者 javax.servlet.http.HttpServletRequest
response	负责向客户端发出响应	page	javax.servlet.ServletResponse 或者 javax.servlet.HttpServletResponse
session	保存同一客户端一个会话过程中的一些信息, 在发生 HTTP 请求时创建	session	javax.servlet.http.httpSession
application	保存整个应用环境的信息	application	javax.servlet.ServletContext
out	负责对客户端的输出	page	java.servlet.jsp.jspWriter
page	当前 JSP 页面本身, 类似 Java 类中的 this	page	java.lang.Object
pageContext	当前 JSP 页面的上下文	page	javax.servlet.jsp.PageContext
exception	负责获取页面发生异常时的页面异常信息	page	java.lang.Throwable
config	当前页面配置的 ServletConfig	page	javax.servlet.ServletConfig

本章将分别介绍常用内置对象及其用法。

4.1　request 对象

4.1.1　request 对象的使用

当浏览器访问一个 JSP 页面时, 就向服务器的 JSP 引擎提交一个 HTTP 请求, 内置对象 request 恰恰封装了客户端浏览器提交的 HTTP 请求的所有信息。这些提交信息包括: 一个请求行、HTTP 头信息和信息体。例如:

```
post/message_check.jsp/http.1.1
host: localhost:8080
accept-encoding: gzip,deflate
```

说明:

第一行的信息为请求行信息, 规定了向请求的页面提交信息的方式 method (post 或 get)、请求页面的文件名, 以及使用的通信协议 (目前均为 http.1.1)。

第二、三行是两个 HTTP 头信息, 其中, host 和 accept-encoding 是头名字, localhost:8080 和 gzip,deflate 是它们各自的值。localhost:8080 是所请求的 message_check.jsp 页面的主机地址。

一个请求还包含信息体部分, 就是 HTML 标记组成的部分, 多数是 form 表单中各种各样的提交信息。例如:

```
<form name="frm1" method="post" action="message_check.jsp">
    用户名: <input name="name" type= "text" id="name">
```

```
<br>
密    码: <input name="pwd" type="password" id="pwd">
<br>
<br>
<input type="submit" name="sbm" value=" 登录 ">
</form>
```

提交请求后，form 表单标记中的用户名 name、密码 pwd 等内容都属于信息体。

通过 request 对象的相应方法可以获取客户端 HTTP 请求中的各种参数。request 对象的主要方法见表 4-2。

■ 表 4-2　request 对象的主要方法

类　　型	方　法　名	说　　明	返回值类型
获得请求行信息	getMethod()	获取用户提交信息的方式	String
	getServletPath()	获取用户请求的 JSP 页面所在的目录	String
	getProtocol()	获取用户提交信息使用的通信协议	String
	getContentLength()	获取用户提交信息的整个信息长度	int
获取头信息	getRemoteHost()	获取发出请求的客户机的主机名（获取不到，就返回 IP 地址）	String
	getRemoteAddr()	获取发出请求的客户机的 IP 地址	String
	getServerPort()	返回客户机所使用的服务器端口号	int
	getServerAddr()	返回 Web 服务器的 IP 地址	String
	getServerName()	返回 Web 服务器的主机名	String
获取信息体参数	getParameter(String name)	获取客户端提交给服务器的 name 参数的值	String
	getParameterValues(String name)	以字符串数组的形式获取客户端提交给服务器的 name 参数的所有值	String []

request 对象最常用的就是通过各种方法获取访问请求参数。

【例 4-1】建立 request_p.jsp 页面，页面布局如图 4-1 所示。在 request_show.jsp 页面利用 request 对象的一些常用方法获取并显示客户端发送的信息。

（1）建立 request_p.jsp 页面，具体代码如下：

■ 图 4-1　request_p.jsp 页面布局

```
<%@ page language="java" import="java.util.*" pageEncoding="utf-8"%>
<html>
    <head>
        <title>My JSP 'request_p.jsp' starting page</title>
    </head>
    <body>
        <form name="frm1" method="post" action="request_show.jsp">
            <input name="txtcs" type= "text">
            <input type="submit" name="sbm" value=" 发送请求 ">
        </form>
    </body>
</html>
```

（2）建立 request_show.jsp 页面，具体代码如下：

```
<%@ page language="java" import="java.util.*" pageEncoding="utf-8"%>
<html>
    <body>
        <% request.setCharacterEncoding("utf-8"); %>
        <br> 获得的请求行信息之提交方式:
        <% String str1=request.getMethod();%>
        <%=str1 %>
        <br> 获得的请求头信息之服务器端口号:
        <% int num=request.getServerPort();
        out.print(num); %>
        <br> 获得的信息体信息之来自表单的文本框参数:
         <% String str2=request.getParameter("txtcs");
        out.println(str2); %>
        <br> 获得的信息体信息之来自表单的命令按钮参数:
        <% String str3=request.getParameter("sbm");
        out.print(str3); %>
    </body>
</html>
```

部署并运行程序，页面显示获取的参数信息如图 4-2 所示。

```
获得的请求行信息之提交方式: POST
获得的请求头信息之服务器端口号: 8080
获得的信息体信息之来自表单的文本框参数: request内置对象
获得的信息体信息之来自表单的命令按钮参数: 发送请求
```

■ 图 4-2　request_show.jsp 页面显示结果

【例 4-2】利用 getParameterValues(String name) 方法获取传递的所有值。

（1）建立 request_arr_p.jsp 页面，如图 4-3 所示，用于布局和输入、选择传递的信息。

request_arr_p.jsp 页面代码如下：

```
<%@ page language="java" import="java.util.*"
pageEncoding="utf-8"%>
    <html>
    <head>
        <title>My JSP 'request_arr_p.jsp'
starting page</title>
    </head>
    <body>
```

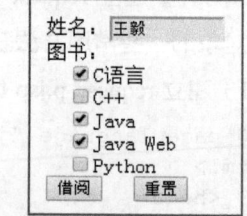

■ 图 4-3　request_arr_p.jsp 页面

```
    <form name="frm" method="post" action="request_arr_show.jsp">
        姓名: <input name="name" type="text" size="8"><br>
        图书: <br>
          <input name="b_name" type="checkbox" value="C 语言 ">C 语言 <br>
          <input name="b_name" type="checkbox" value="C++">C++<br>
          <input name="b_name" type="checkbox" value="Java">Java<br>
          <input name="b_name" type="checkbox" value="Java Web">Java
Web<br>
```

```
       <input name="b_name" type="checkbox" value="Python">Python<br>
     <input type="submit" name="sbm" value=" 借阅 ">  
     <input type="reset" name="rst" value=" 重置 ">
   </form>
  </body>
</html>
```

（2）建立 request_arr_show.jsp 页面，接收并显示传递的信息。具体代码如下：

```
<%@ page language="java" import="java.util.*" pageEncoding="utf-8"%>
  <html>
    <body>
      <% request.setCharacterEncoding("utf-8");
         String str1=request.getParameter("name");
         String books[]=request.getParameterValues("b_name");
      %>
      <%=str1 %>  同学你好: <br> 本次
      <% if(books==null){
               out.print(" 没有借阅任何书籍！ ");
         }
         else{
           int i,num=books.length;
           String str="";
           for(i=0;i<num;i++)
           str+=books[i]+", ";
           out.println(" 借阅的书籍有: "+str);
           out.println(" 共 "+num+" 本 ");
         }
      %>
    </body>
  </html>
```

部署并运行程序，针对不同的发送参数，页面显示结果如图 4-4 所示。

```
┌──────────────────────────────────────────────┐   ┌──────────────────────────┐
│ 王毅 同学你好:                                   │   │ 王毅 同学你好:              │
│ 本次 借阅的书籍有: C语言, Java, Java Web,  共3本 │   │ 本次 没有借阅任何书籍!       │
└──────────────────────────────────────────────┘   └──────────────────────────┘
                    （a）                                        （b）
```

■ 图 4-4　request_arr_show.jsp 页面显示信息

注意： request 的 getParameter() 方法获取传递的值时，如果无参数值，将返回 null。

在代码中语句 <% request.setCharacterEncoding("utf-8"); %> 的作用是在客户端和服务器之间传递参数信息时支持中文编码。因为服务器识别编码的默认值是 ISO-8859-1，不支持中文编码，这会导致页面显示信息时出现中文乱码问题。

4.1.2　中文乱码问题

中文乱码问题主要分两种情况。

1. 显示乱码

如果建立的 JSP 页面含有中文信息，在保存文件时，MyEclipse 会弹出提示窗口，页面编码格式应为"utf-8"形式。用户修改 JSP 页面 page 指令的相关属性，将字符集设置为中文字符集。涉及的属性前面已经多次用到：

```
contentType="text/html; charset=utf-8" pageEncoding="utf-8"
```

2. 提交传递过程乱码

在利用 request 对象向服务器提交请求，或者利用 <jsp:forward> 动作指令进行页面转向的过程中，也会出现乱码。因为服务器识别的编码格式与提交的页面编码格式不一致，或者不兼容。这种提交传递过程的乱码有 3 种方法解决。

方法一：修改 request 对象的编码，使其支持中文。

```
<% request.setCharacterEncoding("utf-8"); %>
```

注意：该方法必须在获取传递参数信息的前面。对于每个带有中文信息的提交页面都需要设置。

方法二：将获取的 ISO-8859-1 编码转换成中文编码。

```
<% String str=request.getParameter("txtcs");
str=new String(str.getBytes("ISO-8859-1"), "utf-8"); %>
```

注意：该方法对于每一个字符串都要单独转换。

方法三：利用过滤器

利用过滤器可以对整个 Web 应用进行统一的编码过滤，具体实现在后面的章节中介绍。

4.2 response 对象

用户利用 request 对象向服务器发出请求，而服务器则通过 response 对象响应客户端的请求。客户端提交的数据封装在 request 对象中，服务器向客户端输出的信息封装在 response 对象内。因此，两个对象在很多功能方面相匹配。

response 对象的响应也分为三部分：响应头、响应状态码和响应体。response 对象对三部分中的每一部分响应时都有相应的常用方法。例如，response 对象的 setHeader() 方法动态地设置页面的刷新频率为 10 s。所需代码为 response.setHeader("Refresh","10")，其中，setHeader() 方法就是设置 HTTP 头，其中第一个参数是响应头，第二个参数是响应头的值。这里仅详细介绍最常用的响应体，即重定向页面的使用。

重定向操作就是 JSP 引擎在响应用户时，将网页引到另一个页面。但是与转向不同，重定向是地址定向到不同的主机上。在浏览器地址栏中会看到定向跳转后的地址。进行重定向操作后，原页面的 request 对象的属性全部失效，开始一个新的 request 对象。response 对象的 sendRedirect()

方法可以实现重定向操作，其具体语法格式如下：

```
response.sendRedirect(URL url);
```

说明：URL 指定目标页面的路径，可以是相对路径，也可以是不同主机的其他 URL 地址。

【例 4-3】通过 response 对象的 sendRedirect() 方法重定向 JSP 网页。

创建 response_index.jsp 文件，通过 response 对象的 sendRedirect() 方法重定向页面到用户登录页面 forward_login.jsp。response_index.jsp 页面代码如下：

```
<%@ page language="java" import="java.util.*" pageEncoding="utf-8"%>
<html>
    <body>
        <%response.sendRedirect("../forward_login.jsp"); %>
    </body>
</html>
```

部署并运行程序 response_index.jsp，页面执行了重定向页面到 forward_login.jsp 操作，浏览器中显示图 4-5 所示的登录页面。

【例 4-4】通过 response 对象的 sendRedirect() 方法重定向到天津外国语大学的官方网站。网址为 http://www.tjfsu.edu.cn。

创建 response_index1.jsp 文件，利用 response 对象的 sendRedirect() 方法重定向到其他站点。response_index1.jsp 页面代码如下：

■ 图 4-5　重定向页面

```
<%@ page language="java" import="java.util.*" pageEncoding="utf-8"%>
<html>
  <body>
    <%response.sendRedirect("http://www.tjfsu.edu.cn"); %>
  </body>
</html>
```

注意：在 JSP 页面中使用该方法时，重定向之后的代码没有意义。

总结：<jsp:forward> 动作标记比 response 对象的 sendRedirect() 方法的效率高；在页面间跳转时数据可以共享；<jsp:forward> 动作标记只能在本地资源之间转向。response 对象的 sendRedirect() 方法可以重定向到其他站点，但是 sendRedirect() 方法不能共享数据，这一点读者可以通过例 3-11 自己加以验证。

4.3　session 对象

由于 HTTP 协议是一种无状态协议，当一个客户向服务器发出请求，服务器接收请求，并返回响应后，建立的链接就结束了，服务器不保存相关的信息。JSP 的内置对象 session 可以保存用户状态，直到关闭浏览器。

4.3.1 session 对象的使用

session 也是常用内置对象，其作用范围比 request 对象更大。session 又称会话，一次会话与一次电话通话、一次购物过程类似，通话从拨号开始，到挂断结束，通话时可以聊很多话题，也可以聊重复的话题。一次购物过程从推上购物车开始，结账归还购物车结束。

一个商场允许有多个客户购物，一个 JSP 服务器允许有多个用户访问。一个客户对应一个购物车，一个用户与服务器建立一个 session 会话。客户购物期间可以向购物车添加不同商品，也可以添加多个同一种商品，一次 session 会话可以在应用程序的多个 Web 页面之间访问跳转，也可以重复多次访问浏览同一个 Web 页面。客户结账时从不用担心会有其他客户购物车里的东西算到自己账上，一次 session 会话对应唯一的 sessionId，只要在合理的时间内，该 session 会话一直与服务器保持链接存在。如果客户端长时间没有向服务器发出请求，session 对象就会自动消失。不同服务器等待响应时间也不同，如 Tomcat 服务器默认为 30 min，用户可以根据需要设置修改等待响应的时间。

在 JSP 页面中获取 session 对象的方法可以通过关键字 session 直接使用，如 session.setAttribute (String name,String value)，session 对象的常用方法见表 4-3。

■ 表4-3 session 对象的常用方法

方 法 名	说 明	返回值类型
setAttribute(String name,String value)	设置指定名字属性的值，并将其添加到 session 会话范围内，如果会话范围内存在该属性，则更改其属性的值	void
getAttribute(String name)	在会话范围内获取指定名字属性的值，如果属性不存在，则返回 null	Object
removeAttribute(String name)	删除指定的属性，若属性不存在，则出现异常	void
invalidate()	使 session 失效，立即结束当前会话，原来会话中存储的所有对象都不能再被访问	void
getId( )	获取当前会话的 ID。每个会话在服务器端都存在唯一的标示 sessionID，session 对象发送到浏览器的唯一数据是 sessionID，它一般存储在 cookie 中	String
setMaxInactiveInterval(int interval)	设置会话的最大持续时间，单位为秒，负数表明会话永不失效	void
getMaxInActiveInterval()	获取服务器的会话最大持续时间	int
getCreationTime()	获取会话创建的时间，单位是毫秒	int
getLastAccessedTime()	获取会话最后访问的时间，单位是毫秒	int

下面通过实例了解 session 对象的使用方法和运行机制。

【例 4-5】实现简单的登录和注销功能的 JSP Web 应用。

（1）创建 session_login.jsp 页面，输入用户名和密码后，单击"登录"按钮转向到验证页面 session_check.jsp。session_login.jsp 页面代码如下：

```
<%@ page language="java" import="java.util.*" pageEncoding="utf-8"%>
<html>
    <head>
```

```
        <title>My JSP 'session_login.jsp' starting page</title>
    </head>
    <body>
        <form name="frm1" method="post" action="session_check.jsp">
        用户名: <input name="txtname" type= "text" id="txtname" style="width:
80px"><br>
            密    码: <input name="txtpwd" type="password" id="txtpwd"
style="width:80px">
            <br><br>
            <input type="submit" name="smt" value=" 登录 ">
                
            <input type="reset" name="rst" value=" 重置 ">
        </form>
    </body>
</html>
```

（2）在 session_check.jsp 页面检验用户合法性，合法定向到 session_success.jsp 页面，否则重定向到 session_login.jsp 页面。

```
<%@ page language="java" import="java.util.*" pageEncoding="utf-8"%>
<html>
    <body>
        <% String user_name = request.getParameter("txtname");
           String user_pwd = request.getParameter("txtpwd");
           if (user_name.equals("tjfsu") && user_pwd.equals("123456")){
               session.setAttribute("name", user_name);
               // 用户名保存在 session 对象中
               response.sendRedirect("session_success.jsp");
           } else{
               response.sendRedirect("session_login.jsp");}
        %>
    </body>
</html>
```

说明：页面代码 session.setAttribute("name", user_name); 的作用是利用 session 对象的 setAttribute() 方法将 user_name 变量的值和名称 name 进行关联，后续浏览的其他页面就可以通过 name 名称获取绑定的值。

（3）用户在 session_success.jsp 界面单击"注销"超链接，可以转向 session_login.jsp 页面。session_success.jsp 页面代码如下：

```
<%@ page language="java" import="java.util.*" pageEncoding="utf-8"%>
<html>
    <head>
        <title>My JSP 'session_sussess.jsp' starting page</title>
    </head>
    <body>
        欢迎您 :<%=session.getAttribute("name") %><br>
        <a href="session_loginout.jsp"> 注销 </a>
```

```
    </body>
</html>
```

注销超链接的目标页面 session_loginout.jsp 代码如下：

```
<%@ page language="java" import="java.util.*" pageEncoding="utf-8"%>
<html>
    <body>
        <%
        session.removeAttribute("name");
        response.sendRedirect("session_login.jsp");
        %>
    </body>
</html>
```

说明：在 session_success.jsp 页面中，代码 session.getAttribute("name") 的作用是利用 session 对象的 getAttribute("name") 方法，获取前面访问过的页面绑定的 name 对象关联的值。

部署并运行程序，登录界面和成功登录后的界面如图 4-6 和图 4-7 所示。

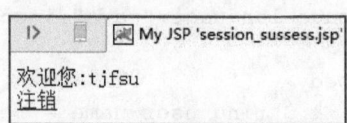

■ 图 4-6　登录界面　　　　　　　　　　　■ 图 4-7　登录成功后界面

在应用 session 对象时注意其生命期，一般为 20~30 min。用户首次访问服务器建立一个新的会话开始，服务器就记住这个会话状态，当会话超过生命期，或者服务器端强制使会话失效，这个 session 对象就不可继续使用了。为了避免这种情况的发生，在开发系统时应该对 session 的有效性进行判断或设置。

方法一：利用 session 对象方法设置。session 对象提供了 setMaxinactiveInterval() 方法，可以设置 session 的有效时间。代码为：

```
session.setMaxinactiveInterval(10000);
```

说明：该方法设置 session 对象的有效期单位为秒。

方法二：在 Web 项目的 web.xml 文件中设置。在记事本或者 MyEclipse 应用程序中打开 WEB-INF 文件夹的 web.xml 文件，添加如下代码：

```
<session-config>
<session-timeout>40</session-timeout>
</session-config>
```

说明：在 web.xml 文件中，时间单位为分钟。

4.3.2　获取 cookie

在互联网中，cookie 是小段的文本信息，在网络服务器上生成，并发送给浏览器。通过使用

cookie 可以标识用户身份、记录用户名和密码、跟踪重复用户等。session 对象能否与用户建立一一对应关系，与浏览器是否支持 cookie 密不可分。如果浏览器支持 cookie，就可以将 cookie 以 key 或者 value 的形式保存到客户机的某个指定目录中，这样 session 对象能与用户建立一一对应关系。在客户端浏览器选择"工具"→"Internet 选项"命令，弹出"Internet 属性"对话框，在"隐私"选项卡中可以查看该设置。

如果用户浏览器不支持 cookie，可以通过 URL 重写实现 session 对象的唯一性，这样就不用担心客户端浏览器的默认设置问题。例如：从 page1.jsp 页面转向到 page2.jsp 页面，并将访问 page1.jsp 页面建立的 sessionId 传到 page2.jsp 页面，那么在 page1.jsp 页面需要对 page2.jsp 目标页的 URL 重写，保证 sessionId 的唯一性。在 page1.jsp 页面添加如下代码：

```
String str=response.encodeRedirectURL("page2.jsp");
```

修改 page1.jsp 页面的 form 标记的 action 属性值，设置为 str，代码如下：

```
<form action="<%=str %>" method="post" name="frm" >
```

说明：page1.jsp 与 page2.jsp 页面在同一个目录；在用户的一次 session 会话中，涉及的转向页面之间均需要采用上述方法在页面间进行 URL 重写。

4.4 application 对象

application 对象用于保存所有应用程序中的公有数据，在服务器启动时自动创建，在服务器停止时自动销毁。当 application 对象在生命期内，所有用户都可以共享该对象。application 对象的生命周期类似于系统的"全局变量"。

前面介绍的 session 对象是对应某一个用户的，而 application 是整站共用。session 从页面打开到被关闭之前一直生存有效，直到页面被关闭或跳转到其他网站。而 application 是从 Tomcat 服务器启动就自动生成一个 application 对象，并一直有效，直到服务器关闭或者重启。session 代表了服务器与一个客户端间的"会话"。而 application 对象可以在整个 Web 站点中被所有用户使用，且在网站运行期间持久地保存数据。

用户在任何地方都可以对 application 对象进行操作，application 对象的常用方法见表 4-4。

■ 表 4-4 application 对象的常用方法

方法名	说　　明	返回值类型
getMajorVersion()	返回服务器支持的 Servlet API 的主要的最大版本号	int
getMinorVersion()	返回服务器支持的 Servlet API 的次要的最大版本号	int
getServerInfo()	获取 JSP（Servlet）引擎名及版本号	String
getResource(String path)	返回指定资源（文件及目录）的 URL 路径	URL
log(String msg)	把指定消息写入 Servlet 的日志文件	void

续表

方法名	说　明	返回值类型
log(Exception exception,String msg)	把指定异常的栈轨迹及错误消息写入 Servlet 日志文件	void
getAttribute(String name)	返回给定名的属性值	Object
setAttribute(String name,Object obj)	设定属性的属性值	void
removeAttribute(String name)	删除一个属性及其属性值	void
getMimeType(String file)	返回指定文件的 MIME 类型	String
getRealPath(String path)	返回一个虚拟路径的真实路径	String
getAttributeNames()	返回所有可用属性名的枚举	Enumeration

application 对象的生命周期类似于系统的"全局变量"，因此该对象常用来在多个页面之间访问时获取页面信息。

【例 4-6】制作一个调查学生借阅图书意向的留言板。

（1）设计创建调查信息的页面 application_Questionnaire.jsp，输入姓名、留言的主题和留言信息。单击"提交"按钮，提交留言板信息。application_Questionnaire.jsp 页面代码如下：

```
<%@ page language="java" import="java.util.*"  contentType="text/html;
charset=gb2312"%>
<html>
  <head>
    <title>My JSP 'application_Questionnaire.jsp' starting page</title>
  </head>
  <body>
    <p><strong> 同学，请您将借书意向在下面留言: </strong></p>
    <form action="message.jsp" method="post" name="form1">
        您的名字: <input type="text" name="u_name"><BR>
        留言标题: <input type="text" name="Title"><BR>
        您需要借阅的书籍: <BR>
        <textarea name="u_messages" rows="10" cols="34" wrap="physical">
</textarea>
        <p><strong>请提交信息，感谢您的配合! </strong></p>
        <input type="submit" value=" 提交信息 " name="submit">
    </form>
    <form action="showmessage.jsp" method="post" name="form2">
        <input type="submit" value=" 查看留言板 " name="look">
    </form>
  </body>
</html>
```

（2）设计创建信息提交后的交互页面 message.jsp，用于显示留言成功后的信息。用户可以继续后续操作。message.jsp 页面代码如下：

```
<%@ page language="java" import="java.util.*"  contentType="text/html;
charset=gb2312"%>
<%@ page import="java.text.SimpleDateFormat" %>
<html>
    <body>
```

```
<%! Vector<String> v=new Vector<String>();
        int i=0;
        ServletContext application;
        synchronized void sendMessage(String s){
            application=getServletContext();
            v.add(s);
            application.setAttribute("mess",v);
        }
%>
<% String name=request.getParameter("u_name");
        String title=request.getParameter("Title");
        String messages=request.getParameter("u_messages");
        if(name==null)
            name="guest"+(int)(Math.random()*10000);
        if(title==null)
            title=" 无标题 ";
        if(messages==null)
            messages=" 无信息 ";
        SimpleDateFormat matter=new SimpleDateFormat("yyyy-MM-dd  HH:mm:ss");
        String time=matter.format(new Date());
        String s=name+"#"+title+"#"+time+"#"+messages;
        sendMessage(s);
        out.print(" 同学，您的留言已经提交，再次感谢！ ");
%>
<br><br>
    <a href="application_Questionnaire.jsp">返回留言板 </a>
    <a href="showmessage.jsp"> 查看留言板 </a>
</body>
</html>
```

（3）用户查看留言板，将留言板中的所有信息显示在 showmessage.jsp 页面中。代码如下：

```
<%@ page language="java" import="java.util.*" contentType="text/html;
charset=gb2312"%>
<html>
  <head>
    <title>My JSP 'showmessage.jsp' starting page</title>
  </head>
  <body>
    <% Vector<String> v=(Vector)application.getAttribute("mess");
    out.print("<table border=2>");
    out.print("<tr>");
    out.print("<td>"+" 留言者姓名 "+"</td>");
    out.print("<td>"+" 留言标题 "+"</td>");
    out.print("<td>"+" 留言时间 "+"</td>");
    out.print("<td>"+" 留言内容 "+"</td>");
    for(int i=0;i<v.size();i++){
        out.print("<tr>");
        String message=v.elementAt(i);
```

```
            byte bb[]=message.getBytes("iso-8859-1");
            message=new String(bb);
            String a[]=message.split("#");
            out.print("<tr>");
            int number=a.length-1;
            for(int k=0;k<=number;k++) {
                if(k<number)
                    out.print("<td bgcolor=cyan >"+a[k]+"</td>");
                else
                    out.print("<td><textarea rows=3 cols=12>"+a[k]+"</textarea></td>");
            }
            out.print("</tr>");
        }
    out.print("</table>");
    %>
    <br>
  <a href="application_Questionnaire.jsp">返回留言板</a>
  </body>
</html>
```

部署并运行程序, application_Questionnaire.jsp 页面用于留言信息的输入并提交, 如图 4-8 所示。提交留言后的界面 message.jsp 如图 4-9 所示, 用于用户查看留言的页面 showmessage.jsp, 显示的留言内容如图 4-10 所示。

■图 4-9 留言信息提交后的交互界面

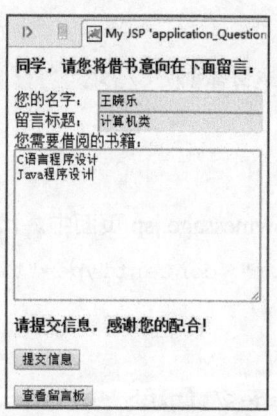

■图 4-8 输入留言板信息界面

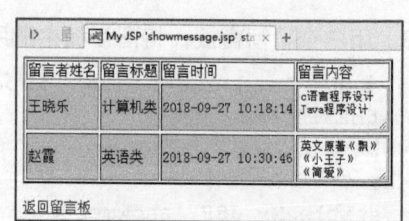

■图 4-10 留言信息

大多数网站中有浏览访问次数的统计, 在用户访问页面的过程中, 如果进行了刷新操作, 访问次数会增 1。即使页面被关闭后重新打开访问, 计数器仍然有效, 直到 Tomcat 服务器重启为止。

【例 4-7】编写 application_index.jsp 页面, 实现刷新该页面, 输出显示的访问人数增 1 的功能。页面 application_index.jsp 的代码如下:

```
<%@ page language="java" import="java.util.*" pageEncoding="utf-8"%>
<html>
    <head>
        <title>My JSP 'application_index.jsp' starting page</title>
```

```
        <%! int n=1000;%>
    </head>
    <body>
        <p><strong> 网站访问的人数: <%=n++ %></strong></p>
    </body>
</html>
```

部署并运行程序, 会显示网站访问人数: 1000。然后, 通过刷新网页的形式, 会看见访问人数以增 1 的频率递增。

为了保证多用户共享 "访问次数" 这个数据的目的, 也就是说从不同的客户端浏览器访问该页面, 计数器也会增 1, 直到 Tomcat 服务器重启为止。则需要修改上述程序代码, 利用 application 对象实现, 修改后的 application_index.jsp 页面代码如下:

```
<%@ page language="java" import="java.util.*" pageEncoding="utf-8"%>
<html>
    <head>
        <title>My JSP 'application_index.jsp' starting page</title>
        <%! int n;%>
    </head>
    <body>
      <%
         if(application.getAttribute("counter")==null){
             application.setAttribute("counter","1000");
         }
         else{
             int n=Integer.parseInt((String)application.getAttribute("counter"));
             n++;
             application.setAttribute("counter",String.valueOf(n));
         }
      %>
      <hr>
      <p><strong> 网站访问的人数: <%=n %></strong></p>
    </body>
</html>
```

部署并运行程序, 刷新页面, 访问人数增 1。但是, 当 Tomcat 服务器停止, 然后重新启动, 用户再次访问 application_index.jsp 页面时, 发现网站的访问人数又是从变量 n 的初始值 1000 开始, 显示为 1001, 因为 application 对象的作用范围是服务器的生存期。一旦服务器停止后, 该 application 对象就失效了, 里面所保存的数据信息也随之无效。

访问人数如何做到不随服务器的重启而恢复初始值这个问题, 应用后续的 JSP 页面使用数据库内容就可以解决。

4.5 out 对象

前面例题中已经多次使用 out 对象, 用于在 JSP 页面内输出信息。out 对象输出数据时, 还可以管理服务器上的输出缓冲区，例如，及时清除缓冲区中的数据，为后续输出让出缓冲空间，数据输出完毕，及时关闭输出流等。

1. 向客户端输出数据

out 对象常用来向客户端浏览器输出各种数据类型的信息，但是对于输出的非字符串类型的数据，会自动转换为字符串输出。out 对象提供了与输出有关的两种方法，分别是 print() 和 println()，两者的不同点在于，println() 方法在 输出内容后，还输出一个换行符。

【例 4-8】 建立一个 out_index.jsp 页面，代码如下。

```
<%@ page language="java" import="java.util.*" pageEncoding="utf-8"%>
<html>
    <head>
        <title>My JSP 'out_index.jsp' starting page</title>
    </head>
    <body>
        <% out.print(" 欢迎使用——");
            out.print(" 图书借阅系统 ");
            out.println(" 欢迎使用——");
            out.println(" 图书借阅系统 ");
        %>
    </body>
</html>
```

部署并运行程序，页面显示结果如图 4-11 所示。

■ 图 4-11　out_index.jsp 页面显示结果

通过例题可见，在页面中输出信息时，从显示的结果看，并不能很好地区分两者。因为使用 println() 方法向页面中输出的换行符在页面中信息显示时，并不能看到其后面的输出文字实现了真正的换行。println() 方法生成的换行符为 "\n"，println() 方法相当于将信息写入到页面 html 代码中。语句 out.println(" 欢迎使用——"); 相当于在 html 代码中写入了语句：欢迎使用——\n，其中的换行符 \n 是不能实现页面显示内容换行的，因为 HTML 中的换行用标记
。

在 JSP 页面中，如果需要 out.println() 方法输出内容换行，用下面的方法实现。

方法一：利用 <pre> 标记。用 HTML 的 <pre></pre> 标记将输出的文本信息括起来。页面 out_index.jsp 的代码修改为：

```
<%@ page language="java" import="java.util.*" pageEncoding="utf-8"%>
<html>
  <body>
    <% out.print(" 欢迎使用——");
        out.print(" 图书借阅系统 ");
    %>
  <pre>
    <% out.println(" 欢迎使用——");
        out.println(" 图书借阅系统 ");
    %>
  </pre>
```

```
    </body>
</html>
```

部署并运行程序，页面显示结果如图 4-12 所示。

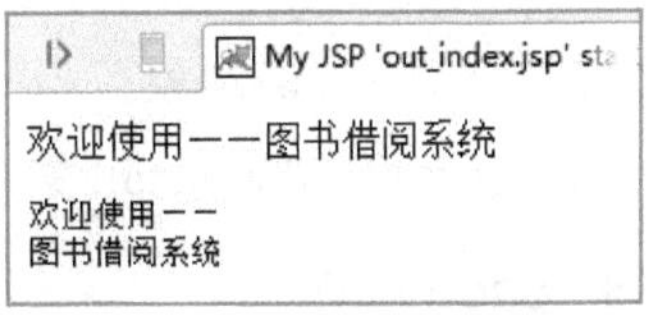

方法二：利用
 换行标记。在 out 对象的 println()
方法中，输出信息内容代码后面加上
 标记。此方法
也适应 out 对象的 print() 方法。将例 4-8 的页面 out_index.
jsp 中的 println() 方法代码修改如下：

■ 图 4-12　println() 方法换行显示结果

```
<%@ page language="java" import="java.util.*" pageEncoding="utf-8"%>
<html>
    <body>
        <% out.print(" 欢迎使用——"+"<br>");
            out.print(" 图书借阅系统 "+"<br>");
            out.println(" 欢迎使用——"+"<br>");
            out.println(" 图书借阅系统 "+"<br>");
        %>
    </body>
</html>
```

请读者自行运行程序。

在 JSP 页面的 Java 代码段中，方法二更加常用，尤其是利用循环语句进行信息输出，标记

 更便捷。

2. 管理响应缓冲

out 对象的另一个重要功能是对缓冲区进行管理。通过 out 对象提供的 clear() 方法可以消除缓
冲区的内容，但是该方法不将缓冲区中的数据写入客户端，这样会出现如果有输出响应已经提交，
则会产生 Exception 异常的情况。而 out 对象清除缓冲区内容的方法 clearBuffer()，则可以消除缓
冲区的数据，并将"当前"内容提交给客户端。除了这两个方法外，out 对象还提供了 close() 关
闭输出流方法等其他管理缓冲区的方法，读者可以自行了解和学习。

4.6　其他内置对象

除上述内置对象外，JSP 还提供了 pageContext、config、page 和 exception 对象。

1. pageContext 对象

pageContext 对象是一个比较特殊的对象，通过它可以获取 JSP 页面的上下文，如 request、
response、session、application、exception 等对象。pageContext 对象的创建和初始化都由容器完成，
用户在 JSP 页面中可以直接使用该对象。但是，在实际 JSP Web 开发中很少使用，因为 request 和
response 等对象都是内置对象，均可以直接使用，通过 pageContext 对象使用反倒是比较麻烦。

2. config 对象

config 对象主要用于获取服务器的 web.xml 配置信息。通过 pageContext 对象的 getServletConfig() 方法可以获取 config 对象。当一个 Servlet 初始化时，容器把某些信息通过 config 对象传递给 Servlet。用户可以在 web.xml 文件中为应用程序环境中的 Servlet 程序和 JSP 页面提供初始化参数。

3. page 对象

page 对象代表 JSP 本身，本质是包含当前 Servlet 接口引用的变量，可以看作 this 关键字的别名。

4. exception 对象

获取异常信息的 exception 对象常用来处理 JSP 文件执行时发生的所有错误和异常。需要在 page 指令中将 isErrorPage 属性值设置为 true，JSP 页面中才可以使用 exception 对象。在 Java 程序中，利用 try...catch 处理异常情况，如果在 JSP 页面中出现没有捕捉到的异常，就会生成 exception 对象，并把 exception 对象传送到在 page 指令中设定的错误页面中，在错误页面中处理相应的 exception 对象。

上机实践与练习

1. 编写 JSP 页面，统计用户访问本页面的流量。

2. 编写一个 JSP 程序，实现用户登录，当输入的用户名或密码错误时，将页面重定向到错误提示页面，并在该页面显示 10 s 后自动返回到用户登录页面。

3. 编写一个简易的购物车。

Java Web 访问数据库

在实际软件的开发与应用中经常会用到数据库，如前面章节中介绍的用户注册功能，用户的注册信息就添加到数据库的用户表中。为了实现类似的 JSP Web 页面中的实际数据与数据表之间进行存取操作，需要将数据库技术运用到网络编程中。

5.1 JDBC 技术

在 Web 开发中，经常需要在服务器与客户端之间进行数据交互。服务器需要将用户提交的数据永久保存，在用户需要的时候再提供到客户端。这种 Web 页面与服务器端的数据信息的交互访问，可以通过在 Web 页面编写 Java 代码段实现。在 Java 技术中，访问数据库技术称为 JDBC（Java Data Base Connectivity），JDBC 是定义在 JDK 的 API 中，Java 程序与数据库系统通信的标准 API。通过执行 SQL 语句的 JDBC 技术，Java 程序可以非常方便地与各种数据库交互，例如，对数据库进行添加数据、删除数据、修改和查询数据等。JDBC 在 Java 程序与数据库系统之间搭建了一座桥梁。

JDBC 提供了两种 API，一种面向开发人员，一种面向底层 JDBC 驱动程序 API。其中面向底层的 API 主要通过直接的 JDBC 驱动和 JDBC-ODBC（Open Database Connectivity，开放数据库互连）桥驱动实现与数据库的连接。在早期比较流行，随着不同数据库的厂商提供对 JDBC 的支持，数据库驱动程序日趋完善，需要在两种接口之间相互调用，执行效率比较低的 JDBC-ODBC 方法被使用的越来越少。Java 程序与不同数据库之间通过厂商提供的驱动程序连接交互机制如图 5-1 所示。

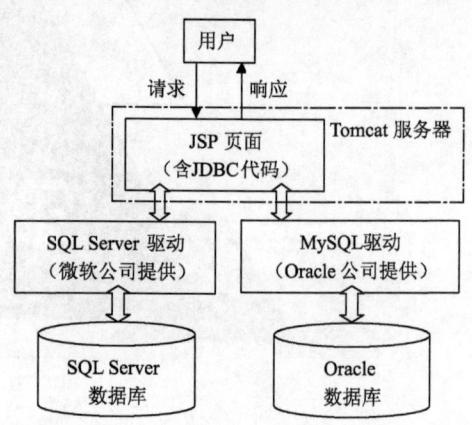

■ 图 5-1　通过驱动程序连接数据库

通过图 5-1 可以看出，有了 JDBC 就可以方便地与各种数据库进行交互，不必为某个特定数据库制定专门设计访问程序。例如，访问 MySQL 数据库可以通过 JDBC 进行，对于 SQL Server 同样使用 JDBC 进行访问。JDBC 对于数据库厂商，是一套标准的模型接口，而对于 Java 程序员，JDBC 则是一组由纯 Java 语言编写的类和接口组成，也就是一套标准的操作数据库的 JDBC API，对数据库的操作提供了基本方法，通过 Java 程序来调用 JDBC 变得非常简单。所以，在 Java 领域中，掌握 JDBC 中的与数据库交互的类和接口，就可以操作各种数据库。JDBC 中与数据库操作有关的重要类和接口有以下四种。

（1）java.sql.DriverManager 类：处理驱动程序的加载以及建立数据库连接。

（2）java.sql.Connection 类：处理与特定数据库的连接。

（3）java.sql.Statement 类：在指定连接中处理 SQL 语句。

（4）java.sql.ResultSet 类：处理数据库操作结果集。

5.1.1　JDBC 使用数据库的过程

在采用 JDBC 连接数据库的方式下，JSP 应用程序访问数据库的过程如下：

1．注册数据库驱动

注册数据库驱动是连接数据库前必须进行的操作，JSP 应用程序想访问数据库，必须保证应用程序所在的计算机上安装数据库厂商提供的 JDBC 数据库驱动程序，用户通过驱动程序与数据库进行交互。例如，Tomcat 服务器上的某 JSP 页面想访问 MySQL 数据库，那么 Tomcat 服务器所在的计算机上必须安装 MySQL 提供的 JDBC 数据库驱动程序。

目前，常用的大型数据库软件系统有 Oracle、SQLServer、MySQL 等，这几种系统都是现在主流的网络数据库。在第 1 章搭建 JSP 开发环境内容中有介绍，由于 MySQL 从使用成本来看，有开源版本可以免费使用。考虑到投入成本和所用数据的规模，以及使用的易用性，本教程使用 MySQL 数据库，安装的 MySQL 数据库服务器版本为 5.7。

1）下载 MySQL 数据库 JDBC 驱动程序

安装 MySQL 的 JDBC 数据库驱动程序就是将 MySQL 的相关类注册到 JDBC 的驱动管理器中。首先，登录 MySQL 的官网 www.mysql.com 下载 MySQL 的 JDBC 数据库驱动程序（JDBC Driver for MySQL）。在 www.mysql.com 页面的导航栏上选择"Products"，在产品列表中选择"MySQL 连接器（MySQL Connectors）"，进入 MySQL 数据库驱动程序下载页面。或者，用户直接在浏览器的地址栏中输入 https://www.mysql.com/products/connector/，直接进入该下载页面。单击"JDBC Driver for MySQL (Connector/J)"右侧的"download"按钮，进入选择驱动程序版本页面，由于页面显示的是最新版 Connector/J 8.0.12，单击"Looking for previous GA versions"超链接，版本更改为 Connector/J 5.1.47，将 Selection Operating System 设置为"Platform Independent"，然后，选择该版本提供的一个驱动程序下载即可。本教程选择下载使用 mysql-connector-java-5.1.47.zip，单击"No thanks,just start my download"按钮即可。

2）安装 MySQL 数据库 JDBC 驱动程序

首先解压下载的 mysql-connector-java-5.1.47.zip 文件，解压后目录中的"mysql-connector-java-5.1.47-bin.jar"文件就是 MySQL 数据库的 JDBC 驱动程序。因为本教程采用 Apache Tomcat 服务器，将该驱动程序复制到 Tomcat 服务器安装目录的 WEB_INF 文件夹中，例如：D:\Apache Software Foundation\Tomcat 8.0\webapps\ROOT\WEB-INF。或者，将驱动程序文件复制到用户建立的 JSP Web 项目的 WebRoot\WEB-INF\lib 文件夹中。

在需要与数据库互访的 JSP Web 应用程序中需要利用 Java 代码，加载 MySQL 的 JDBC 数据库驱动程序，注册到驱动管理器。代码如下：

```
Class.forName("com.mysql.jdbc.Driver");
```

2. 创建数据库连接对象

为了建立与 MySQL 数据库的连接，首先要保证 MySQL 数据库服务器已经处于启动运行状态。在注册完所用数据库厂商提供的 JDBC 数据库驱动后，用户要构建与服务器上的数据库连接。

1）构建与数据库连接的 URL

用户构建与数据库连接的 URL，不同的数据库，URL 也有所区别，由数据库厂商制定，但都符合一个基本格式，即 "JDBC 协议 +IP 地址或域名 + 端口 + 数据库名称"。假设，MySQL 数据库服务器占用的端口号是默认的 3306，有权访问数据库的用户 id 为 root，密码为 root1234。MySQL 服务器所在计算机的 IP 地址是 192.168.2.100，那么 MySQL 数据库连接 URL 为 "jdbc:mysql://192.168.2.100:3306/ 数据库名"。如果 JSP 用户与要连接的 MySQL 服务器是同一台计算机，那么，URL 可以是 "jdbc:mysql://localhost:3306/ 数据库名"，或者 "jdbc:mysql://127.0.0.1:3306/ 数据库名" 字符串。具体代码如下：

```
String uri="jdbc:mysql://localhost:3306/user";    //user 是连接访问的数据库名
```

2）获取 Connection 对象

在构建数据库 URL 后，用户需要创建数据库连接对象 Connection。Connection 对象是 JDBC 封装的数据库连接对象，是与特定数据库的连接会话，只有创建了特定数据库的连接对象，才能对数据库进行各种操作。

Connection 接口位于 Java.sql 包中，其中的 DriverManager 类可以创建 Connection 对象。该类主要作用于用户及 JDBC 驱动程序之间，可以管理数据库厂商提供的驱动程序，还可以建立应用程序与数据库之间的连接。DriverManager 类提供了两种建立连接的方法。

方法一：Connection getConnection(java.lang.String, java.lang.String, java.lang.String)

利用该方法，建立连接的具体代码如下：

```
Connection conn=DriverManager.getConnection(uri,username,password);
```

其中，username 和 password 为 MySQL 服务器的有权访问用户名和密码。因此，完整的数据库访问代码为：

```
String uri="jdbc:mysql://localhost:3306/user";
String username="root";
String password="root1234";              // 如果没有设置密码，则 password="";
Connection conn=DriverManager.getConnection(uri,username,password);
```

方法二：Connection getConnection(java.lang.String)

利用该方法，建立连接的具体代码如下：

```
Connection conn=DriverManager.getConnection(uri);
```

其中，uri 则需要将 MySQL 服务器的有权访问用户名 username 和密码 password 连接到字符串中。因此，完整的数据库访问代码为：

```
String uri="jdbc:mysql://localhost:3306/user?username=root&password=root1234";
Connection conn=DriverManager.getConnection(uri);
```

如果 root 用户没有设置密码，则应更改为：`password=;`

另外，在 JSP 页面中为了避免数据库记录信息中的中文乱码问题，可以在 uri 字符串中再加入 characterEncoding，将字符集设置为 utf-8，或者 gb2312 等。具体代码如下：

```
String uri="jdbc:mysql://localhost:3306/user?"+
"username=root&password=root1234&characterEncoding= utf-8";
```

关于数据库中内容的中文乱码问题，也可以利用前面章节中介绍的方法解决：

```
request.setCharacterEncoding("utf-8");
```

3. 创建语句对象执行 SQL 语句

在创建了数据库连接后，JSP 程序可以通过调用 SQL 语句对数据库进行操作。JDBC 的 Statement 接口封装了 JDBC 执行 SQL 语句的方法，用于将 SQL 语句发送到数据库中，完成 Java 程序执行 SQL 语句的操作，并获取 SQL 语句的结果。

JDBC 中有三种接口，分别是用于执行静态的 SQL 语句 Statement 接口、用于执行预编译 SQL 语句的 PreparedStatement 接口（Statement 接口的子接口），以及用于执行存储过程的 SQL 语句的 CallableStatement 接口（PreparedStatement 接口的子接口）。每种接口可以创建相对应的语句对象。 用得最多的是前两种接口创建的语句对象。

1）创建 Statement 对象执行 SQL 语句

用户需要通过 Statement 接口创建语句对象，该接口提供了创建执行 SQL 语句对象的基本方法，由已经定义的数据库连接对象生成，具体代码如下：

```
Statement stmt=conn.createStatement();
```

在访问数据库过程中的前三步保证了生成的 SQL 语句对象能够准确地访问到绑定的目标数据库。在 JSP 页面中，只需向语句对象提供相应的要执行的 SQL 语句即可。

例 1：`String strSQL="select * from user";`

　　`ResultSet rs=stmt.executeQuery(strSQL);`　　　　　// 执行 SQL 查询语句

例 2：向 user 表中加入一条记录。

```
String strSQL="insert into user(username,password) values('王志','a1b2c3')";
int rs=stmt.executeUpdate(strSQL);                // 执行 SQL 更新
```

说明：executeQuery(String sql) 方法执行用 select 语句对数据库进行的查询操作，返回的结果是单个查询结果集。类型为 ResultSet，是一个与数据表结构相同的集合类容器。而方法 executeUpdate(String sql) 则执行 insert、delete、update 语句对数据库进行更改的操作，返回的结果是一个 int 数值，表示数据表中受影响的记录行数。

在 Web JSP 开发过程中，SQL 语句经常将程序中的变量做查询条件等参数。使用 Statement 接口方法时要进行 SQL 语句的拼接，不仅处理烦琐，容易出错，还存在安全漏洞。JDBC 中封装了 Statement 对象的扩展 PreparedStatement 子对象，使用 PreparedStatement 接口可以提高性能及安全性。

2）创建 PreparedStatement 对象执行 SQL 语句

PreparedStatement 接口作为 Statement 接口的子接口，不仅继承了 Statement 接口的所有方法，还针对带有参数 SQL 语句的执行操作扩展了自己的一些方法。该接口可以执行已编译的 SQL 语句，执行效率高。对于带有参数的 SQL 语句，可以使用占位符"？"来代替 SQL 语句中的参数，然后再对其进行赋值。利用 PreparedStatement 接口对象的处理更加便捷。

例如：向 user 表中加入一条记录。

```
String strSQL="insert into user(username,password) values(?,?)";
PreparedStatement pstmt=conn.preparedStatement(strSQL);
                                        // 创建 PreparedStatement 对象
pstmt.setString(1," 天外 ");            // 为第一个占位符赋值
pstmt.setString(2,"tjfsu");            // 为第二个占位符赋值
int rs=pstmt.executeUpdate();          // 执行 SQL 语句，不需要 SQL 语句参数
```

说明：setString() 方法表示为设定的字符串类型数值给 PreparedStatement 类对象的 IN 参数。同样也有 setInt() 设定整数类型、setFloat() 设定浮点数类型、setDate() 设定日期类型、setTime() 设定时间类型、setNULL() 设定 NULL 类型和 setBigDecimal() 设定十进制长类型等多种类型数值的方法，给 PreparedStatement 类对象的 IN 参数。

在开发过程中涉及向 SQL 语句传递参数，最好用 PreparedStatement 接口实现。

4. 处理 SQL 语句执行的结果

执行 SQL 语句会返回一个结果，结果类型与具体的 SQL 语句有关。SQL 更新查询语句 executeUpdate() 返回一个 int 数值，表示涉及操作的记录数目。SQL 查询语句 executeQuery() 会返回查询的结果集，一个包含符合查询条件的记录集合。

在 JDBC 中，提供位于 java.sql 包中的 ResultSet 接口，使用 ResultSet 对象接收查询结果集。针对结果集数据列中的数据类型，提供了一套 getXxx() 方法来获取每行中的数据。这些方法如下：

（1）getString(int n) 表示将序号为 n 的列的内容作为字符串返回，列的序号从 1 开始。

（2）getString(String str) 表示将名称为 str 的列的内容作为字符串返回。

另外，还有 getInt(int n) 与 getInt(String str)、getFloat(int n) 与 getFloat(String str)、getDate(int n) 与 getDate(String str)、getDouble(int n) 与 getDouble(String str)、getLong(int n) 与 getLong(String str) 等，功能及使用方法与上述两个 getString() 方法类似，这里不再赘述。

注意：

（1）无论表中的字段是何种类型，均可以利用 getString(int n) 与 getString(String str) 方法返回字段值的字符串表示。

（2）利用 getXxx() 方法获取结果集中列的值时，列号的顺序不可以颠倒。例如，下面的用法是错误的。

```
rs.getInt(2);
rs.getString(1);
```

ResultSet 还提供了针对结果集中数据行的游标的功能，当获得一个结果集时，游标指向结果集中第一行之前的位置。通过游标可以自由定位到结果集任意一行的数据。常用方法如下：

（1）next() 方法表示游标从当前位置下移一行。

（2）previous() 方法表示游标从当前位置上移一行。

（3）last() 方法表示游标从当前位置移到最后一行。

（4）first() 方法表示游标从当前位置移到第一行。

（5）absolute(int n) 方法表示游标从当前位置移到第 n 行。

上述这些方法的返回值均为 Boolean，如果游标移动新行有效返回 true，否则返回 false。

（6）beforeFirst() 方法表示游标从当前位置移到第一行的前面。

（7）afterLast() 方法表示游标从当前位置移到最后一行的后面。

上述两个方法的返回值为 void。

（8）getRow() 方法表示游标所指行的行号，行号从 1 开始，如果结果集为空，则返回 0。返回值为 int。

值得注意的是，如果结果集是可以更新的，方可利用相关的方法进行更新操作。

例如：建立一个语句对象 stmt，允许用户对结果集向前或向后两个方向滚动，并且可以用结果集更新表记录。

```
Statement  stmt=conn.createStatement(ResultSet.TYPE_SCROLL_SENSITIVE,
ResultSet.CONCUR.UPDATABLE);
```

5. 关闭资源

在数据库操作完成后，要养成立即释放所用资源的习惯。利用 close() 方法按照关闭 SQL 语句结果集、SQL 语句对象和数据库连接对象的顺序进行所占资源的关闭释放操作。例如：

```
rs.close();              // 关闭 ResultSet 变量
stmt.close();            // 关闭 Statement 变量
conn.close();            // 关闭 Connection 变量，释放连接数据库占用的 JDBC 资源
```

判断 Connection 对象是否与数据库断开连接，利用 isClose() 方法，返回值为 boolean。注意，如果 Connection 对象与数据库断开连接，则不能再通过 Connection 对象操作该数据库。

判断 Statement 对象是否已被关闭，利用 isClosed() 方法，返回值为 boolean。如果被关闭，则不能再调用该 Statement 对象执行 SQL 语句。

至此，JSP 页面访问的数据库操作全部介绍完毕，用户可以按照在 JSP 页面中利用 SQL 语句使用数据库中的数据表的方法步骤，完成数据表中的数据增加、删除、查询、更新、统计和打印输出记录等操作。

MySQL 数据库与 SQL Server 不同，MySQL 数据库只支持命令行方式管理数据库，本身不带

图形化管理工具。为了使用方便，大多数用户利用第三方管理工具 Navcate 来连接 MySQL 服务器。

5.1.2 MySQL 数据库管理工具

Navicat for MySQL 是专为 MySQL 设计的高性能数据库管理及开发工具，为数据库管理、开发和维护提供了直观而强大的图形界面，便于用户处理 MySQL 或 MariaDB 数据库。

Navicat for MySQL 可连接到任何本机或远程 MySQL 服务器，支持的 MySQL 数据库服务器版本 3.21 或以上，支持大部分数据库操作功能，例如表、视图、查询、函数或过程、事件等。Navicat for MySQL 的下载与安装在第 1 章中已经介绍，这里介绍其常见操作及连接 MySQL 数据库的方法。

1. 连接数据库

Navicat 管理数据库的前提是连接数据库。具体方法是，启动 Navicat 软件，界面如图 5-2 所示。

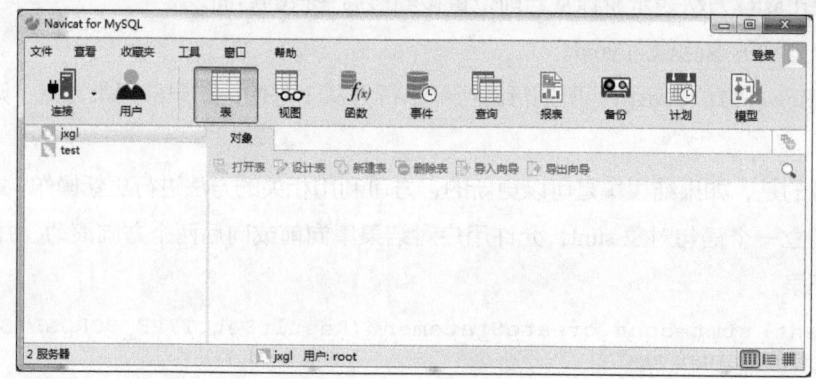

■ 图 5-2　Navicat 软件

在菜单栏中选择"文件"→"新建连接"→ MySQL 命令，或者单击"连接"按钮，选择 MySQL 命令，弹出图 5-3 所示的"MySQL- 新建连接"对话框，输入连接名称（如 db_lx）、主机（localhost 本机地址）、端口号（默认 3306）、数据库用户名 root 和密码，这里的用户名和密码应该与 MySQL 安装时设定的一致，建立连接。单击"连接测试"按钮，测试成功后，弹出"连接成功"对话框，单击"确定"保存。

如果建立连接测试失败，首先检查 MySQL 数据库服务器是否已启动，其次核实输入的各个连接信息是否正确，逐步排除错误直到连接成功。

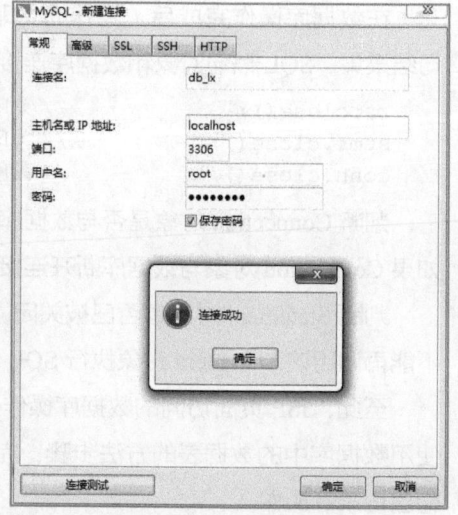

■ 图 5-3　建立连接

2. 管理数据库

连接数据库成功后，就可以利用 Navicat 软件管理数据库和数据对象，包括新建数据库、新建表、新建查询、对数据记录的增加、删除、修改、查询等操作。

1）创建与删除数据库

右击建立的连接名字 db_lx，在弹出的快捷菜单中选择"新建数据库"命令，弹出"新建数据库"对话框，输入数据库名 db_lx_db、设置字符集为 utf8，单击"确定"按钮保存。在软件左侧树形连接列表中可以看到新建的数据库。如果是删除一个数据库，右击需要删除的数据库名，在弹出的快捷菜单中选择"删除数据库"命令即可。

2）导出数据库

在 Navicat 界面中，右击需要导出的数据库名字，在弹出的快捷菜单中选择"转储 SQL 文件"→"结构和数据"命令，弹出"另存为"对话框，选择 SQL 脚本文件 .sql 的存储位置，最后单击"保存"按钮，完成数据库的导出操作。在导出完毕会弹出图 5-4 所示的导出结果的信息显示窗口。

3）导入数据库

在 Navicat 界面中，右击需要导入的数据库名字（如果数据库不存在，首先建立数据库），在弹出的快捷菜单中选择"运行 SQL 文件"命令，弹出"运行 SQL 文件"对话框，单击"文件"文本框右侧的"浏览"按钮，在打开的对话框中选择需要导入的 SQL 脚本文件，返回图 5-5 所示的窗口，单击"开始"按钮，完成数据库的导入操作。在导入完毕也会像导出一样出现一个导入结果的信息显示窗口。

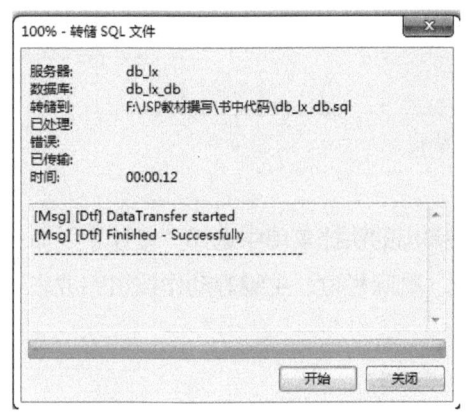

■ 图 5-4　成功导出数据库界面

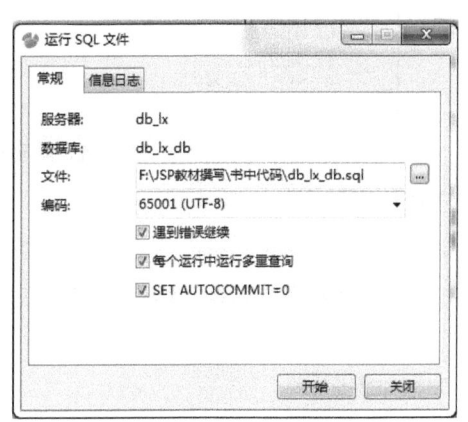

■ 图 5-5　导入数据库

4）数据库备份与还原

数据库定期备份是保护数据安全的手段之一。打开想要备份的数据库名，单击"备份"按钮，选择"新建备份"命令，在弹出的对话框中输入注释信息，然后单击"开始"按钮即可备份数据库。

备份完毕，会在窗口中看到生成的备份。

还原数据库就是将备份的数据库进行还原操作，操作过程与备份数据库操作类似。这里不再详细介绍。

3. 数据表的操作

数据表是数据库基本的组成元素，利用 Navicat 管理软件可以进行创建表、删除表、修改表结构、修改表中记录内容等操作。

1）建立数据表

在软件界面左侧展开数据库节点 db_lx_db，右击"表"，在弹出的快捷菜单中选择"新建表"命令，或者单击对象中的"新建表"，打开图 5-6 所示的建立表结构界面。设置表的字段名、类型、长度、主键等，单击"保存"按钮，输入表名（如 user），单击"确定"按钮即可。

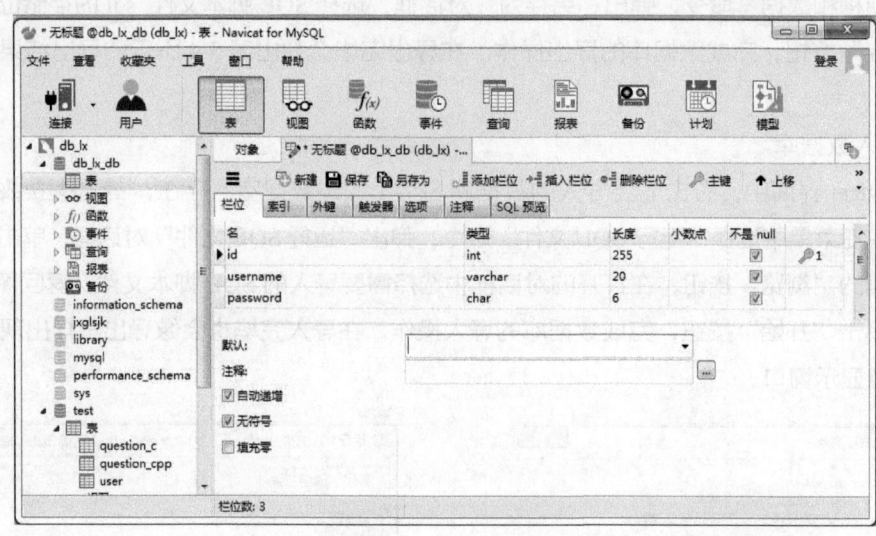

■ **图 5-6** 建立表结构

2）修改表结构

展开数据库中的表，右击欲修改表结构的表名，在弹出的快捷菜单中选择"设计表"命令，编辑页面与建立表结构一致，通过添加栏位、插入栏位、删除栏位、主键等动作按钮完成表结构的修改。

3）操作表记录

通过双击数据表名的方法打开想要修改记录的表，在数据列表中选择数据记录行，进行添加、修改、删除等操作，如图 5-7 所示。利用"+"、"−"、排序等功能按钮，进行表记录的增加、删除、排序等操作，最后单击"√"按钮，保存对表记录的修改操作。

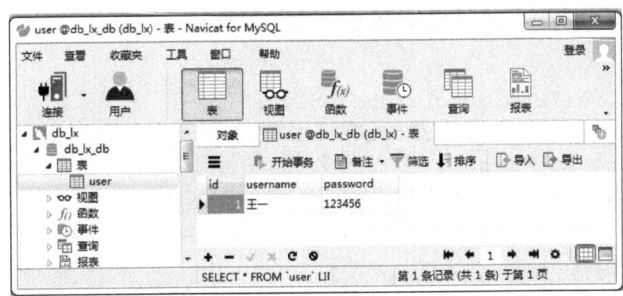

■ 图 5-7　数据表记录的管理操作

4）SQL 语句查询数据

单击"查询"按钮，选择"新建查询"命令，在打开界面的"查询编辑器"中输入标准的 SQL 语句，然后单击"运行"按钮，即可在界面下方看到执行的查询结果，如图 5-8 所示。

■ 图 5-8　查询编辑器及查询结果

5.2　JDBC 操作数据库

5.2.1　显示数据

在 JSP 开发中，将数据库中的数据表记录，或者一个 SQL 语句的查询结果显示在页面中，这是最常用的 JSP 页面访问数据库的形式之一。

【例 5-1】将数据库 db_lx_db 中的 user 数据表的记录全部在 JSP 页面中显示输出。

（1）创建名称为 showdb_index.jsp 的页面，将 MySQL 数据库的驱动文件复制到项目的构建路径（即 WebRoot\WEB-INF\lib）文件夹中，构建开发环境。

（2）在 showdb_index.jsp 页面中创建数据库连接。代码如下：

```
<%
    Class.forName("com.mysql.jdbc.Driver");             // 加载驱动程序
    String url="jdbc:mysql://localhost:3306/db_lx_db";  // 数据库连接字符串 url
    String username="root";                             // 数据库用户名
    String password="root1234";                         // 数据库密码
    Connection conn=DriverManager.getConnection(url,username,password);
                                                        // 创建 Connection 连接
    Statement stmt=conn.createStatement(); // 创建 Statement 语句对象
    ResultSet rs=stmt.executeQuery("select * from user"); // 执行 SQL 语句
%>
```

（3）处理查询结果集，将查询结果集 user 数据表中的全部记录遍历输出。代码如下：

```
<%
    out.print("序号 用户名 密码 <br>");
    while(rs.next()) {                          // 遍历结果集
        String u_no=rs.getString(1);            // 获取当前行第 1 列内容
        String u_name=rs.getString(2);          // 获取当前行第 2 列内容
        String u_pwd=rs.getString(3);           // 获取当前行第 3 列内容
        out.println(u_no+"  "+u_name+"  "+u_pwd+"<br>");
    }
    rs.close();                                 // 关闭数据库连接资源
    stmt.close();
    conn.close();
%>
```

在 showdb_index.jsp 页面中将上述两部分代码合并，保存并发布
该页面，运行程序在浏览器中的输出结果如图 5-9 所示。

■ 图 5-9　页面显示数据表

5.2.2　添加数据

网站中的用户注册功能即向数据库添加数据，通过 JDBC 向数据库添加数据，需利用 INSERT
语句实现。这种带有传递参数的数据库操作（如插入数据的 SQL 语句）执行时有两种方法实现。

1. 利用 Statement 接口实现

【例 5-2】利用 user 表，实现简单注册功能。（这里先不检查用户名的重复性）

（1）先建立 login.jsp 页面，布局用户输入注册信息的界面，如图 5-10 所示。页面 login.jsp
的主要代码如下：

```
<%@ page language="java" import="java.util.*" pageEncoding="utf-8"%>
<html>
    <body>
        <form name="frm1" method="post" action="adddb_index.jsp">
            用户名: <input name="uname" type="text" id="uname" style="width:120px"><br>
            密    码 <input name="upwd" type="password" id="upwd" style=
"width:120px">
            <br><br>
```

```
        <input type="submit" name="smt" value=" 注册 ">
            
        <input type="reset" name="rst" value=" 重置 ">
    </form>
    </body>
</html>
```

（2）建立 adddb_index.jsp 页面，显示注册成功后的用户信息，代码如下：

```
<%@ page language="java" import="java.util.*" pageEncoding="utf-8"%>
<%@ page import="java.sql.*" %>
<html>
    <body>
    <%
        request.setCharacterEncoding("utf-8");              // 设置字符集
        String u_name=request.getParameter("uname");        // 获取用户输入的用户名
        String u_pwd=request.getParameter("upwd");          // 获取用户输入的密码
        Class.forName("com.mysql.jdbc.Driver");
        String url="jdbc:mysql://localhost:3306/db_lx_db";
        String username="root";
        String password="root1234";
        Connection conn=DriverManager.getConnection(url,username,password);
        Statement stmt=conn.createStatement();
        int n=stmt.executeUpdate(strsql);
        String strsql="insert into user(username,password) values('"+u_name+"',
        '"+u_pwd+"')";
        ResultSet rs=stmt.executeQuery("select * from user");
        out.print("序号 用户名 密码 <br>");
        while(rs.next()) {
            String no=rs.getString(1);
            String name=rs.getString(2);
            String pwd=rs.getString(3);
            out.println(no+"  "+name+"  "+pwd+"<br>");
        }
        rs.close();
        stmt.close();
        conn.close();
    %>
    </body>
</html>
```

保存并发布页面，浏览 login.jsp 页面，输入注册信息后，adddb_index.jsp 页面显示结果如图 5-11 所示。说明注册信息已经加入到 user 数据表。

■ 图 5-10　用户注册界面

■ 图 5-11　注册后信息显示结果

说明:

(1) 由于 user 表的 id 值设置了自动递增,因此 id 的字段值会自动生成。

(2) ResultSet 结果集中第一行数据之前与最后一行数据之后都存在一个位置,默认情况下游标位于第一行数据之前,由于结果集中记录的行数未知,所以利用 while 条件循环遍历 ResultSet 对象,执行第一次循环时,执行的循环条件为 rs.next(),则将光标移动到第一条数据的位置。

(3) 由于注册信息由 login.jsp 页面的文本框提供,由 adddb_index.jsp 页面中的相关变量接收,通过语句 String strsql="insert into user(username,password) values ('"+u_name+"','"+u_pwd+"')"; 将接收变量的结果追加到 user 数据表中,SQL 语句的组织依赖于变量,使得语句变得复杂,书写时也易出错。利用下面的方法,可以解决这个问题。

2. 利用 PreparedStatement 接口实现

利用 Statement 接口的 PreparedStatement 子接口建立 adddb_index_prepared.jsp 页面,将 addbd_index.jsp 页面的代码修改如下:

```
<%@ page language="java" import="java.util.*" pageEncoding="utf-8"%>
<%@ page import="java.sql.*" %>
<html>
    <body>
        <%
        request.setCharacterEncoding("utf-8");
        String u_name=request.getParameter("uname");
        String u_pwd=request.getParameter("upwd");
        Class.forName("com.mysql.jdbc.Driver");
        String url="jdbc:mysql://localhost:3306/db_lx_db";
        String username="root";
        String password="root1234";
        Connection conn=DriverManager.getConnection(url,username,password);
        String strsql="insert into user(username,password) values (?,?)";
        PreparedStatement pstmt=conn.prepareStatement(strsql);
                                        // 创建 PreparedStatement 语句对象
        pstmt.setString(1,u_name);      // 为 values 的第一个 ? 参数提供数值
        pstmt.setString(2,u_pwd);       // 为 values 的第二个 ? 参数提供数值
        int n=pstmt.executeUpdate(); // 执行 SQL 查询
        Statement stmt=conn.createStatement();
        ResultSet rs=stmt.executeQuery("select * from user");
        out.print("序号 用户名 密码<br>");
        while(rs.next()) {
            String no=rs.getString(1);
            String name=rs.getString(2);
            String pwd=rs.getString(3);
            out.println(no+"  "+name+"  "+pwd+"<br>");
        }
        rs.close();
        stmt.close();
        conn.close();
```

```
        %>
    </body>
</html>
```

说明：

（1）用 PreparedStatement 对象向 user 表插入用户注册信息，SQL 语句 String strsql="insert into user (username,password) values (?,?)"; 中的参数用占位符 "?" 代替；然后通过 PreparedStatement 对象的 setString(n, 参数) 方法对占位符一一赋值，将注册信息传递到 SQL 语句中；最后需调用 PreparedStatement 对象的 executeUpdate() 方法执行更新操作，方可完成数据的插入操作。

（2）占位符参数的下标值从 1 开始。

读者自行部署并运行程序 adddb_index_prepared.jsp。

5.2.3　查询数据

查询在网站设计与开发中是必备的一个功能版块。查询通常有两种常用情况：精确查询和模糊查询。其中，精确查询指的是查询条件值确定，将用户提供的查询条件提交给查询页面直接进行的等值查询；模糊查询是指提交的查询条件需要利用 like 关键字进行模式匹配的查询。

当查询结果集中有多条数据时通过"游标"上下移动获取查询到的数据。如果 ResultSet 结果集中只有一条数据，只需把"游标"定位到当前数据行即可。

本节中对于 JSP 页面的查询数据库操作，均针对数据库 db_lx_db 中的图书表 book 进行。首先，需要在数据库 db_lx_db 中提前建立图书表 book，其表结构和表内容见表 5-1 和表 5-2。

■ 表 5-1　book 表结构

字　段　名	类　　型	长　　度	小数位数	不允许为 null	主　　键	备　　注
id	int	4	0	是	是	自动递增
bookname	varchar	30	0			
author	varchar	20	0			
type	varchar	2	0			
price	float	10	2			
pressname	varchar	30	0			
status	varchar	1	0			

■ 表 5-2　book 表记录

id	bookname	author	type	price	pressname	status
1	计算机基础知识	王泽鉴	3	23.53	清华大学出版社	2
2	Web 新技术概览	支新华	3	34.6	北京科技出版社	2
3	Css 与 Html5 深度剖析	李力	3	32	清华大学出版社	2
4	现代通用算法分析	哲斌	3	29.8	北京科技出版社	2
5	精通 Poth3	夏朝晖	3	45.1	清华大学出版社	2

id	bookname	author	type	price	pressname	status
6	梦幻奇缘	Tom M.	1	20.5	北京科技出版社	2
7	平凡的世界	路遥 1	1	53.2	清华大学出版社	2
8	现代投资与理财技巧	万芳	2	21.5	清华大学出版社	2
9	风中寄语	名凡	1	25.5	清华大学出版社	2
10	足球小将	高桥阳一	1	19.5	北京出版社	2
11	秘密	拜恩	1	37.9	北京出版社	2

【例 5-3】精确查询。创建 JSP 页面，名称为 query1_show.jsp，显示查询的图书信息。

（1）创建 JSP 页面 query1_index.jsp，用于用户输入查询条件，界面如图 5-12 所示。页面 query1_index.jsp 的代码如下：

```
<%@ page language="java" import="java.util.*" pageEncoding="utf-8"%>
<html>
    <body>
        <form name="frm1" method="post" action="query1_show.jsp">
            请输入要查询的图书名称:
            <input name="nametxt" type="text" id="nametxt" style="width:200px">
            <input type="submit" name="smtname" value=" 提交 ">
            <input type="reset" name="rst" value=" 重置 ">
        </form>
    </body>
</html>
```

（2）建立 query1_show.jsp 页面，显示查询后的图书信息，代码如下：

```
<%@ page language="java" import="java.util.*" pageEncoding="utf-8"%>
<%@ page import="java.sql.*" %>
<html>
    <body>
    <%
        request.setCharacterEncoding("utf-8");
        String b_name=request.getParameter("nametxt");
        Class.forName("com.mysql.jdbc.Driver");
        String url="jdbc:mysql://localhost:3306/db_lx_db";
        String username="root";
        String password="root1234";
        Connection conn=DriverManager.getConnection(url,username,password);
        Statement stmt=conn.createStatement();
        String strsql="select * from book where bookname='"+b_name+"'";
        ResultSet rs=stmt.executeQuery(strsql);
        if(!rs.next()){
            out.println(" 查无此书！ ");
        }
        else{    // 遍历结果集
            out.print(" 图书: "+b_name+" 信息 <br><hr>");
            out.print(" 序号: "+rs.getString(1)+"<br>");
```

```
            out.print(" 作者: "+rs.getString("author")+"<br>");
            out.print(" 单价: "+rs.getString("price")+"<br>");
            out.print(" 出版社: "+rs.getString("pressname")+"<br>");
        }
        rs.close();
        stmt.close();
        conn.close();
    %>
    </body>
</html>
```
保存并部署程序，运行程序 query1_show.jsp 的结果如图 5-13 所示。

■ 图 5-12　查询界面

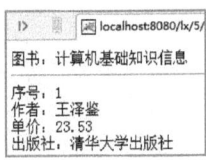

■ 图 5-13　查询结果显示

说明：

（1）由于查询的 where 条件参数仅有一个，因此采用 Statement 对象的方法实现。

（2）使用 ResutlSet 对象提供的 getXXX.() 方法获取数据，注意其数据类型要与数据表中的字段类型相对应，否则，将抛出 java.sql.SQLException 异常。本例采用 getString() 方法将获取的数据转换为字符型格式输出。

【例 5-4】模糊查询。在查询界面选择并设置查询条件，查询结果在 query2_show.jsp 页面中显示。

（1）创建查询页面 query2_index.jsp，用于用户选择设置并输入查询条件，界面如图 5-14 所示。页面 query2_index.jsp 的代码如下：

```
<%@ page language="java" import="java.util.*" pageEncoding="utf-8" %>
<html>
    <body>
        <form name="frm1" method="post" action="query2_show.jsp">
            请选择查询条件: <br>
            <select name="keycol" style="width: 120px">
                <option value="bookname"> 书名
                <option value="author"> 作者
                <option value="type"> 类别
                <option value="pressname"> 出版社
            </select>
            输入查询依据:
            <input name="keytxt" type= "text" id="keytxt" style="width:120px">
            <input type="submit" name="smtname" value=" 提交 ">
            <input type="reset" name="rst" value=" 重置 ">
        </form>
        </body>
</html>
```

（2）建立 query2_show.jsp 页面，用来进行模糊查询，并显示查询后的图书信息。页面
query2_show.jsp 的代码如下：

```
<%@ page language="java" import="java.util.*" pageEncoding="utf-8" %>
<%@ page import="java.sql.*" %>
<html>
    <body>
    <%
        request.setCharacterEncoding("utf-8");
        String ziduan=request.getParameter("keycol");
        String keyword=request.getParameter("keytxt");
        if(ziduan==null||keyword==null){
            ziduan="";
            keyword="";
        }
        Class.forName("com.mysql.jdbc.Driver");
        String url="jdbc:mysql://localhost:3306/db_lx_db";
        String username="root";
        String password="root1234";
        Connection conn=DriverManager.getConnection(url,username,password);
        Statement stmt=conn.createStatement();
        String strsql="select * from book where "+ziduan+" like '%"+keyword+"%'";
        ResultSet rs=stmt.executeQuery(strsql);
        out.print("查询结果信息 <br><hr>");
        if(!rs.next()){
            out.print("查无符合此条件的图书！！");
        }
        else{
            rs.previous();
            while(rs.next()){
            out.print(rs.getString(1)+" ");
            out.print(rs.getString(2)+" ");
            out.print(rs.getString(3)+" ");
            out.print(rs.getString(4)+" ");
            out.print(rs.getString(5)+" ");
            out.print(rs.getString(6)+" ");
            out.print("<hr>");}
        }
        rs.close();
        stmt.close();
        conn.close();
    %>
    </body>
</html>
```

保存并部署 JSP 页面，在浏览输入查询条件界面中，选择"出版社"为模糊查询条件，然后
在查询依据的文本框中输入"清华"，单击"提交"按钮提交查询条件后，查询结果如图 5-15 所示。

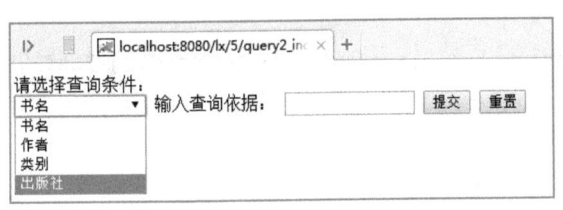

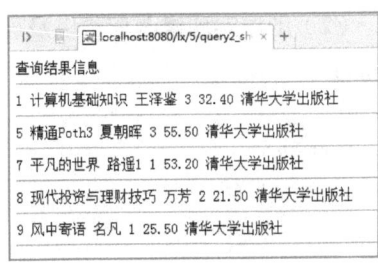

■ 图 5-14　模糊查询输入信息界面　　　　■ 图 5-15　模糊查询结果显示界面

说明：为了实现模糊查询，SQL 语句利用 like 关键字进行模式匹配，通配符 % 表示零个或者多个任意字符，下画线 _ 则表示任意一个字符。

查询及查询结果显示页面 query2_show.jsp 接收到的涉及的查询字段名字信息，以及查询条件都是变量的值，在具体 SQL 查询语句中应注意变量的使用方法。

5.2.4　修改数据

当数据库中的数据需要修改时，可以通过数据库管理软件 Navicat for MySQL 进行维护，也可以通过 JSP 页面修改数据库中的数据。修改数据通过 SQL 语句 UPDATE 实现，该语句可以同时修改一条记录的一个或多个字段值，也可以一次性修改多条记录的一个或多个字段值。例如，把图书编号为"1"的图书价格修改为 20，SQL 语句为：

```
update book set price=20 where id="1"
```

如果通过 JSP 页面修改数据，那么通常情况 where 条件参数由页面控件提供，传递到 SQL 语句中，因此，修改功能的 JSP 页面在实现中大多采用 PreparedStatement 子接口。

【例 5-5】实现在网页中输入图书序号，根据需要在文本框中修改图书单价，通过"修改"按钮提交修改信息，并完成修改数据库中的相关图书记录。

（1）创建 update_index.jsp 页面，提供图书修改输入序号 id 的文本框，界面如图 5-16 所示。页面 update_index.jsp 的代码如下：

```
<%@ page language="java" import="java.util.*,java.sql.*" pageEncoding="utf-8"%>
<html>
    <body>
        <form name="frm1" method="post" action="update_show.jsp">
            请输入要更新图书 id:
            <input name="idtxt" type="text" id="idtxt" style="width: 200px"><br>
            请输入图书的新价格:
            <input name="pricetxt" type="text" id="pricetxt" style="width:200px">
            <input type="submit" name="smt" value=" 更新 ">
            <input type="reset" name="rst" value=" 重置 ">
        </form>
    </body>
</html>
```

（2）创建实现修改单价以及显示修改结果的页面 update_show.jsp，结果如图 5-17 所示。页面 update_show.jsp 的代码如下：

```
<%@ page language="java" import="java.util.*, java.sql.*" pageEncoding="utf-8"%>
<html>
    <body>
    <%
        request.setCharacterEncoding("utf-8");
        String idstr=request.getParameter("idtxt");
        String pricestr=request.getParameter("pricetxt");
        int b_id=Integer.parseInt(idstr);
        float b_price=Float.parseFloat(pricestr);
        Class.forName("com.mysql.jdbc.Driver");
        String url="jdbc:mysql://localhost:3306/db_lx_db";
        String username="root";
        String password="root1234";
        Connection conn=DriverManager.getConnection(url,username,password);
        String strsql="Update book set price=? where id=?";
        PreparedStatement pstmt=conn.prepareStatement(strsql);
        pstmt.setFloat(1, b_price);
        pstmt.setInt(2, b_id);
        int rs=pstmt.executeUpdate();
        if(rs==0){
            out.println(" 更新失败！ ");
        }
        else{    // 处理结果
            out.print(" 图书 id 为 "+b_id+" 的新价格: "+pricestr+"<br>");
        }
        stmt.close();
        conn.close();
    %>
    </body>
</html>
```

保存并部署 JSP 页面，浏览提交更新 id 条件及价格信息后，结果显示如图 5-17 所示。

■ 图 5-16　修改图书价格界面

■ 图 5-17　修改结果

说明：

（1）在修改图书信息的操作中，涉及图书 id 与图书单价 price，其中图书 id 为修改的条件，否则，会修改所有图书的单价为同一数值。

（2）文本框参数值为 String 类型，而图书 id 为 int 类型，单价 price 为 float 类型，因此需要获取的值须进行类型转换。

（3）通过 PreparedStatement 对 SQL 语句进行预处理并对 SQL 语句参数赋值，最后执行更新操作。

（4）更新查询结果为 int 时，不需要执行关闭结果集操作。

5.2.5　删除数据

在数据库的使用过程中，有些过时不用的数据需要及时删除，免得造成数据库冗余。因此，删除数据也是经常使用的一种操作。利用 SQL 中的 DELETE 语句可以实现数据的删除，例如，删除图书 id 为 1 的图书信息，语句如下：

```
delete from book where id=1
```

【例 5-6】创建 delete_index.jsp 页面，添加删除图书信息的条件控件，在控件中输入具体数值后，通过"删除"按钮实现数据的删除操作。

（1）创建 delete_index.jsp 页面，页面布局如图 5-18 所示。页面 delete_index.jsp 的代码如下：

```
<%@ page language="java" import="java.util.*,java.sql.*" pageEncoding="utf-8"%>
<html>
    <body>
        <form name="frm1" method="post" action="delete_show.jsp">
            请输入要删除的图书 id:
            <input name="idtxt" type= "text" id="idtxt" style="width:200px">
            <input type="submit" name="smt" value=" 删除 ">
            <input type="reset" name="rst" value=" 重置 ">
        </form>
    </body>
</html>
```

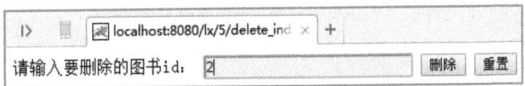

■ 图 5-18　删除条件输入页面

（2）编写显示要删除图书信息的 delete_show.jsp 页面，如图 5-19 所示。通过页面中的"确认删除"按钮确认删除操作后，实现删除记录。页面 delete_show.jsp 的代码如下：

```
<%@ page language="java" import="java.util.*" pageEncoding="utf-8"%>
<%@ page import="java.sql.*" %>
<html>
    <body>
    <%
        request.setCharacterEncoding("utf-8");
        String idstr=request.getParameter("idtxt");
        session.setAttribute("b_id",idstr); // 将要删除图书的 id 保存到 session 对象
        int b_id=Integer.parseInt(idstr);
        Class.forName("com.mysql.jdbc.Driver");
        String url="jdbc:mysql://localhost:3306/db_lx_db";
        String username="root";
```

```
        String password="root1234";
        Connection conn=DriverManager.getConnection(url,username,password);
        String strsql="select * from book where id='"+b_id+"'";
        Statement stmt=conn.createStatement();
        ResultSet rs=stmt.executeQuery(strsql);
        out.print("要删除的图书信息: <br><hr>");
        while(rs.next()){
            out.println("图书名称: "+rs.getString("bookname")+"<br>");
            out.println("图书作者: "+rs.getString("author")+"<br>");
            out.println("图书单价: "+rs.getFloat("price")+"<br>");
            out.println("出版社: "+rs.getString("pressname")+"<br>");
            out.println("图书类别: "+rs.getString("type")+"<br>");
            out.println("图书状态: "+rs.getString("status")+"<br>");
        }
        rs.close();
        stmt.close();
        conn.close();
    %>
    <hr>
    <form action="delete.jsp" method="post"> // 跳转到 delete.jsp，实现删除记录功能
    <input type="submit" name="btn" value=" 确认删除 " >
    </form>
    </body>
</html>
```

（3）创建 delete.jsp，实现删除记录的操作，并显示删除后的结果，如图 5-20 所示。页面 delete.jsp 的代码如下：

```
<%@ page language="java" import="java.util.*" pageEncoding="utf-8"%>
<%@ page import="java.sql.*" %>
<html>
    <body>
    <%
        request.setCharacterEncoding("utf-8");
        String b_id=(String)session.getAttribute("b_id"); // 获取 session 对象
中的图书 id
        int bid=Integer.parseInt(b_id);
        Class.forName("com.mysql.jdbc.Driver");
        String url="jdbc:mysql://localhost:3306/db_lx_db";
        String username="root";
        String password="root1234";
        Connection conn=DriverManager.getConnection(url,username,password);
        String strsql="delete from book where id=?";
        PreparedStatement pstmt=conn.prepareStatement(strsql);
        pstmt.setInt(1, bid);
        int rs=pstmt.executeUpdate();
        out.println("已成功删除了 "+rs+" 条记录！ ");
        pstmt.close();
        conn.close();
```

```
    %>
    </body>
</html>
```

保存并部署程序，在浏览器中通过删除条件输入页面，转向显示要删除图书信息页面，用户确认删除后，完成删除操作，并显示删除成功信息。

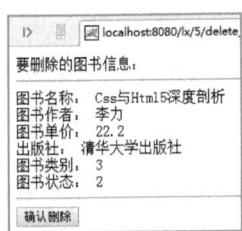

■ 图 5-19　删除图书信息

■ 图 5-20　删除成功提示

5.2.6　分页显示

在 JSP 开发中，当需要处理的数据库中的数据量比较庞大，已经不适合显示到一个页面中时，常常需要采用分页处理方式，合理地显示数据库中的数据。不同的数据库提供了不同的分页方式，MySQL 数据库则有两种常用的分页方法。

方法一：通过 ResultSet 查询结果集的游标实现分页，利用游标的移动，可以设置 ResultSet 对象中记录的起始和结束位置，达到数据分页显示的目的。该方式适合数据量不多的情况。

方法二：通过数据库机制进行分页，多数数据库自身提供了分页机制，可以实现分页的目的。将在第 6 章 JavaBean 知识介绍中举例说明。

【例 5-7】对图书信息按照每页显示 3 条记录的要求进行分页，将数据分页显示在 page_index. jsp 页面。

```jsp
<%@ page language="java" import="java.util.*,java.sql.*" pageEncoding="utf-8"%>
<html>
    <body>
    <%
        int pageno=1;                   // 分页显示，显示的当前页数
        int pagesize=3;                 // 每页显示记录数
        int pagecount=0;                // 总页数
        int i;                          // 当前页已经显示的记录数
        int rowcount=0;                 // 总的记录数
        String strpage;                 // 来自文本框的页数
        Class.forName("com.mysql.jdbc.Driver");
        String url="jdbc:mysql://localhost:3306/db_lx_db";
        String username="root";
        String password="root1234";
        Connection conn=DriverManager.getConnection(url,username,password);
        strpage=request.getParameter("topage");
        if(strpage==null){
```

```
                pageno=1;
            }
            else{
                pageno=Integer.parseInt(strpage);
                if(pageno<1){
                    pageno=1;
                }
            }
            Statement stmt=conn.createStatement(ResultSet.TYPE_SCROLL_INSENSITIVE,
    ResultSet.CONCUR_READ_ONLY);  // 允许游标上下移动的数据库连接方法
            String strsql="select * from book";
            ResultSet rs=stmt.executeQuery(strsql);
            rs.last();                              // 游标下移到结果集最后一条记录的位置
            rowcount=rs.getRow();                   // 获取总的记录数
            pagecount=((rowcount%pagesize)==0?(rowcount/pagesize):(rowcount/pagesize)+1);
                        // 依据总的记录数，以及每一页显示的记录数计算显示的总页数
    %>
    <h4> 图书信息分页显示： 当前页在第 <%=pageno %>页 ， 共 <%=pagecount %> 页 </h4><hr><br>
    <table border=1 bordercolor=blue>
        <tr>
        <th> 图书 id</th>
        <th> 名称 </th>
        <th> 作者 </th>
        <th> 单价 </th>
        <th> 出版社 </th>
        <th> 类别 </th>
        <th> 状态 </th>
        </tr>
    <%
    if(pageno>pagecount)
        pageno=pagecount;
    if(pagecount>0){
        rs.absolute( (pageno-1)*pagesize + 1);
        i=0;                                    // 输出在页面中的记录个数
        while(i<pagesize && !rs.isAfterLast()){     // 在每页中输出显示记录
            %>
            <tr>
            <td><%=rs.getString("id") %></td>
            <td><%=rs.getString("bookname") %></td>
            <td><%=rs.getString("author") %></td>
            <td><%=rs.getString("price") %></td>
            <td><%=rs.getString("pressname") %></td>
            <td><%=rs.getString("type") %></td>
            <td><%=rs.getString("status") %></td>
            </tr>
            <%
            rs.next();                          // 游标下移一条记录
            i++;
```

```
                }
            }
        %>
        </table>
        <br><hr>
        <table>
        <tr>
        <%
        if(pageno<pagecount){
            %>
            <td width=70>
                <a href=page_index1.jsp?topage=<%=pageno+1 %>> 下一页 </a>
            </td>
        <%}
        if(pageno>1){
            %>
            <td width=70>
                <a href=page_index1.jsp?topage=<%=1 %>> 上一页 </a>
            </td>
        <%
        }
        if(pageno!=pagecount)
        {
            %>
            <td width=70>
                <a href=page_index1.jsp?topage=<%=pageno+1 %>> 第一页 </a>
            </td>
            <td width=70>
                <a href=page_index1.jsp?topage=<%=pagecount %>> 最后一页 </a>
            </td>
        <%
        }
    rs.close();
    stmt.close();
    conn.close();
    %>
    <td width=180>
    <form action="page_index1.jsp" method="post" name="frm">
        跳转到: <input type="text" name="topage" id="topage" style="height:20px;
width:50px" value=<%=pageno %> > 页
    </form>
    </td>
    </tr>
    </table>
    </body>
</html>
```

保存并部署程序，浏览器中显示的结果如图 5-21 所示。

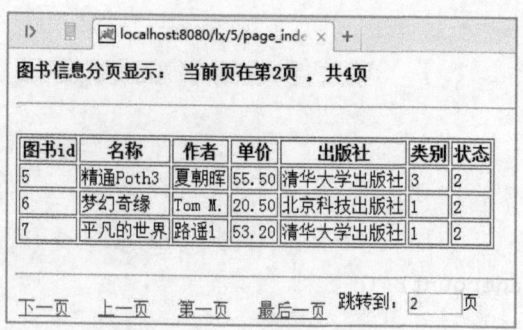

■ 图 5-21　图书表分页显示

说明：

（1）在代码中需要利用结果集 ResultSet 的游标移动获取需要的数据，例如，总的记录数、下移一条记录等。

（2）在数据库显示，以及传递参数的过程中，注意处理中文乱码的问题。

（3）在分页时，需要计算需要显示的总页码，通过总记录数与每页显示的记录数计算得出。

（4）单击页面分页条中的"上一页""下一页""第一页""最后一页"的超链接可以查看指定页面。用户还可以直接在文本框中需要查看页数，例如输入数据 3，按【Enter】键后页面会显示分页所得的第 3 页中的记录内容。

 ## 上机实践与练习

1. 设计一个主页面 index.jsp，含有对图书信息的增加、删除、修改、查询等功能的访问链接。

2. 用户单击主页面 index.jsp 的功能链接，进入相应的操作页面，并实现相应的针对数据库中图书表 book 的相关操作。

JSP 与 JavaBean 技术

SUN 公司在推出 JSP 技术的同时也向用户推荐了两种 Web 应用程序的开发模式，一种是 JSP+JavaBean 模式，另一种是 Servlet+JSP+JavaBean 模式。其中，JSP+JavaBean 模式适合初学者开发简单、业务逻辑不太复杂的 Web 应用程序。在这种开发模式下，JSP 不仅负责处理用户请求，还需显示数据，而 JavaBean 则用于封装业务数据。本章详细介绍 JSP+JavaBean 模式。

MVC 模式（即 Servlet+JSP+JavaBean 模式）适合开发复杂的 Web 应用程序，其中，Servlet 负责处理用户请求，JSP 负责数据显示，JavaBean 负责封装数据。应用程序各个模块之间层次清晰，对于复杂的 Web 开发推荐采用此种模式。该模式在本书的第 8 章中详细介绍，第 9 章的案例设计与实现也是采用此开发模式完成的。

6.1 JavaBean 概述

在 JSP 网页开发的初级阶段，正如前面的 JSP 页面一样，采用将 Java 代码、静态网页 HTML 标记、JavaScript 脚本以及 CSS 等内容都嵌入到网页中，JSP 网页代码是与业务逻辑代码写在一起的。这种代码书写方式既不利于程序的设计与开发，也不能体现面向对象的开发模式，代码重用没有发挥作用。程序的调试及维护都比较麻烦。直至 JavaBean 的出现，才改善了这种现状。

6.1.1 JavaBean 简介

JavaBean 是 Sun 公司为了适用基于网络的软件开发提供的 Java 的一种软件组件结构，即组件模型。利用 JavaBean 组件将 Java 代码单独封装成一个处理业务逻辑的类，可以将其集成到其他软件产品中。在 Java Web 开发中，通过 JavaBean 可以使 HTML 代码与 Java 代码相分离，简化了 JSP 页面结构，使其仅包含 HTML 代码、CSS 代码等。另外，将 Java 代码封装成一个特殊的类，提高了 Java 程序代码的重用性。这种与 HTML 代码分离、用 Java 代码封装的类，就是一个 JavaBean 组件。应用 JavaBean 与 JSP 整合的开发模式如图 6-1 所示。

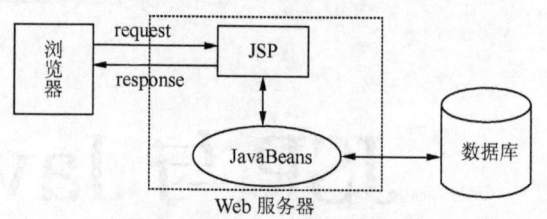

■ 图 6-1　JSP+JavaBean 开发模式

6.1.2 JavaBean 种类

JavaBean 最初的目的是以一种特殊的 Java 类的形式，将可以重复使用的代码打包，实现代码的重用。JavaBean 在程序设计中分两种，一种用于实现如窗体、按钮、文本框等可视化界面，称为可视化的 JavaBean。另一种用于实现业务逻辑或封装一些业务对象，称为非可视化的 JavaBean。JSP 开发中的 JavaBean 是非可视化的。在建立 JSP 页面时，将常用的功能 Java 代码抽象成一个类，遵循类接口格式，就组织成了一个 JavaBean。当在 JSP 页面中需要使用该功能时，只需调用建立的 JavaBean 中的相应方法即可。不必在每个页面中都重复书写一遍同样的 Java 代码，当需要修改功能时，只需修改涉及的 JavaBean，不必逐一修改调用 JavaBean 对应的 JSP 页面代码。或者 JSP 页面增加新功能时，只需在 JavaBean 中添加实现该功能的新方法即可。

JavaBean 的出现不仅提高了程序设计中代码的重用性，还增加了程序开发的灵活性。便于程序的后期维护和功能扩展。

JavaBean 是一个特殊的 Java 类，在使用中需遵守类接口的规范。

（1）JavaBean 类是 public 类，因此可以被其他类实例化。

（2）JavaBean 类的构造方法必须是无参的，即没有参数的方法。

（3）JavaBean 类中的所有属性最好定义成 private 私有的。通过类中 public 方法 setXxx()、getXxx() 对属性进行操作。Xxx 是设置的 private 属性的名称，其首字母大写。

6.2 JavaBean 的建立

JavaBean 是采用 Java 语言写成的可重用组件，可以应用于系统的很多层中，应用十分广泛。JavaBean 是先建立，后使用。建立 JavaBean 实际上就是编写一个 Java 类，然后用建立的类创建的对象就称为 bean。在 MyEclipse 开发平台中利用工具能自动生成 JavaBean 中的方法。

【例 6-1】在 lx 项目中创建一个关于用户的 JavaBean。

步骤如下：

（1）选择 lx 项目中的 src 文件夹，在 MyEclipse 2016 的菜单栏中选择 File → New → package 命令，新建一个包，命名为 lxbean，如图 6-2 所示。包的名字由用户命名，只要符合命名规范即可。建立的包 lxbean 用来存放 JavaBean。

（2）选中建立的 lxbean 包，在 MyEclipse 2016 的菜单栏中选择 File → New → class 命令，新建一个 Java 类，命名为 Userclass，如图 6-3 所示。类名字由用户命名，要符合命名规范。通常类的名字首字母大写。在图 6-3 所示的"建立 New Java Class"对话框中，需要将 Modifiers 设置为默认的 public。

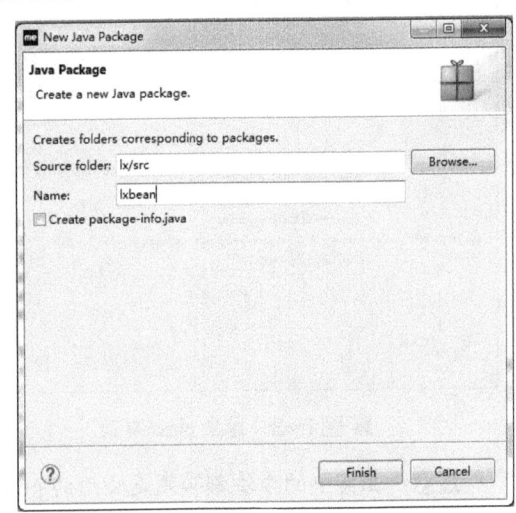

■ 图 6-2　建立 package 界面

以上两步也可以一步实现，选中项目中的 src 文件夹，选择 File → New → Class 命令，弹出图 6-3 所示的"建立 New Java Class"对话框，输入 package 包的名字和 class 类的名字即可。

（3）在自动生成的类模板中，由于 Userclass 类封装了用户的信息，因此，需要创建用户 user 的属性。代码如下：

```
private int id;
private String username;
private String password;
```

说明：在 JavaBean 对象中，为了防止外部直接对 JavaBean 属性的调用，属性通常设置为私有的 private，需要提供 public 访问方法 setXxx() 与 getXxx()，用户方可设置或者获取 JavaBean 属性信息。

（4）在自动生成的类模板中，为每个属性建立公用的 public 访问方法 getXxx() 和 setXxx()。方法的名字中 get、set 为前缀，后缀为属性变量成员的名字，但是首字母也需要大写。如果属性成员变量是 boolean 类型时，前缀可以为 is。

右击打开的类编辑窗口的空白处，在弹出的快捷菜单中选择 Source → Generate Getters and Setters 命令，弹出图 6-4 所示的对话框，选择设置 public 访问方法 getXxx() 和 setXxx() 的属性。将三个属性全部选中，单击 OK 按钮。返回类编辑窗口，getXxx() 和 setXxx() 方法自动设置完毕。

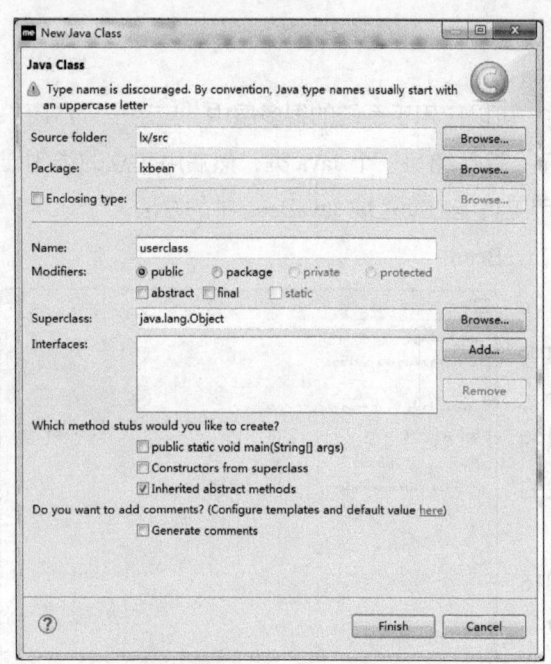

■ 图 6-3　建立 class 界面

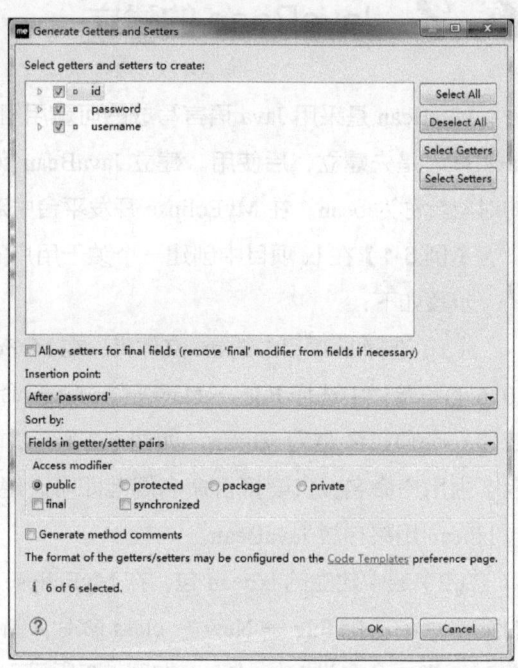

■ 图 6-4　Generate Getters and Setters 对话框

注意：在类中的方法都必须是公用的 public 访问权限，包括类中的构造方法也必须遵守。

（5）保存 bean。为了让建立的 JavaBean 能被 JSP 使用，Tomcat 服务器需要能够找到该 JavaBean 编译后得到的字节码文件，因此字节码文件需要保存在指定的位置。该位置是 Tomcat 安装目录 D:\Apache Software Foundation\Tomcat 8.0\webapps\lx\WEB-INF\classes 文件夹，下面以此文件夹为例。

在 MyEclipse 2016 平台中，保存并部署项目，则会在 Tomcat 安装目录 D:\Apache Software Foundation\Tomcat 8.0\webapps\lx\WEB-INF\classes 文件夹下面自动生成一个与所建包同名的 lxbean 子文件夹，在此子文件夹中包含了刚刚建立的 Userclass.class 类文件经过编译生成的字节码文件。

读者可以用记事本打开 Userclass.class 文件，查看一下内容是否已经被编译过。

在 JSP Web 页面实际开发中，如第 5 章所讲，通常需要连接数据库、访问后台数据库中的信息。在 JSP 中，利用 JavaBean 进行封装业务逻辑，实现对数据库的各种操作是最常见的。

6.3 在 JSP 中应用 JavaBean

在 JSP 页面中调用 Java 类分内部类、外部类。其中，外部类又有两种常用的特殊类，JavaBean 和 Servlet 类。Servlet 类可用于处理 HTTP 请求和响应，使用时必须修改 web.xml 文件并进行部署，在后面的图书借阅管理系统的实现中介绍。

6.3.1　JSP 中应用内部类

内部类是在 JSP 页面中定义在 <%!%> 中的内部方法或类，在当前的 JSP 页面中可以直接使用。

【例 6-2】在 JSP 页面中定义和应用内部类。

创建 class_index.jsp 页面文件，在该 JSP 页面中定义内部类，并应用定义的内部类。代码如下：

```
<%@ page language="java" import="java.util.*" pagoEncoding="utf-8"%>
<html>
    <head>
        <title>My JSP 'class_index.jsp' starting page</title>
    </head>
    <body>
        <%! class  InnerClass{                    // 定义内部类
            private String username,password;
            public InnerClass(){
                username=" 张三 ";
                password="zhangsan123";
            }
            public String getUsername() {
                return username;
            }
            public String getPassword() {
                return password;
            }
            public String getInnerclass(){
                return " 用户名: "+getUsername()+" ; 密码: "+getPassword();
            }
        }
        %>
        <%
        InnerClass InnerClass=new InnerClass();   // 内部类实例化
        %>
        <%=InnerClass.getInnerclass() %>          <!-- 内部类中的方法调用 -->
    </body>
</html>
```

保存部署程序，在浏览器中显示结果如图 6-5 所示。

说明：内部类在 JSP 中的使用方法和在 Java 中类的使用方法几乎相同。

■图 6-5　内部类的应用结果

6.3.2　JSP 中应用外部类

所谓的外部类就是由 Java 编写的一个单独的 .java 源文件定义，但是应将其置于某个包中。经过项目的部署，编译生成一个 class 字节码文件，并将字节码文件置于所属项目所在目录中的 WEB-INF\classes 目录中。

在 JSP 页面中如果需要应用外部类，通常先通过 page 指令的 import 属性导入所需的外部类，并不使用这个类。然后再用 jsp:useBean 动作标记对类加载使用，对其进行实例化、初始化，分配内存空间，外部类即可使用。

【例 6-3】在 JSP 中引用 java.util.Date 类作为 JavaBean，在页面中显示系统时间。

在前面的章节中是通过 page 指令实现的：

```
<%@ page import="java.util.Date"%>
<%
    Date date=new Date();
    out.println(date.getTime());
%>
```

那么，也可以用传统的编码方式实现，即用 jsp:useBean 动作标记实现，代码如下：

```
<jsp:useBean id="date" scope="page" class="java.util.Date" />
<jsp:getProperty name="date" property="time" />
<%=date %>
<%=date.getTime()%>
```

说明：

如果 JSP 项目是采用 JSP+JavaBean 这种方式创建，即仅需要简单显示属性的值，或设置属性的情况。采用第一种方式即可。

第二种方式适合工具类的方式，如需要对某些信息进行格式化输出等。在一个项目中，一般情况会或多或少地在 JSP 页面中引用 Java 类，那么就需要用此方式。

1. jsp:useBean 动作标记的格式

在 JSP 页面中利用 jsp 动作标记加载使用 bean 的格式如下：

```
<jsp:useBean id="名字" class="创建Bean的类" scope="Bean的有效期" />
```

或者

```
<jsp:useBean id="名字" class="创建Bean的类" scope="Bean的有效期" /> </jsp:useBean>
```

说明：在含有 <jsp:useBean> 动作标记的 JSP 页面被访问时，JSP 引擎首先查找内置的 pageCount 对象，里面如果含有名字为 id，作用域为 scope 的对象时，就分配一个对象给用户使用。

如果没有这样的符合条件对象，就根据动作标记创建一个名字为 id 的对象，即创建了一个名字是 id 的 bean，并且其使用范围为 scope，同时将创建的 bean 添加到 pageCount 内置对象中，提供给用户使用。在 Tomcat 服务器端也分配给用户一个 id 和 scope 同样的 bean。如果更改了创建 bean 的 Java 类文件，尤其是修改了创建 bean 的字节码，则必须要重新启动 Tomcat 服务器。

2. JavaBean 属性的范围

jsp:useBean 动作标记中 scope 属性的取值范围有 page、request、session 和 application。在 JSP 中使用 JavaBean 时，实际上就是将 JavaBean 对象作为 pageContext、request、session 和 application 对象的一个属性，因此，JavaBean 的作用范围就分别对应页面、请求、会话和一个 JSP Web 应用。如果在 jsp:useBean 标记中没有指定 scope，则默认为 page。

如果一个 JavaBean 不再使用，可以利用四种属性范围的 removeAttribute() 方法将其删除。例如：

`pageContext.removeAttribute(JavaBean 名称)`

3. 获取或修改 bean 的属性

在 JSP 页面使用中利用 jsp:useBean 动作标记创建一个 bean 后，JSP 页面可以通过动作标记 jsp:getProperty、jsp:setProperty 获取或设置修改 bean 的属性。

1）jsp:getProperty 动作标记

jsp:getProperty 动作标记用于获取被加载到当前页面中的 JavaBean 中某个属性的值，结果类型是字符串。

jsp:getProperty 动作标记格式：

`<jsp:getProperty name="bean 的 id" property="bean 的属性" />`

或者

`<jsp:getProperty name="bean 的 id" property="bean 的属性" /></jsp:getProperty>`

其中：name 取值是 JavaBean 的对象名，用于指定从哪个 JavaBean 中获取属性值。property 则取值为 JavaBean 中的一个属性名，用于指定获取 JavaBean 中的哪个属性值。注意：bean 中必须有获取这个属性值的对应的 getXxx() 方法。

该动作标记的作用也可以用 Java 表达式实现。例如：

`<%=bean 的 id.getXxx() %>`

2）jsp:setProperty 动作标记

<jsp:setProperty> 动作标记用来设置修改已经实例化的 bean 对象的属性。在加载的 bean 中，必须有相应的 setXxx() 方法，该动作标记才可正常使用。

jsp:setProperty 动作标记的格式：

方法一：`<jps:setProperty name="bean 的 id" property="bean 的属性" value= 字符串 />`

或者

```
<jps:setProperty name="bean的id" property="bean的属性" value="<%= 表达式%>"/>
```

说明： 由于 JSP 表单中传过来的数据类型都是 String 类型，JSP 内部机制会将其转化成 bean 属性对应的类型，如数字、boolean、Boolean、byte、Byte、char、Character 等。

方法二： `<jps:setProperty name="bean的id" property="*"/>`

说明： 该方法不再指定具体的属性名和对应的属性值，系统会自动根据 HTTP 表单提交的参数值所属的表单中的参数名字，去匹配 Bean 属性的名字，两者相同时，将参数传递给相应属性的 set 方法。但是，如果需要明确 bean 的某个具体属性值为表单中对应的参数值，则需要使用下面的格式。

```
<jps:setProperty name="bean的id" property="bean的属性名" param="参数名"/>
```

注意： 上述方法中 bean 的属性名与 param 提供的表单中的参数名可以不同。

【例 6-4】在 JSP 页面中应用外部类。将例 6-1 节建立的外部类 Userclass 置于 package lxbean 包中。

（1）定义的外部类 Userclass，文件 userclass.java 代码如下：

```java
package lxbean;
public class Userclass {
    private int id;
    private String username;
    private String password;
    public int getId() {
        return id;
    }
    public void setId(int id) {
        this.id=id;
    }
    public String getUsername() {
        return username;
    }
    public void setUsername(String username) {
        this.username=username;
    }
    public String getPassword() {
        return password;
    }
    public void setPassword(String password) {
        this.password=password;
    }
}
```

（2）创建 outerclass_index.jsp 页面，在该页面中调用外部类 Userclass。页面代码如下：

```jsp
<%@ page language="java" import="java.util.*" pageEncoding="utf-8"%>
<!-- 导入外部类类包，类包的位置与建立类时所存放的包 package 的位置需一致 -->
```

```
<%@ page import="lxbean.*" %>
<html>
    <head>
        <title>My JSP 'outerclass_index.jsp' starting page</title>
    </head>
    <body>
        <%
        Userclass newuser=new Userclass();      // 外部类实例化
        newuser.setUsername(" 李思思 ");          // 使用外部类中的方法
        newuser.setPassword("lisilisi");
        %>
        新的用户名: <%=newuser.getUsername() %><br> <!-- 使用外部类中的方法 -->
        密码为: <%=newuser.getPassword() %>
    </body>
</html>
```

保存部署程序，在浏览器中显示结果如图 6-6 所示。

说明：JSP 页面中没有用 jsp:useBean 动作标记，因为该外部类的功能简单，没有涉及复杂的工具 JavaBean。

■ 图 6-6 外部类应用的结果

6.3.3　JavaBean 与数据库操作实例

在了解了 JavaBean 的各种使用方法的基础上，在 JSP 页面中常常需要与数据库互访数据，在 JSP Web 中用 JavaBean 操作数据库也是 JavaBean 应用较多的一种情况。利用 JavaBean 进行加载 MySQL 的 JDBC 数据库驱动程序，连接数据库，对数据表进行增加、删除、查询、修改等操作。JSP 页面仅提供给数据库及相应表的名称，这样的 JavaBean 具有很好的通用性和代码的重用性。

建立的 JavaBean 代码仅仅针对数据库使用时，工具 JavaBean 可以不遵守 JavaBean 规范。

【例 6-5】 在 JSP 页面中通过 JavaBean 显示数据库中的数据表信息功能。

（1）建立 JavaBean，名字为 QueryBean。因为是连接通用的数据库和任意指定的数据表，因此 JavaBean 中包含 databasename 和 tablename 属性，以及连接数据库需要的 username 和 passsword 四个属性。另外，为了将查询结果显示在 JSP 页面中，还需要设置一个保存查询结果的属性 queryResult。关键代码如下：

```
package lxbean;
import java.sql.*;
public class QueryBean{
    String databaseName="";          // 数据库名
    String tableName="";             // 表名
    String user=""       ;           // 连接数据库所需的用户名
    String password="" ;             // 连接数据库所需的密码
    StringBuffer queryResult;        // 查询结果，将在 JSP 页面显示
    public QueryBean(){              // 构造方法，功能加载 MySQL-JDBC 的数据库驱动
        queryResult=new StringBuffer();
        try{  Class.forName("com.mysql.jdbc.Driver");
        }
```

```
            catch(Exception e) {}
    }
    public void setDatabaseName(String s){
        databaseName=s.trim();
        queryResult=new StringBuffer();
    }
    public String getDatabaseName(){
        return databaseName;
    }
    public void setTableName(String s){
        tableName=s.trim();
        queryResult=new StringBuffer();
    }
    public String getTableName(){
        return tableName;
    }
    public void setPassword(String s){
        password=s.trim();
        queryResult=new StringBuffer();
    }
    public String getPassword(){
        return password;
    }
    public void setUser(String s){
        user=s.trim();
        queryResult=new StringBuffer();
    }
    public String getUser(){
        return user;
    }
    public StringBuffer getQueryResult(){
        Connection con;
        Statement sql;
        ResultSet rs;
        try{  queryResult.append("<table border=1>");
              String uri="jdbc:mysql://127.0.0.1/"+databaseName;
              conn=DriverManager.getConnection(uri,user,password);
              DatabaseMetaData metadata=conn.getMetaData();
              ResultSet rs1=metadata.getColumns(null,null,tableName,null);
              int zdgs=0;
              queryResult.append("<tr>");
              while(rs1.next()){
                  zdgs++;
                  String clumnName=rs1.getString(4);
                  queryResult.append("<td>"+clumnName+"</td>");
              }
              queryResult.append("</tr>");
              sql=conn.createStatement();
              rs=sql.executeQuery("SELECT * FROM "+tableName);
```

```
        while(rs.next()){
            queryResult.append("<tr>");
            for(int k=1;k<=zdgs;k++)
                queryResult.append("<td>"+rs.getString(k)+"</td>");
            queryResult.append("</tr>");
        }
        queryResult.append("</table>");
        conn.close();
    }
    catch(SQLException e){
        queryResult.append("请输入正确的用户名和密码");
    }
    return queryResult;
    }
}
```

（2）创建 inquirebean_index.jsp 页面，用于显示数据表中的记录信息。关键代码如下：

```
<%@ page contentType="text/html;charset=GB2312" %>
<%@ page import="lxbean.QueryBean" %>
<jsp:useBean id="base" class="lxbean.QueryBean" scope="page"/>
<jsp:setProperty name="base" property="databaseName" value="db_lx_db"/>
<jsp:setProperty name="base" property="tableName" value="user"/>
<jsp:setProperty name="base" property="user" value="root"/>
<jsp:setProperty name="base" property="password" value="root1234"/>
<HTML>
    <Body>
    <h4>
    在 <jsp:getProperty name="base" property="databaseName"/> 数据库的
    <jsp:getProperty name="base" property="tableName"/> 表中的记录 :</h4>
    <hr>
    <jsp:getProperty name="base" property="queryResult"/>
    </Body>
</HTML>
```

保存建立的 JavaBean 文件 QueryBean.java 和 inquirebean_index.jsp 页面，部署并运行程序，客户端浏览器显示结果如图 6-7 所示。

说明：

（1）在 inquirebean_index.jsp 页 面 中， 首 先 通 过 <jsp:useBean> 实例化 JavaBean 对象 base。

（2）通过 <jsp:setProperty> 对 base 对象中的属性赋值，通过 <jsp:getProperty> 标记获取对象的属性值。

■ 图 6-7 利用 JavaBean 显示数据表 user 记录信息

（3）编写 JavaBean 时严格遵循了 JavaBean 规范，使其应用更加规范方便，JSP 动作标记可以直接操作编写的 Java 类。JavaBean 规范要求有默认的无参构造方法，要求为属性提供 public 类型的访问接口。

【例6-6】对图书信息按照每页显示 3 条记录的要求进行分页，将数据分页显示在 page_index.jsp 页面。

（1）创建名称为 Showbypage 的类，用于处理连接数据库，以及数据表的信息。关键代码如下：

```java
package lxbean;
import java.sql.*;
import com.sun.rowset.*;                    //导入 sun 公司提供的包
public class Showbypage{
    int pageSize=10;                        //每页显示的记录数
    int pageAllCount=0;                     //分页后的总页数
    int showPage=1  ;                       //当前显示页
    StringBuffer presentPageResult;         //显示当前页内容
    CachedRowSetImpl rowSet;                //用于存储 ResultSet 结果集的对象
    String databaseName="";                 //数据库名称
    String tableName="";                    //表的名字
    String user=""       ;                  //用户
    String password="" ;                    //密码
    String 字段 []=new String[100] ;
    int zdgs=0;
    public Showbypage(){                    //构造方法
        presentPageResult=new StringBuffer();
        try{ Class.forName("com.mysql.jdbc.Driver");
        }
        catch(Exception e){}
    }
    public void setPageSize(int size){
        pageSize=size;
        zdgs=0;
        String uri="jdbc:mysql://127.0.0.1/"+databaseName;
        try{  Connection conn=DriverManager.getConnection(uri,user,password);
            DatabaseMetaData metadata=conn.getMetaData();
            ResultSet rs1=metadata.getColumns(null,null,tableName,null);
            int k=0;
            while(rs1.next()){
                zdgs++;
                字段 [k]=rs1.getString(4);      //获取字段的名字
                k++;
            }
            Statement sql=conn.createStatement(ResultSet.TYPE_SCROLL_SENSITIVE,
                        ResultSet.CONCUR_READ_ONLY);
            ResultSet rs=sql.executeQuery("SELECT * FROM "+tableName);
            rowSet=new CachedRowSetImpl(); //创建行集对象
            rowSet.populate(rs);
            conn.close();                      //关闭连接
            rowSet.last();
            int m=rowSet.getRow();             //总行数
```

```
                int n=pageSize;
                pageAllCount=((m%n)==0)?(m/n):(m/n+1);
        }
    catch(Exception exp){}
}
public int getPageSize(){
    return pageSize;
}
public int getPageAllCount(){
    return pageAllCount;
}
public void setShowPage(int n){
    showPage=n;
}
public int getShowPage(){
    return showPage;
}
public StringBuffer getPresentPageResult(){
    if(showPage>pageAllCount)
        showPage=1;
     if(showPage<=0)
        showPage=pageAllCount;
    presentPageResult=show(showPage);
    return presentPageResult;
}
public StringBuffer show(int page){
    StringBuffer str=new StringBuffer();
    str.append("<table border=1>");
    str.append("<tr>");
    for(int i=0;i<zdgs;i++)
        str.append("<th>"+字段[i]+"</th>");
    str.append("</tr>");
    try{  rowSet.absolute((page-1)*pageSize+1);
            boolean boo=true;
            for(int i=1;i<=pageSize&&boo;i++){
                str.append("<tr>");
                for(int k=1;k<=zdgs;k++)
                    str.append("<td>"+rowSet.getString(k)+"</td>");
                str.append("</tr>");
                boo=rowSet.next();
            }
    }
    catch(SQLException exp){}
    str.append("</table>");
    return str;
}
public void setDatabaseName(String s){
```

```
        databaseName=s.trim();
    }
    public String getDatabaseName(){
        return databaseName;
    }
    public void setTableName(String s){
        tableName=s.trim();
    }
    public String getTableName(){
        return tableName;
    }
    public void setPassword(String s){
        password=s.trim();;
    }
    public void setUser(String s){
        user=s.trim();
    }
    public String getUser(){
        return user;
    }
}
```

说明：CachedRowSetImpl rowSet; 设置了用于存储 ResultSet 结果集的对象 rowSet，该对象是 CachedRowSetImpl 类的实例。而 CachedRowSetImpl 类提供了 CachedRowSet 接口。CachedRowSetImpl 类继承了 ResultSet 的所有方法，但是它的对象不依赖于 Connection 对象，因此，将数据库的操作结果保存到 CachedRowSetImpl 对象中后，就可以关闭和数据库之间的连接。

```
CachedRowSetImpl  rowSet=new CachedRowSetImpl();    // 创建行集对象
rowSet.populate(rs); // 将数据库操作的 ResultSet 对象的 rs 保存到 rowSet 对象
```

（2）编写程序中的主页面 showbean_pageindex.jsp，在该页面分页显示数据表中的信息。页面代码如下：

```
<%@ page contentType="text/html;charset=GB2312" %>
<%@ page import="java.sql.*" %>
<%@ page import="lxbean.Showbypage" %>
<jsp:useBean id="look" class="lxbean.Showbypage" scope="session"/>
<jsp:setProperty name="look" property="databaseName" value="db_lx_db"/>
<jsp:setProperty name="look" property="tableName" value="book"/>
<jsp:setProperty name="look" property="user" value="root"/>
<jsp:setProperty name="look" property="password" value="root1234"/>
<jsp:setProperty name="look" property="pageSize" value="3"/>
<HTML>
<BODY>
    数据库
    <jsp:getProperty  name= "look" property="databaseName"/> 中
    <jsp:getProperty  name= "look" property="tableName"/> 表的记录将被分页显示。
```

```
<br>共有 <jsp:getProperty name="look" property="pageAllCount"/> 页,
每页最多显示<jsp:getProperty  name="look"  property="pageSize" /> 条记录。
<jsp:setProperty  name= "look"  property="showPage"  />
<jsp:getProperty  name= "look"  property="presentPageResult" />
<BR>单击 " 前一页 " 或 " 后一页 " 按钮查看记录 ( 当前显示第
<jsp:getProperty  name= "look"  property="showPage" /> 页)。
<table>
    <tr><td><form action="">
      <input type=hidden name="showPage" value="<%=look.getShowPage()-1 %>" >
      <input type=submit name="g" value=" 前一页 ">
      </form>
    </td>
    <td><form action="">
      <input type=hidden name="showPage" value="<%=look.getShowPage()+1 %>" >
      <input type=submit name="g" value=" 后一页 ">
      </form>
    </td>
    <td> <form action="">
        输入页码: <Input type=text name="showPage" size=5 >
        <input type=submit name="g" value=" 提交 ">
        </form>
    </td>
    </tr>
  </table>
</BODY>
</HTML>
```

编写完成页面后，保存并部署运行项目，在浏览器中显示页面如图 6-8 所示。

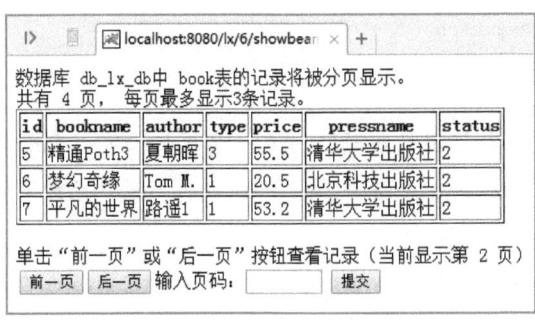

■ 图 6-8　JavaBean 实现分页

6.3.4　数组转换成字符串

在程序开发中，数组经常用到，如表单中的复选框在提交之后就是一个数组对象，在业务处理中数组对象不方便，所以在实际应用中经常采用将数组转换为字符串，然后再进行处理。

【例 6-7】创建将字符串转换为数组的 JavaBean，实现对表单中复选框数值的处理。

（1）创建名为 ArrStr 的类，对调查问卷进行封装。关键代码如下：

```java
package lxbean;
import java.io.Serializable;
public class ArrStr implements Serializable {
    private static final long serialVersionUID = 1L;
    // 定义保存复选框的字符串数组
    private String[] languages;
    private String[] technics;
    private String[] parts;
    public ArrStr(){
    }
    public String[] getlanguages(){
        return languages;
    }
    public void setlanguages(String[] languages) {
        this.languages=languages;
    }
    public String[] gettechnics(){
        return technics;
    }
    public void settechnics(String[] technics) {
        this.technics=technics;
    }
    public String[] getparts(){
        return parts;
    }
    public void setparts(String[] parts) {
        this.parts=parts;
    }
}
```

说明：在类中含有 3 个字符串数组属性对象，属性值均可以包含多个字符串对象。其中，languages 属性代表"已学编程语言"集合，technics 属性代表"已经掌握的技术"集合，parts 属性代表"还想继续了解的部分"集合。

（2）创建将数组转换为字符串的 JavaBean 对象，名称为 Convert。在该类中编写 arr2Str() 方法，将数组对象转换为指定格式的字符串。关键代码如下：

```java
package lxbean;
public class Convert {
    public String arr2Str(String[] arr){
        StringBuffer sb=new StringBuffer();
        if(arr!=null && arr.length>0){
            for(String s:arr){
                sb.append(s);
                sb.append(",");
            }
```

```
            if(sb.length()>0){
                sb=sb.deleteCharAt(sb.length()-1);
            }
        }
        return sb.toString();                    // 返回字符串
    }
}
```

说明：arr2Str() 方法的参数是字符串数组，该方法将参数接收的数组元素转换为分隔符为 ","
的字符串对象，for 循环的格式为 Java 5.0 中增强的 for/in 循环。

在组合字符串过程中，利用 StringBuffer 对象 sb 保存得到的字符串结果，因为 StringBuffer 是
可变的字符序列，类似于 String 的字符串缓冲区，如果字符串经常修改用 StringBuffer 优于 String。
String 是不可变长的对象，在每一次改变字符串长度时都会创建一个新的 String 对象，效率低。

（3）创建程序中的 JSP 页面 arr_index.jsp，该页面为首页，用于显示调查问卷。关键代
码如下：

```
<%@ page language="java" import="java.util.*" pageEncoding="utf-8"%>
<html>
    <head>
        <title>My JSP 'arr_index.jsp' starting page</title>
    </head>
    <body>
        <form action="reg.jsp" method="post">
        <div>
        <h1>调查问卷 </h1> <hr>
        <ul>
        <li>学过的程序设计语言: </li>
        <li>
        <input type="checkbox" name="languages" value="C">C 语言
        <input type="checkbox" name="languages" value="C++">C++ 语言
        <input type="checkbox" name="languages" value="Java">Java
        <input type="checkbox" name="languages" value="Python">Python
        </li>
        </ul>
        <ul>
        <li>掌握哪些技术: </li>
        <li>
        <input type="checkbox" name="technics" value="JavaWeb">Java Web
        <input type="checkbox" name="technics" value="PHP">PHP
        <input type="checkbox" name="technics" value="APP">App 开发语言
        </li>
        </ul>
        <ul>
        <li>还想继续了解的知识: </li>
        <li>
        <input type="checkbox" name="parts" value="software"> 软件开发
        <input type="checkbox" name="parts" value="hardware">硬件开发
        <input type="checkbox" name="parts" value="game"> 游戏开发
```

```
        </li>
        </ul>
            <input type="submit" value=" 提交 ">
        </div>
        </form>
    </body>
</html>
```

说明：在 arr_index.jsp 页面中采用复选框 checkbox 组织信息，提交表单后 name 属性相同的 checkbox 对象的值被转换为一个数组对象。

（4）创建名称为 reg.jsp 的页面，实现对 arr_index.jsp 页面提交后的处理，并将提交的调查问卷结果输出到页面中。关键代码如下：

```
<%@ page language="java" import="java.util.*" pageEncoding="utf-8"%>
<html>
    <body>
    <jsp:useBean id="arrstr" class="lxbean.ArrStr" scope="page" />
    <jsp:useBean id="convert" class="lxbean.Convert" scope="page" />
    <jsp:setProperty property="*" name="arrstr" value="db_lx_db"/>
    <div>
    <h2> 反馈结果: </h2><hr>
    <ul>
        <li> 学过的程序设计语言: </li>
        <li>
        你已经学过: <%=convert.arr2Str(arrstr.getlanguages()) %>
        </li>
        <li>
        你已经掌握: <%=convert.arr2Str(arrstr.gettechnics()) %>
        </li>
        <li>
        你还想了解: <%=convert.arr2Str(arrstr.getparts()) %>
        </li>
    </ul>
    </div>
    </body>
</html>
```

说明：在 reg.jsp 页面通过 <jsp:useBean> 动作标签实例化了两个定义的 JavaBean 对象。其中 id 属性为 arrstr 的对象封装调查问卷对象，id 属性值为 convert 的对象是将 paper 对象中的属性值数组转换为字符串对象，转换操作通过调用 arr2Str() 方法实现。

保存建立的 JavaBean 以及 JSP 页面，部署程序后，浏览页面 arr_index.jsp，出现图 6-9 所示的界面。用户选择并提交到 reg.jsp 页面进行处理后，运行结果如图 6-10 所示。

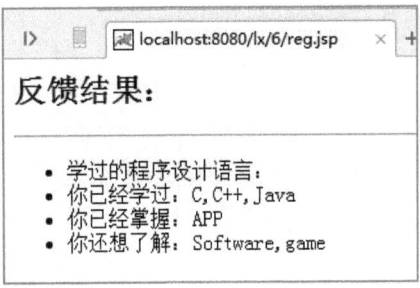

■ 图 6-9　arr_index.jsp 页面提交数据　　　　■ 图 6-10　转换为字符串后的结果

 ## 上机实践与练习

1. 编写一个封装学生信息的 JavaBean 对象，在 index.jsp 页面中调用该对象，并将学生信息输出到页面中。

2. 编写一个封装用户信息的 JavaBean 对象，通过操作 JavaBean 的动作标识，输出用户的注册信息。

3. 编写一个页面访问计数器的 JavaBean，在 index.jsp 页面中通过 JSP 动作标签实例化该对象，并将其放置于 application 范围中，实现访问计数器。

第 *7* 章

软件模型构建与架构选型

　　软件工程是将现代工程管理的方法和技术引入到软件开发领域，贯穿在需求分析、系统设计、编码、测试等软件开发生命周期的各个环节，使得软件开发过程规范化、标准化和科学化，保证软件的开发效率和软件的质量。严格遵循软件工程的指导原则，按照自顶向下、逐步求精的设计思想，首先进行需求分析，通过细致周密的调研和分析，确定系统的作用和功能边界；然后以系统需求和功能为依据，抽象出软件模型，展开架构选型和设计系统；之后再进行代码编写和测试；最后完成系统的试运行和上线正式运行，以及后续的 Bug 修复和版本更新等。从本章开始到第 9 章详细讲述开发图书管理系统的各个步骤和实现过程。

7.1　系统需求分析

图书馆是搜集、整理、收藏图书资料以供人阅览、参考的机构。随着社会的发展、技术的进步和人类需求的变化，图书馆的功能也在同步更新和不断完善。图书馆的日常业务工作一般包括图书采购、编目、流通、管理，文献的收集、整理、典藏和服务等部分。

从初学者的角度出发，以开源项目图书管理系统为基础，讲述如何开发一套通用的图书管理系统。为了降低系统的复杂性，便于读者理解，对图书馆业务进行了一定的抽象和简化，现在仅围绕图书借阅管理等流通领域的业务功能进行需求分析和系统实现。

该系统主要涉及的用户有图书馆管理员和借阅读者，管理的对象主要是图书和借阅信息，业务逻辑比较简单，编写程序实现起来也比较容易。作为一个实际应用系统，需要上线运行，投入现实环境中使用。这就要求在软件项目的设计和开发过程中，需要考虑很多其他因素，比如系统界面是否美观、用户体验是否良好、系统响应速度、用户并发访问、网络安全、权限和审计、数据与备份等。在软件工程思想的指导下，逐步搭建系统并实现功能。

通过综合分析，系统至少需满足以下几个方面需求：

◆系统基于互联网环境，支持网络访问；

◆对图书信息提供维护功能；

◆对借书读者信息提供维护功能；

◆提供图书借书、续借、还书功能；

◆提供图书超期未还自动扣款功能；

◆原始数据的批量导入功能。

根据需求分析，可以将系统模块和子功能进行划分，系统功能框图如图 7-1 所示。

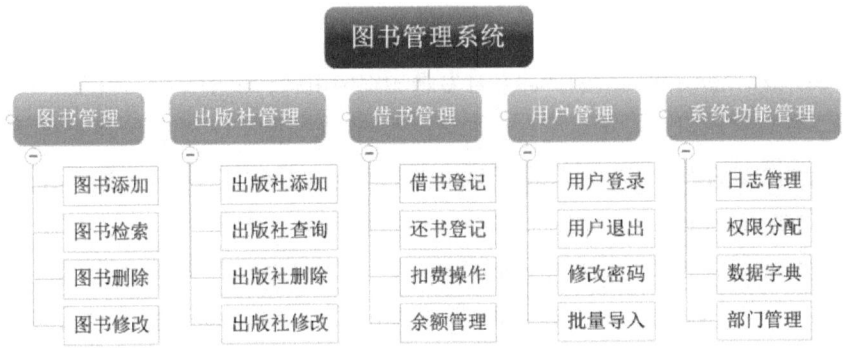

■ **图 7-1**　系统功能框图

7.2 数据存储方案

数据库技术是目前比较成熟的主流数据管理和存储方案，其性能、安全性、成熟度等指标均优于文件管理等其他方案。常用的大型数据库软件系统有 Oracle、SQL Server、MySQL 等。

Oracle 应用在许多传统行业的数据化业务中，如银行、金融这样的领域，业务数据量巨大，而且对数据的可用性、健壮性、安全性、实时性要求极高；零售、物流领域对大数据的存储分析要求很高；高新制造业如芯片厂也基本都离不开 Oracle。由于 Oracle 对复杂计算、大数据统计分析提供了强大的支持，在互联网数据分析、数据挖掘方面的应用也越来越多，京东、阿里巴巴、苏宁等电商巨头们有很多业务也利用 Oracle 进行处理。

SQL Server 是 Microsoft 公司出品的关系型数据库，在业界很有代表性。其最大的优势在于集成了 Microsoft 公司的各类产品及资源，提供了强大的可视化界面、高度集成的管理开发工具，在快速构建商业智能方面颇有建树。Microsoft SQL Server 是 Microsoft 公司在软件集成方案中的重要一环，也为 Windows 系统在企业级应用中的普及做出了很大贡献。

MySQL 最大的特色是可以自由选择存储引擎，每个表都是一个文件，都可以选择合适的存储引擎。常见的引擎有 InnoDB、MyISAM、NDBCluster 等。但由于这种开放插件式的存储引擎，比如要求数据库与引擎之间的松耦合关系，从而导致文件的一致性大大降低。在 SQL 执行优化方面，也就有着一些不可避免的瓶颈。在多表关联、子查询优化、统计函数等方面是软肋，而且只支持极简单的 HINT。

对数据库选型时可以考虑软件费用、数据规模、软件性能、人员培训周期等因素。从使用成本来看，Oracle 和 SQL Server 都需付费，而 MySQL 有开源版本可以免费使用。考虑到投入成本和数据规模等因素，本系统使用 MySQL 5.6 版本作为数据存储方案。

7.3 软件架构选型

随着软件技术的不断发展和成熟，许多开发者和组织机构，推出了很多开源的软件工具、类库和程序框架。初学者可以研究和学习这个开源软件的功能和使用方法，做开发的时候直接拿来使用，可以极大地提高开发效率。面向基于 Web 的信息管理系统的开发语言和平台，目前比较流行的有 PHP、.NET 和 Java 等。下面分别对这几个平台做简单阐述。

PHP 是一种解释性编程语言，程序代码是混杂在 HTML 语句中执行的。早期的 PHP 是面向过程的语言，类似 ASP 和 JSP，PHP4 以后的版本增加了面向对象的概念和支持，整个平台的功能和性能得到大幅提升，目前很多公司和机构也采用 PHP 开发网站和 Web 项目。

在 .NET 中，支持 VB、C# 等多种编程语言开发，通常开发者都在使用 C# 编程，C# 是为 .NET

平台专门打造的一种面向对象的编程语言，其语言语法结构类似 Java、C 语言。C# 程序需要编译为 .dll 动态链接库文件，然后由 .NET 框架中的 CLR 执行。在 .NET 平台上可以开发多种类型的应用，如 WinForm（桌面应用）、控制台应用、ASP.NET（Web 应用）、WPF（新的桌面应用）、WCF（网络通信基础应用）、Web 服务（面向服务编程应用）、ASP.NET MVC（新的 Web 应用）、XNA（桌面及手机游戏应用）等。

Java 最早由 Sun 公司（已被 Oracle 公司收购）开发用于小型嵌入式设备编程，Java 的语法结构与 C 语言和 C++ 语言很接近，并且 Java 是纯的面向对象编程语言，Java 源码被编译成 .class 文件后，在 Java 虚拟机上解释执行。由于其优秀的设计理念受到广大开发者的推崇，逐渐流行起来，并被应用在 Web 程序开发以及企业级项目开发中。

对于桌面应用来说，.NET 平台有较好的优势，不论是 WinForm 还是 WPF，都非常适合做桌面应用程序。PHP 不适合开发桌面端程序，Java 也提供了一些开发桌面应用的框架和架包，如 Swing 等。PHP 在做前端表现层的时候有着较好的优势，Java 和 .NET 更擅长开发一些底层的复杂业务。目前，很多复杂的大型综合应用系统使用 .NET 或者 Java 做数据访问层及业务逻辑层，PHP 则用来做表示层。上面提到的三种技术平台都可以开发常见的 Web 应用。由于 Java 平台一系列标准、技术及协议更接近或更满足互联网在智能化 Web 服务方面对开放性、分布性和平台无关性的要求，常被用于软件系统的开发。

Java 平台有三个版本：Java SE、Java ME 和 Java EE，分别针对不同的应用场景和运行环境。Java SE（Java PlatForm，Standard Edition）以前称为 J2SE。它允许开发和部署在桌面、服务器、嵌入式环境和实时环境中使用的 Java 应用程序。Java SE 包含了支持 Java Web 服务开发的类，并为 Java PlatForm，Enterprise Edition（Java EE）提供基础。Java ME（Java PlatForm，Micro Edition），这个版本以前称为 J2ME。Java ME 为在移动设备和嵌入式设备（比如手机、PAD、电视机顶盒和打印机）上运行的应用程序提供一个健壮且灵活的环境。Java ME 包括灵活的用户界面、健壮的安全模型、许多内置的网络协议以及对可以动态下载的连网和离线应用程序的丰富支持。基于 Java ME 规范的应用程序只需编写一次，就可以用于许多设备，而且可以利用每个设备的本机功能。Java EE 版本以前称为 J2EE 企业版本，用于开发和部署可移植、健壮、可伸缩且安全的服务器端 Java 应用程序。Java EE 是在 Java SE 的基础上构建的，它提供 Web 服务、组件模型、管理和通信 API，可以用来实现企业级的面向服务体系结构 SOA 和 Web 应用程序。

Java EE 也是一套使用 Java 进行企业级 Web 应用开发的工业标准。Java EE 平台提供了一个基于组件的方法来加快设计、开发、装配及部署企业应用程序。

Java EE 的核心技术规范为开发软件提供了极大的方便，省去了设计系统底层和通用功能的一些工作，开发中根据需要可以有选择性地采用相关技术，同时也没有必要将所有的技术都用上，只选择最能解决问题的技术即可。在学习过程中对其一系列规范和作用都要有所了解，具体使用时才会明白如何取舍，知道哪些功能已经有现成的，不必重复开发，直接拿来就可以应用。

Java EE 的 13 种核心技术规范：

1）JDBC——数据库连接

JDBC（Java Database Connectivity）是 Java 提供的一组用于执行 SQL 操作的 Java 架包，为访问数据库提供了一种统一的接口，屏蔽了不同数据库原理和使用机制的差异，对使用者而言使用 JDBC API 可以访问各种数据库。几乎所有的关系型数据库厂商（如 Oracle、SQL Server 以及 MySQL 等）都提供了 JDBC 的服务或驱动。编写程序时可以到厂商官网下载相应的架包并包含到项目中，就可以访问各自的数据库。

2）JNDI——Java 的命名和目录接口

JNDI（Java Naming and Directory Interfaces）是命名目录服务的抽象接口集合，为企业级应用提供了统一的标准化连接，使 Java 能够无缝地获取任何可目录化的企业信息。在 Java EE 体系中，JNDI 类似于一个对外服务的窗口，内部提供的各种服务和资源都可以命名后注册到 JNDI，外部调用者就可以根据名称来定位各种对象，包括 EJB、数据库驱动、JDBC 数据源及消息连接等。由于 JNDI 是独立于目录协议的，因此还可以用 JNDI 访问各种特定的目录服务，如 LDAP（轻量目录访问协议）、NDS（服务器目录访问服务）。

3）EJB——企业级 JavaBean

EJB（Enterprise JavaBean）组件：JavaBean 是在编程环境（IDE）中能够被可视化处理的可重用组件，是实现分布式业务逻辑的 Java 组件。在开发的时候可以利用这些组件，像搭积木一样建立面向对象的分布式应用。EJB 由三部分构成，EJB 容器：是 EJB 组件的运行环境，为部署 EJB 组件提供服务，包括事务、安全、远程客户端的网络发布、资源管理等。EJB 服务器：管理 EJB 容器的高端进程或应用程序，并提供对系统服务的访问。调用 EJB 组件的应称为 EJB 客户端，客户端可以运行在 Web 容器中。

由于 EJB 设计之初是面向企业级应用，而且应用在业务逻辑比较复杂的场景，对部署、发布服务器和开发者都有一定的要求，因此相对于其他组件，一般称为重量级组件。再加上设计初衷和现实应用有一定的差异，目前该组件逐渐退出实际应用领域。

4）RMI——远程方法调用

RMI（Remote Method Invoke）协议能够让在某个 Java 虚拟机上的对象，像调用本地对象一样调用另一个 Java 虚拟机中的对象上的方法。它使用了序列化方式在客户端和服务器端传送数据。RMI 是一种被 EJB 使用的更底层的协议。（stub/skeleton 层提供了客户程序和服务程序彼此交互的接口）

5）Java IDL（Interface Description Language）/CORBA（Common Object Request Broker Architecture）——Java 接口定义语言 / 公用对象请求代理体系结构。IDL 是用来描述软件组件接口的一种计算机语言。IDL 通过一种中立的方式来描述接口，使得在不同平台上运行的对象和用不同语言编写的程序可以相互通信交流。

6）JSP——Java 服务器页面

JSP（Java Server Pages）页面由 HTML 代码和嵌入其中的 Java 代码组成。服务器在页面被客户端请求以后对这些 Java 代码进行处理，然后将生成的 HTML 页面返回给客户端的浏览器。JSP 可以使用 Servlet 提供的 API，一般和 JavaBean 结合使用，从而将界面表现和业务逻辑分离。

7）Servlet——服务器端程序

Servlet 是一种运行在服务器端的 Java 程序，它扩展了 Web 服务器的功能。作为一种服务器端的应用，当被请求时开始执行。Servlet 提供的功能大多与 JSP 类似，不过实现的方式不同。JSP 通常是大多数 HTML 代码中嵌入少量的 Java 代码，而 Servlet 全部由 Java 写成，HTML 标签常以字符串的形式嵌入 Java 代码中，JSP 文件最终也是编译成 Servlet 程序执行的。Servlet 也是一切框架的基础。

8）XML——可扩展标记语言

XML（Extensible Markup Language）是一种用于标记电子文件使其具有结构性的标记语言。它被用来在不同的商务过程中共享数据。XML 的发展和 Java 是相互独立的，但是它和 Java 有着相同的目标，即平台独立性。通过 Java 和 XML 的组合，可以得到一个完美的具有平台独立性的解决方案。

9）JMS——Java 消息服务

JMS（Java Message Service）是 Java 的消息服务，JMS 的客户端之间可以通过 JMS 服务进行异步的消息传输。JMS 用于和面向消息的中间件相互通信的应用程序接口（API）。它既支持点对点的域，又支持发布 / 订阅（publish/subscribe）类型的域，并且提供对下列类型的支持：经认可的消息传递、事务型消息的传递、一致性消息和具有持久性的订阅者支持。JMS 消息系统带来的好处：①提供消息灵活性；②松散耦合；③异步性。

10）JTA——Java 事务 API

在 Java EE 应用中，事务是一个不可或缺的组件模型，JTA（Java Transaction API）保证了用户操作 ACID（即原子、一致、隔离、持久）属性。对于那些跨数据源（如多个数据库，或者数据库与 JMS）的大型应用，则必须使用全局事务 JTA。应用系统可以由 JTA 定义的标准 API 访问各种事务监控，JTA 为 JavaEE 平台提供了分布式事务服务，它隔离了事务与底层的资源，实现了透明的事务管理方式。

11）JTS——Java 事务服务

JTS（Java Transaction Service）是一个组件事务监视器。JTS 是 CORBA OTS 事务监控的基本实现。JTS 规定了事务管理器的实现方式。JTS 事务管理器为应用服务器、资源管理器、独立的应用以及通信资源管理器提供了事务服务。

12）JavaMail——Java 邮件服务

JavaMail 是用于存取邮件服务器的 API，它提供了一套邮件服务器的抽象类。不仅支持 SMTP 服务器，也支持 IMAP 服务器和 POP 服务器。

13）JAF——Java 交互框架

JAF（JavaBean Activation Framework）利用 JAF 来处理 MIME 编码的邮件附件。MIME 的字节流可以被转换成 Java 对象，或者转换自 Java 对象。大多数应用都不需要直接使用 JAF。

7.4 软件开发体系和架构

Java 平台包含的技术全面而且功能丰富，如 JDK、虚拟机，还有上面提到的 13 种基本技术和 Java 基础 API，以及衍生出来的各种框架（如 Struts、Spring 等）内容，形成一个完备的体系结构。在使用时不一定要面面俱到、全部使用，而要根据系统需求和软件规模决定采用何种技术，一般是选择其中的几种技术和组件进行组合设计系统来满足用户需求。

设计思想是软件的灵魂，架构是设计思想的具体实现。设计思想和架构也是经历了一个漫长的发展历程，从传统的两层结构到三层结构，再到 MVC 的分离，开发者们遵循高内聚低耦合的设计原则，使得软件开发越来越科学，越来越高效快捷。在后面学习中要用心体会这一原则的优点，并能在开发中熟练使用。

1. 传统的两层式架构

传统的客户端/服务器系统基于两层体系来构建，即客户端（前端）和企业信息系统（后台），没有任何中间件，业务逻辑层与表示层或数据层混在一起。这种两层架构无论从开发、部署、扩展，还是后期维护来说，都需要付出很高的成本和代价。

编写的 JSP 代码由于大量的前端代码和业务逻辑混淆在一起，彼此嵌套，不利于程序的维护和扩展。当业务需求发生变化时，对程序员和美工而言，都是一个很重的负担。

2. MVC 模型与 Java EE

在大量的编程实践中，自上而下将系统分为表示层、逻辑层、持久层的思想。这种三层架构模式目前比较成熟，并且被广泛地应用在开发中，又称为 MVC 模式。在 MVC 模式中，应用程序被划分为模型层（Model）、视图层（View）、控制层（Controller）三部分。其模型结构示意图如图 7-2 所示。基于 MVC 模型的软件开发就是把一个应用程序按照业务逻辑、控制逻辑、视图进行分离分层并组织代码，把应用的模型按一定的层次和规则抽取出来，将业务逻辑聚集到一个部件里面，在改进和个性化定制界面及用户交互的同时，不需要重新编写业务逻辑。模型层负责封装应用的状态，并实现功能，视图层负责将内容呈现给用户，控制层负责控制视图层发送的请求以及程序的流程。表示层由处理用户交互的客户端组件及其容器所组成；业务逻辑层由解决业务问题的组件组成；数据层由一个或多个数据库组成，并可包含存储过程。这种架构，在处理客户端的请求时，使客户端不用进行复杂的数据库处理；透明地为客户端执行许多工作，如查询数据库、执行业务规则和连接现有的应用程序；并且能够帮助开发人员创建适用于企业的大型分布式应用程序。

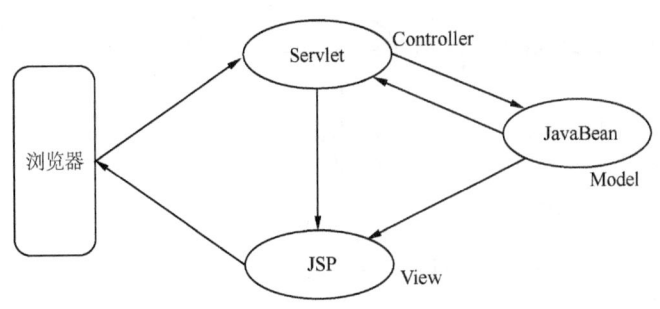

■ 图 7-2　MVC 模型示意图

前面介绍了 Java EE 的 13 种核心技术和规范，其实对这些技术进行选取和组合很容易实现 MVC。早期开发者们提出了 Servlet+JSP+JavaBean 这种模式开发 Web 应用，在这种模式下，JSP 负责数据显示，产生 Web 的动态内容。这层把应用数据以网页的形式呈现给浏览器，然后数据按照在 JSP 中开发的预定方式表示出来，这层也可称为布局层。Servlet 负责处理用户请求，Java Web 项目的所有配置都写在了 web.xml 配置文件中，当项目运行的时候，web.xml 会将 http 请求映射给对应的 Servlet 类；JavaBean 由一些具有私有属性的 Java 类组成，对外提供 get 和 set 方法。同时 JavaBean 负责封装数据和处理视图层、业务逻辑之间的通信。

技术在不断向前发展，平台和框架要更高效地服务于程序设计和应用开发，Java EE 架构师提出了很多框架来解决问题，基本思想还是通过分层来减少模块之间的耦合性。进一步扩展 MVC 模式，如图 7-3 所示，增加了 DAO 层。在这种架构模式下，模型层（Model）定义了数据模型和业务逻辑。为了将数据访问与业务逻辑分离，降低代码之间的耦合，提高业务精度，模型层又具体划分成了 DAO 层和业务层，DAO（Data Access Object）的主要职能是将访问数据库的代码封装起来，让这些代码不会在其他层出现，只是将接口暴露出来给其他层；业务层是整个系统最核心也是最具有价值的一层，该层封装应用程序的业务逻辑，处理数据，关注客户需求，在业务处理过程中会访问原始数据或产生新数据，DAO 层提供的 DAO 类能很好地帮助业务层完成数据处理，业务层本身侧重于对客户需求的理解和业务规则的适应，总体说来，DAO 层不处理业务逻辑，只为业务层提供辅助，完成存取原始数据或完成数据持久化等操作。Service 为业务处理类，对数据进行一些预处理。

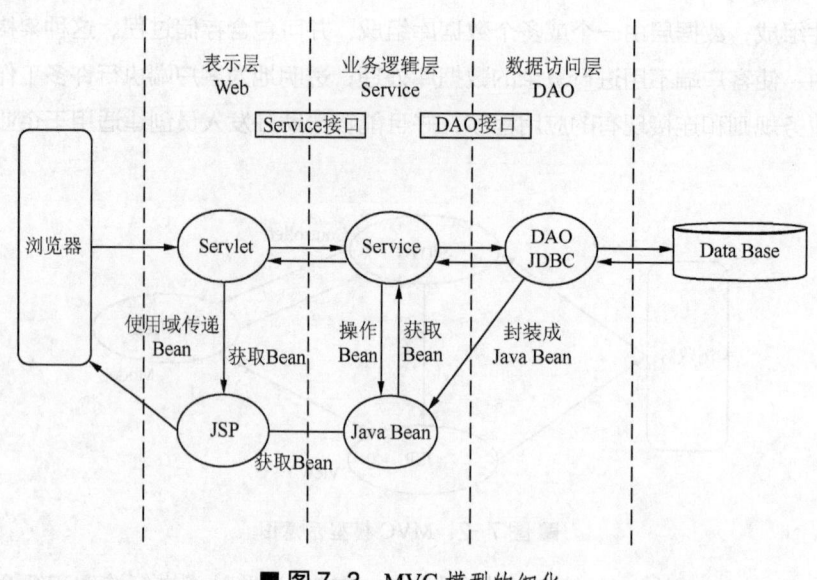

■ 图 7-3   MVC 模型的细化

3. Java EE 体系结构的优点

在 Java EE 体系结构中，应用程序可以按照 MVC 三层模型进行设计和开发：表示层，由用户界面和用户与界面交互的代码组成；模型层又可以细分为中间层和数据层，服务层包含系统的业务和功能代码，数据层负责完成存取数据库的数据和对数据进行封装；控制层主要由用户配置容器来实现。

这种体系结构的优点很多，模块具有高复用性、良好的扩展性、模块之间低耦合。一个组件的更改不会影响其他组件。比如后期运维中需要更换数据库，那么对系统的整体影响不大，不用全部推倒重来，只需要修改数据层组件代码即可完成任务。同样如果用户界面设计发生变化，用户只需要修改表示层组件代码，其他部分代码不需要任何改动。由于表示层和数据层相互独立，没有太多的依赖，可以方便地扩充表示层，使系统具有良好的可扩展性。代码重复减少，因为在 3 个组件之间尽可能地共享代码。这将使不同的小组能够独立地开发应用程序的不同部分，并充分发挥各自的长处和优势。

实现了分层思想的 Java EE 应用程序是由组件构成的，每一个组件本质上就是一些类或者包的集合，是具有独立功能的基本单元，它们通过相关的类和配置文件组装成应用程序，并与其他组件交互。Java EE 涵盖的技术框架有 Web Service、Struts、Hibernate、Spring、JSP、Servlet、JSF、EJB、JavaBean、JDBC、JNDI 等，也就是说对这些技术 Java EE 都提供了实现（提供了现成的架包）或者支持（提供相应的接口或集成驱动）。

实现图书管理系统所采用的 Java EE 技术规范和架构层次见表 7-1。

■ 表 7.1　Web 应用程序、框架与 Java EE 的层次关系

Web 应用程序		
Spring MVC	Spring	Hibernate
Java EE		

▼ 上机实践与练习

1. 系统需求分析是软件开发的起点。结合一个实例来说明如何做系统需求分析。
2. 什么是软件开发领域的数据？常用的数据存储方式有哪些？
3. 什么是程序开发语言、类库、软件架构？
4. Java 平台有哪些常用的技术？简单说说其功能。

第 *8* 章

MVC 设计模式

设计模式是软件开发人员在软件开发过程中针对一些共性问题而总结出来的一系列解决方案。这些解决方案是由许多有经验的软件开发人员经过相当长的一段时间的反复试验和经验总结而形成的，在实践中有很高的参考价值。

　　这些设计模式一般遵循软件工程的思想，目标是让代码逻辑结构清楚，层次分明，模块之间低耦合，模块内部高内聚，使程序具有良好可重用性和可维护性。

　　目前，比较流行的代码级设计模式共分为三大类，共 23 种：

　　（1）创建型模式，共 5 种：工厂方法模式、抽象工厂模式、单例模式、建造者模式、原型模式。

　　（2）结构型模式，共 7 种：适配器模式、装饰器模式、代理模式、外观模式、桥接模式、组合模式、享元模式。

　　（3）行为型模式，共 11 种：策略模式、模板方法模式、观察者模式、迭代子模式、责任链模式、命令模式、备忘录模式、状态模式、访问者模式、中介者模式、解释器模式。

　　常见架构级的设计模式有 MVC，即 Model 模型、View 视图和 Controller 控制器。View：视图负责为用户提供交互和操作的界面。Model：模型常分为两种 Bean，一种是数据模型的实体对象，用于存储数据，如本系统中的 TBBookEntity、TBLendEntity、TBPressEntity 等类对象；另外一种负责实现系统的主要业务逻辑，如 TBBookServiceImpl、TBLendServiceImpl、TBPressServiceImpl 等 Service 和 DAO 类对象。Controller：控制器用于将用户请求或者系统请求转发给特定的 Model 对象进行处理，并根据 Model 的处理结果向用户提供相应响应。MVC 模式的工作流程如图 8-1 所示。

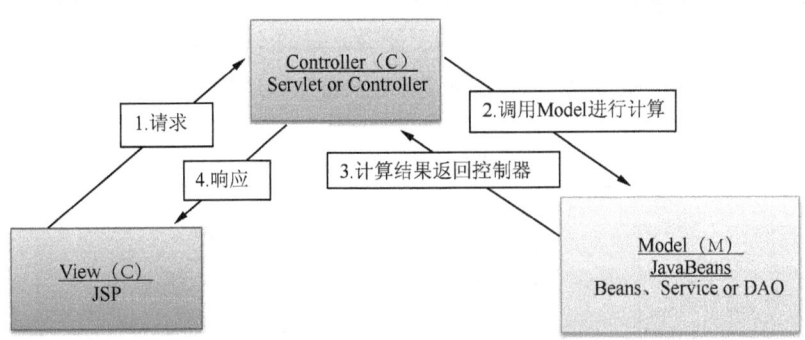

■ 图 8-1　MVC 模式的工作流程图

　　（1）用户通过 View 页面向服务器端发送请求，可以是表单请求、超链接请求、AJAX 请求等。

　　（2）服务器端控制器 Controller 接收到请求后进行解析，找到相应的 Model，并将请求中携带的参数一并发给 Model。

　　（3）模型 Model 进行逻辑业务运行和数据处理，将处理结果返回给 Controller 控制器。

　　（4）Controller 在接到处理结果后，根据处理结果查找到对应的 View 页面，可以是 JSP、HTML、PDF 等格式，页面经渲染，即填充数据后发送给用户。

　　在实际开发中，将 MVC 模式进一步细化，一般是先套用现成的框架（如 Struts、Spring MVC 等）完成容器管理、控制器的功能等，然后开发重心就放在业务逻辑的设计与实现。MVC 模式的细化问题主要指将模型 Model 分为服务层 Service 与持久层 DAO，采用面向接口的编程思想，也就是上层对下层的调用，是通过接口实现的。而下层对上层的真正服务提供者，是下层接口的实现类。服务标准或者接口是相同的，服务提供者或者实现类可以更换。实现了层间降低耦合。系统的业务逻辑主要在 Service 层完成，DAO 层负责直接操作数据库，完成数据的存取与持久化。模型层次框图如图 8-2 所示。

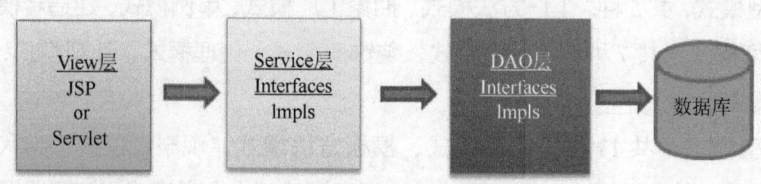

■ 图 8-2　模型层次框图

图书管理系统的搭建是基于 Spring、Spring MVC 与 Hibernate 三个框架，它们在系统架构中所处的位置不同，各自的功能也不相同，但是各司其职，相互配合。Spring 作为容器，以整个应用大管家的身份出现，系统中所有 Bean 对象的生命周期行为都由 Spring 来管理。即系统中所有对象的创建、初始化、销毁、注入，以及对象间关联关系的维护，均由 Spring 进行管理。Spring MVC 一般肩负两个职责，首先作为 View 层的实现者，完成用户的请求接收功能。然后 Spring MVC 的 Controller 作为整个应用的控制器，完成用户请求的转发及对用户的响应。Hibernate 作为 DAO 层的具体实现者，主要完成对数据库的增加、删除、修改、查询（CRUD）功能。当然 DAO 层的实现也可以使用其他方案，如 JDBC 模板、Mybatis 等。Spring MVC 模型结构如图 8-3 所示。

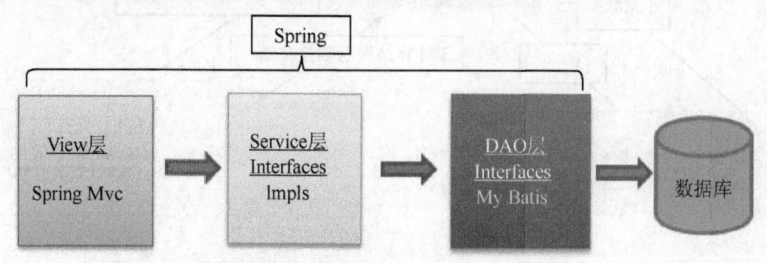

■ 图 8-3　Spring MVC 模型结构图

8.1 Spring 概述

Spring 是 2003 年兴起的一个轻量级的 Java 开发框架，是一个半成品的软件结构和类库，已经完成了一些重要的基本功能和通用功能模块，开发者使用它就像搭积木一样有所选择地拿来使用即可，开发人员只需把大部分精力和时间放在特定业务模型和功能的实现上。这样就可以在很大程度上加快开发进度，提高工作效率。Spring 正是为了降低企业级应用开发的复杂性而创建的，当然除了 Spring 之外还有 Struts 等框架实现类似功能，但是由于 Spring 的设计理念的优越性、易用性和高效性，Spring 的用户群越来越庞大。Spring 的核心内容主要包括两个方面：一是控制反转（IoC）；二是面向切面编程（AOP）。简而言之，Spring 是一个分层次的 Java SE 和 Java EE 全栈式轻量级开源框架。

　　Spring 的主要作用就是为模块解耦，降低模块间的耦合度和关联性。根据不同的功能，可以将一个系统中的代码分为主业务逻辑与系统级业务逻辑两类。它们各自具有鲜明的特点：主业务代码间逻辑联系紧密，有具体的专业业务应用场景，复用性相对较低；系统级业务相对功能独立，具有较强的复用性，没有具体的专业业务应用场景，主要是为主业务提供系统级服务，如日志、安全、事务等。Spring 根据代码的功能特点，使用两种方法即 IoC 与 AOP 来降低代码和模块的耦合度。IoC 主要功能是让主业务在相互调用过程中，不用自己创建要使用的对象，而是由 Spring 容器统一管理，自动注入。AOP 的主要功能是不用再由程序员将系统级服务如日志、事务等功能穿插到主业务逻辑中，而是由 Spring 容器统一完成织入，这样既让系统服务和业务逻辑实现了解耦，也让系统级服务得到了复用。

　　完整的 Spring 功能由 20 多个模块组成，分为数据访问 / 集成（Data Access/Integration）、Web、面向切面编程（AOP、Aspects）、应用服务器设备管理（Instrumentation）、消息发送（Messaging）、核心容器（Core Container）和测试（Test）等模块，如图 8-4 所示。

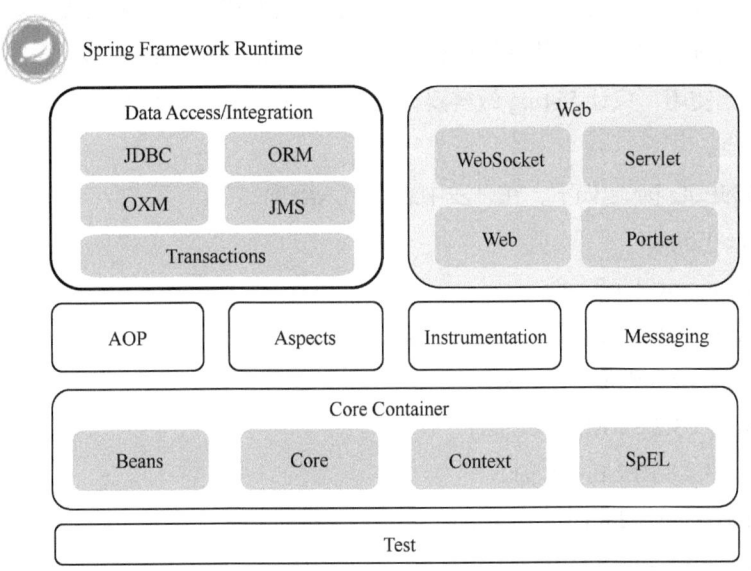

■ **图 8-4**　Spring 功能模块

Spring 的优势主要有 5 个：

　　（1）框架非侵入业务。Spring 框架的 API 不会在业务逻辑上出现，业务逻辑是简单对象即可。由于业务逻辑中没有 Spring 的 API，所以业务逻辑可以从 Spring 框架快速地移植到其他框架，即与环境无关。

（2）Spring 容器。作为容器，Spring 可以管理对象的生命周期、对象与对象之间的依赖关系。通过配置文件来管理、定义对象，以及容器注入与其他对象的依赖关系。

（3）IoC（Inversion of Control，控制反转）。即创建被调用者的实例不是由调用者完成，而是由 Spring 容器完成，并注入调用者。当应用了 IoC，一个对象依赖的其他对象会通过被动的方式传递进来，而不是这个对象自己创建或者查找依赖对象。也不需要对象从容器中查找依赖，而是容器在对象初始化时就主动将依赖传递给它。

（4）AOP（Aspect Orient Programming，面向切面编程）。这是一种新的编程思想和理念，它是对面向对象编程的补充，很多框架都实现了 AOP 编程思想。Spring 提供了面向切面编程的丰富支持，允许通过分离应用的业务逻辑与系统级服务（如日志和事务管理）进行开发。应用对象只实现它们应该做的，即完成业务逻辑。它们并不负责其他系统级关注点，例如日志或事务支持。可以把日志、安全、事务管理等服务理解成一个切面。以前这些服务直接写在业务逻辑的代码当中，这有明显的缺陷，首先业务逻辑不纯净，掺杂了无关的系统服务代码，可移植性不好，复用性较低；其次这些服务被很多业务逻辑反复使用，完全可以剥离出来做到复用。那么面向切面编程就是解决这些问题的有效途径，开发中可以把这些公共服务剥离出来形成一个切面，然后将切面动态地织入到业务逻辑中，让业务逻辑能够享受到此切面的服务。

（5）高度的灵活性。在开发中可以使用 Spring 的全部模块，也可以使用其中的个别模块，非常灵活。而且 Spring 可以与其他框架无缝集成，如 Struts、Hibernate、Mybatis 与 Spring 可以很轻松地整合在一起使用，只让 Spring 做容器，管理对象和对象之间的依赖关系，完全没有问题，具有柔性化的特点。

Spring 依赖的核心 jar 包如下，在开发中必须引入到项目中。

- aopalliance-1.0.jar；
- commons-logging-1.1.3.jar；
- spring-aop-3.2.8.RELEASE.jar；
- spring-beans-3.2.8.RELEASE.jar；
- spring-context-3.2.8.RELEASE.jar；
- spring-core-3.2.8.RELEASE.jar；
- spring-expression-3.2.8.RELEASE.jar；
- spring-web-3.2.8.RELEASE.jar；
- spring-webmvc-3.2.8.RELEASE.jar；
- jstl-1.1.2.jar。

8.2　Spring MVC 概述

了解了 Spring 框架和其结构，发现 Spring MVC 正是 Spring 提供的一个强大而灵活的 Web 子框架。Spring MVC 可以实现几乎是 POJO 的开发模式，使控制器的开发和测试更加容易和高效。这些控制器一般不直接处理请求，而是将其委托给 Spring 上下文中的其他 bean，通过 Spring 的依赖注入功能，这些 bean 被注入到控制器中。Spring MVC 主要由 DispatcherServlet、处理器映射、处理器（控制器）、视图解析器、视图组成。它的两个核心是：处理器映射（选择使用哪个控制器来处理请求）和视图解析器（选择结果应该如何渲染）。通过以上两点，Spring MVC 保证了如何选择控制处理请求和如何选择视图展现输出之间的松耦合。Spring MVC 运行原理如图 8-5 所示。

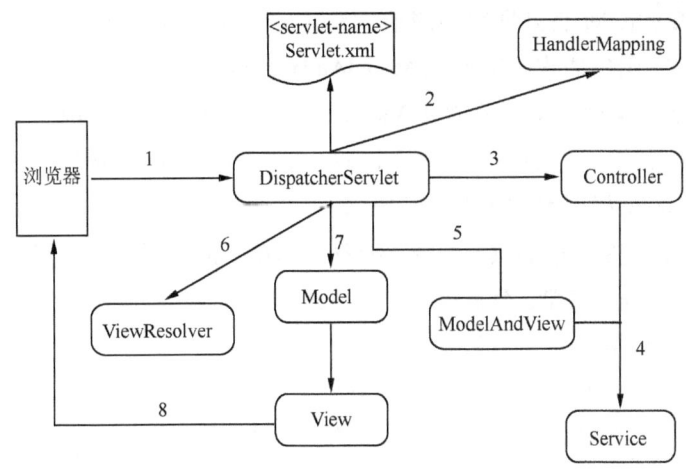

■ 图 8-5　Spring MVC 运行原理图

（1）用户通过浏览器发送 http 请求给应用程序，实际上请求先提交给核心控制器 DispatcherServlet。

（2）查询和匹配处理器：由 DispatcherServlet 控制器通过 springmvc.xml 配置文件或者注解查询一个或多个 HandlerMapping，找到匹配处理请求的 Controller。

（3）调用处理器 Controller：DispatcherServlet 将请求和参数等信息提交相应的 Controller。

（4）（5）调用业务处理逻辑和返回结果：Controller 调用业务逻辑完成具体的业务处理后，返回 ModelAndView。

（6）（7）处理视图映射并返回模型：DispatcherServlet 查询一个或多个 ViewResoler 视图解析器，找到 ModelAndView 指定的视图。

（8）给浏览器返回 http 响应：视图负责将结果显示到客户端浏览器。

Spring MVC 框架中几个重要的组件，下面逐一介绍。

（1）DispatcherServlet：这是 Spring 提供的前端控制器，客户端发送所有的请求都是通过 DispatcherServlet 来统一分发。DispatcherServlet 将请求分发给其他 Controller 之前，如何找到所需要的 Controller，要借助于 Spring 提供的 HandlerMapping 定位到具体的 Controller。DispatcherServlet 是整个 Spring MVC 的核心。它负责接收 http 请求并且组织协调 Spring MVC 的各个组件的运行。其主要工作有以下三项：

① 截获符合特定格式的 URL 请求。

② 初始化 DispatcherServlet 上下文对应的 WebApplicationContext，并将其与业务层、持久化层的 WebApplicationContext 建立关联。

③ 初始化 Spring MVC 的各个组成组件，并装配到 DispatcherServlet 中。

（2）HandlerMapping：负责完成客户请求到 Controller 映射。

（3）Controller：需要为并发用户处理上述请求，因此实现 Controller 接口时，必须保证线程安全并且可重用。Controller 将处理用户请求，这和 Struts 框架的 Action 扮演的角色是一致的。一旦 Controller 处理完用户请求，则返回 ModelAndView 对象给 DispatcherServlet 前端控制器，ModelAndView 中包含了模型 Model 和视图 View。从宏观角度考虑，DispatcherServlet 是整个 Web 应用的控制器；从微观考虑，Controller 是单个 http 请求处理过程中的控制器，而 ModelAndView 是 http 请求过程中返回的模型 Model 和视图 View。

（4）ViewResolver：Spring 提供的视图解析器 ViewResolver，在 Web 应用中查找 View 对象，从而将相应结果进行装配和渲染，然后返回给客户浏览器。

Spring MVC 配置文件示例，代码如下：

```
<?xml version="1.0" encoding="UTF-8"?>
<beans xmlns="http://www.springframework.org/schema/beans"
    xmlns:mvc="http://www.springframework.org/schema/mvc" xmlns:xsi=
"http://www.w3.org/2001/XMLSchema-instance"
    xmlns:p="http://www.springframework.org/schema/p" xmlns:context="http:
//www.springframework.org/schema/context"
    xsi:schemaLocation="http://www.springframework.org/schema/beans
    http://www.springframework.org/schema/beans/spring-beans-3.0.xsd
    http://www.springframework.org/schema/context
    http://www.springframework.org/schema/context/spring-context-3.0.xsd
    http://www.springframework.org/schema/mvc
    http://www.springframework.org/schema/mvc/spring-mvc-3.0.xsd ">
    <!-- 自动扫描controller包下的所有类，使其为spring mvc的控制器 -->
    <!-- 加载controller的时候，不加载service，因为此时事务并未生效，若此时加载了
service，那么事务无法对service进行拦截 -->
    <context:component-scan base-package="cn.edu.tianjinwd.web.*">
    <context:exclude-filter type="annotation"
    expression="org.springframework.stereotype.Service" />
    </context:component-scan>

    <!-- ApplicationContext -->
    <bean class="cn.edu.tianjinwd.core.util.ApplicationContextUtil"></bean>
```

```xml
<!-- 避免执行 AJAX 时，返回 JSON 时出现下载文件 -->
<bean id="mappingJacksonHttpMessageConverter"
  class="org.springframework.http.converter.json.MappingJacksonHttpMessage
Converter">
    <property name="supportedMediaTypes">
    <list>
    <value>text/html;charset=UTF-8</value>
    </list>
    </property>
    </bean>
    <!-- 启动 Spring MVC 的注解功能，完成请求和注解 POJO 的映射，配置一个基于注解的定制
的 WebBindingInitializer，解决日期转换问题，方法级别的处理器映射 -->
    <bean
     class="org.springframework.web.servlet.mvc.annotation.AnnotationMethod
HandlerAdapter">
        <property name="cacheSeconds" value="0" />
        <property name="messageConverters">
            <list>
                <ref bean="mappingJacksonHttpMessageConverter" />
            <!-- json转换器 -->
            </list>
        </property>
        <property name="webBindingInitializer">
            <bean class="cn.edu.tianjinwd.core.interceptors.MyWebBinding" />
        </property>
    </bean>
    <!-- 默认的视图解析器 在上边的解析错误时使用 (默认使用 html)- -->
    <bean id="defaultViewResolver"
        class="org.springframework.web.servlet.view.InternalResourceViewResolver"
  p:order="3">
        <property name="viewClass"
            value="org.springframework.web.servlet.view.JstlView" />
        <property name="contentType" value="text/html" />
        <property name="prefix" value="/webpage/" />
        <property name="suffix" value=".jsp" />
    </bean>
    <bean id="multipartResolver"
        class="org.springframework.web.multipart.commons.CommonsMultipartResolver"
  p:defaultEncoding="UTF-8">
        <property name="maxUploadSize">
            <value>104800000</value>
        </property>
        <property name="maxInMemorySize">
            <value>4096</value>
        </property>
    </bean>
    <!-- 方言 -->
```

```xml
<bean id="dialect"
    class="cn.edu.tianjinwd.core.common.hibernate.dialect.DialectFactoryBean">
    <property name="dbType" value="${jdbc.dbType}" />
</bean>
<!-- 异常处理类 -->
<bean id="exceptionHandler"
    class="cn.edu.tianjinwd.core.common.exception.MyExceptionHandler" />
<!-- 系统错误转发配置 [ 并记录错误日志 ] -->
<bean
class="org.springframework.web.servlet.handler.SimpleMappingExceptionResolver">
    <property name="defaultErrorView" value="500"></property>
    <!-- 默认为 500，系统错误 (error.jsp) -->
    <property name="defaultStatusCode" value="404"></property>
    <property name="statusCodes"><!-- 配置多个 statusCode -->
        <props>
            <prop key="error">500</prop>  <!-- error.jsp -->
            <prop key="error1">404</prop>    <!-- error1.jsp -->
        </props>
    </property>
    <property name="exceptionMappings">
        <props>
            <!-- 这里你可以根据需要定义 N 个错误异常转发 -->
            <prop key="java.sql.SQLException">dbError</prop> <!-- 数据库错
误 (dbError.jsp) -->
            <prop key="org.springframework.web.bind.ServletRequestBinding
Exception">bizError</prop> <!-- 参数绑定错误（如必需参数没传递）(bizError.jsp) -->
            <prop key="java.lang.IllegalArgumentException">bizError
</prop>  <!-- 参数错误 (bizError.jsp) -->
            <prop key="org.springframework.validation.BindException">
bizError</prop>  <!-- 参数类型有误 (bizError.jsp) -->
            <prop key="java.lang.Exception">unknowError</prop>  <!-- 其
他错误为 ' 未定义错误 '(unknowError.jsp) -->
        </props>
    </property>
</bean>
<!-- 拦截器 -->
<mvc:interceptors>
    <mvc:interceptor>
        <mvc:mapping path="/**" />
        <bean class="cn.edu.tianjinwd.core.interceptors.EncodingInterceptor" />
    </mvc:interceptor>
    <mvc:interceptor>
        <mvc:mapping path="/**" />
        <bean class="cn.edu.tianjinwd.core.interceptors.AuthInterceptor">
            <property name="excludeUrls">
                <list>
                    <value>loginController.do?goPwdInit</value>
                    <value>loginController.do?pwdInit</value>
```

```
                    <value>loginController.do?login</value>
                    <value>loginController.do?checkuser</value>
                </list>
            </property>
        </bean>
    </mvc:interceptor>
</mvc:interceptors>

</beans>
```

部署 Spring MVC 除了上面看到的用配置文件的方式外，还可以使用注解的方式，该方式方便简约，需要熟悉以下常见的注解标签：

@Controller：用于标识处理器类；

@RequestMapping：请求到处理器功能方法的映射规则；

@RequestParam：请求参数到处理器功能处理方法的方法参数上的绑定；

@ModelAttribute：请求参数到命令对象的绑定；

@SessionAttributes：用于声明 session 级别存储的属性，放置在处理器类上，通常列出模型属性；

@ModelAttribute：对应的名称，则这些属性会透明地保存到 session 中；

@InitBinder：自定义数据绑定注册支持，用于将请求参数转换到命令对象属性的对应类型。

8.3 Hibernate 概述

1. 数据的持久化

数据持久化（Persistence of Data）就是把数据保存到持久化设备中。在程序设计和软件开发中，数据的持久化特指把内存中运行的数据或者运算结果以一定的形式保存到磁盘上，使其永久保存，不会因为关机而丢失。持久化概念主要是指应用程序将内存中的数据存储到关系型的数据库中，或者存储在磁盘文件（如文本文件、XML 文件等）中。

内存是计算机的一个重要部件，软件运行时数据和代码都是放在内存中的，但是内存具有易失性；另外内存容量有限，一般比硬盘的容量低几个数量级；再者数字资源具有检索快速、方便的优势，尤其现在处于知识爆炸的时代，各行各业都有海量数据，为了方便大规模地检索，也需要把数据存储成易于检索的格式，如数据库方式；最后在这个数据就是资源和金钱的时代，数据的安全和备份等管理需要持久化。目前，持久化技术比较多，主要有：

（1）对象序列化，即实现了 Serializable 接口的类。其适用于对少量对象进行暂时的持久化，也适用于在网络上传输对象，但不符合企业级应用的需要。因为企业应用中对数据的要求是大量的、长时间保存的、需要进行大规模查询。

（2）JDBC。优点是功能完备、从理论上说效率是最高的；可以存储海量的数据并且适合进行大规模检索；缺点是开发效率和维护效率低；开发难度大，代码量大，占到总代码量的很大比例。

（3）ORM（Object-Relationship Mapping，对象关系映射）。它是一种解决问题的思路，也是一种思想。它的实质就是将关系数据库中的业务数据用对象的形式表示出来，并通过面向对象的方式将这些对象组织起来，以实现系统业务逻辑。或者说，ORM 就是内存中的对象与数据库中的数据间的映射关系。ORM 框架的特点：开源的居多，实现了 JDBC 的封装，实现了简单的 API，轻量级解决方案，持久化对象是一个 POJO 类。最有名的 ORM 框架就是 Hibernate。

（4）JPA 框架，Java Persistence API，是 Java EE 的标准 ORM 接口。它是一种规范，一套接口，但不是实现。用于实现这一规范的 ORM 很多。

2. Hibernate 框架

Hibernate 原来是 JBOSS 公司旗下的产品，后来 Red Hat 公司收购了 JBOSS，变为了红帽公司的产品。ORM 是一种对象关系映射的思想，JPA 是用 Java 语法规范实现出来的一种形式和标准接口。Hibernate 则是 JPA 接口规范的具体实现。Hibernate 是一个开放源代码的 ORM 框架，如图 8-6 所示。对 JDBC 进行了非常轻量级的对象封装，使得 Java 程序员可以随心所欲地使用对象编程思维来操作数据库。Hibernate 可以应用在任何使用 JDBC 的场合。Hibernate 开发包可以在官网 http://hibernate.org/orm/ 下载。

Hibernate 基本 jar 包如下所示（调试 Hibernate 程序所需要的基本 jar 包，在 Hibernate 框架解压目录的 lib 目录下）：

- reqired 目录下所有 jar；
- optional/c3p0 目录下所有 Jar；
- optional/ehcache/slf4j-api-1.6.1.jar；
- jpa-metamodel-generator 目录下所有 jar；
- jpa/hibernate-entitymanager-4.0.1.Final.jar；
- junit-4.9.jar；
- slf4j-log4j12-1.7.12.jar 与 log4j-1.2.17.jar。

3. Hibernate 核心类和接口

Hibernate 的核心类和接口有 Session、SessionFactory、Transaction、Query、Criteria 和 Configuration，这是 Hibernate 处理数据的核心组件。这 6 个核心类和接口在开发中是必不可少的，通过这些接口，可以对持久化对象进行

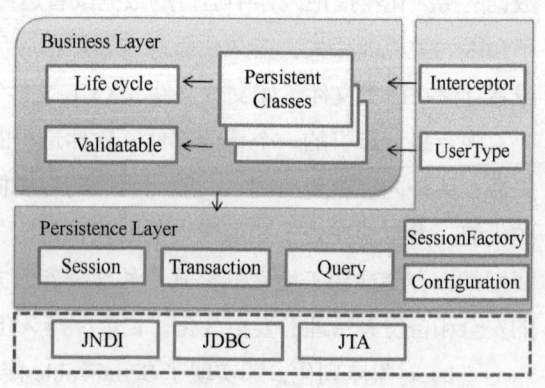

■ 图 8-6　Hibernate 框架的内部结构

存储、查询、获取，还可以完成事务控制。下面对这 6 个核心接口和类分别加以介绍。

　　Session 接口负责执行被持久化对象的增加、删除、修改、查询（CRUD）操作，CRUD 操作直接与数据库打交道，底层是通过执行一系列 SQL 语句来完成的。Session 对象是非线程安全的，这一点在开发中一定要注意。同时要区分一下 Hibernate 的 session 和 Web 应用中的 HttpSession。这里当使用 session 这个术语时，其实指的是 Hibernate 中的 session，而以后会将 HttpSession 对象称为用户 session。

　　SessionFactory 接口负责初始化 Hibernate。它充当数据存储源的代理，并负责创建 Session 对象。这里用到了工厂模式。需要注意的是 SessionFactory 并不是轻量级的，因为一般情况下，一个项目通常只需要一个 SessionFactory 即可，当需要操作多个数据库时，可以为每个数据库指定一个 SessionFactory。

　　Transaction 接口是一个可选的 API，可以选择不使用这个接口，取而代之的是 Hibernate 的设计者自己写的底层事务处理代码。Transaction 接口是对实际事务实现的一个抽象，这些实现包括 JDBC 的事务、JTA 中的 UserTransaction，甚至可以是 CORBA 事务。之所以这样设计是让开发者能够使用一个统一事务的操作界面，使得自己的项目可以在不同环境和容器之间方便地移植。

　　Query 接口让用户方便地对数据库及持久对象进行查询，它可以有两种表达方式：HQL 语言或本地数据库的 SQL 语句。Query 经常被用来绑定查询参数、限制查询记录数量，并最终执行查询操作。

　　Criteria 接口与 Query 接口非常类似，允许创建并执行面向对象的标准化查询。值得注意的是 Criteria 接口也是轻量级的，它不能在 Session 之外使用。

　　Configuration 类的作用是对 Hibernate 进行配置，以及对它进行启动。在 Hibernate 的启动过程中，Configuration 类的实例首先定位映射文档的位置，读取这些配置，然后创建一个 SessionFactory 对象。虽然 Configuration 类在整个 Hibernate 项目中只扮演着一个很小的角色，但它是启动 Hibernate 时所遇到的第一个对象。

 ## 上机实践与练习

　　1. 简述 Spring MVC 的工作流程。

　　2. Hibernate 是如何实现分页的？如果不使用 Hibernate 提供的方法实现分页功能，则采用什么方式分页？

　　3. 在 MySQL 数据库中新建一张学生表，包含 id、姓名、专业字段，并且填入一条数据，使用 Spring、Spring MVC、Hibernate 框架从数据库中读取该条数据并且显示在浏览器中。

第 9 章

系统设计与编程实现

在系统架构确定之后，即可进行系统设计和编码。一般按照数据库设计、前端设计（即系统界面设计）、服务端后台设计的顺序完成设计工作。而后开始功能实现，就是将各个设计变成网页或者程序代码。其中编码是重中之重，任务量比较大，需要按照概要设计和详细设计的要求，将功能模块写成程序代码。有了前面的准备工作，下面以开源项目图书管理系统为例，分析其程序实现和构建过程。

9.1 数据库设计

数据库在一个系统中的作用是十分重要的，数据库设计是否完善直接影响到系统的实现。数据库设计既要满足存储系统涉及的各种数据的需求又要尽最大可能地降低数据的冗余，尽可能降低数据间的依赖，还要考虑数据的存取性能和未来的扩展能力。整个系统会围绕数据和功能提供各种信息的保存、更新、删除和查询等服务，这就要求数据库结构能充分满足各种信息的输出和输入。设计过程中要收集系统涉及的基本数据，建立数据结构，确定数据处理的流程，形成一份详尽的数据字典，为后面的具体设计打下基础。数据库的逻辑结构设计一般要遵循以下原则：

- 尽可能地减少数据冗余和重复；
- 结构设计与操作设计相结合；
- 数据结构具有相对的稳定性；
- 遵循数据库设计三范式。

基于以上设计原则，结合前面章节设计的业务对象实体模型，本系统设计的数据库表对象见表 9-1 ~ 表 9-9。

■ 表 9-1　管理员信息表（T_S_BASE_USER）

字　　段	类　　型	长　　度	主　　键	是 否 空	说　　明
Id	varchar	36	Y	N	管理员编号
userName	varchar	10	N	N	用户名
Password	varchar	100	N	N	密码
Realname	varchar	50	N	Y	真实姓名
Status	int	6	N	Y	状态
Browser	vachar	20	N	Y	浏览器
Signature	blob		N	Y	标志附件
Userkey	varchar	200	N	Y	秘钥码
Departid	varchar	32	N	Y	所属部门

■ 表 9-2　图书表（T_B_BOOK）

字　　段	类　　型	长　　度	主　　键	是 否 空	说　　明
Id	varchar	36	Y	N	图书编号
bookName	varchar	30	N	Y	图书名称
Author	varchar	20	N	Y	作者
Booktype	varchar	2	N	Y	图书分类
Isbn	varchar	30	N	Y	ISBN

字　段	类　型	长　度	主　键	是否空	说　明
Pressname	varchar	30	N	Y	出版社名称
Status	varchar	10	N	Y	状态

■ **表9-3** 出版社表（T_B_Press）

字　段	类　型	长　度	主　键	是否空	说　明
Id	varchar	36	Y	N	出版社编号
Pressname	varchar	30	N	Y	出版社名称
Pressaddr	varchar	40	N	Y	出版社地址
Presstel	varchar	15	N	Y	出版社电话

■ **表9-4** 借还书表（T_B_lend）

字　段	类　型	长　度	主　键	是否空	说　明
Id	varchar	36	Y	N	编号
bookId	varchar	36	N	Y	图书编号
bookName	varchar	30	N	Y	图书名称
Author	varchar	20	N	Y	作者
Isbn	varchar	30	N	Y	ISBN
Userid	varchar	36	N	Y	用户编号
Realname	varchar	30	N	Y	真实姓名
Lenddate	datetime		N	Y	借出时间
Returndate	datetime		N	Y	归还时间
Debit	decimal	5	N	Y	扣款
Totalcount	varchar	1	N	Y	续借次数
Status	varchar	1	N	Y	状态
Username	varchar	30	N	Y	用户名

■ **表9-5** 部门表（T_S_DEPART）

字　段	类　型	长　度	主　键	是否空	说　明
Id	varchar	36	Y	N	部门编号
Departname	varchar	100	N	Y	部门名称
Description	text		N	Y	描述
Parentdepartid	varchar	36	N	Y	上级部门编号

■ **表9-6** 日志表（T_S_LOG）

字　段	类　型	长　度	主　键	是否空	说　明
id	varchar	36	Y	N	日志编号
Browser	varchar	100	N	Y	浏览器

字　段	类　型	长　度	主　键	是否空	说　明
Logcontent	text		N	Y	日志内容
Loglevel	int	6	N	Y	日志级别
Note	text		N	Y	登录 IP
operatetime	date		N	Y	操作时间
operatetype	int	6	N	Y	操作类型
Userid	varchar	36	N	Y	用户编号

■ 表9-7　角色表（T_S_ROLE）

字　段	类　型	长　度	主　键	是否空	说　明
Id	varchar	36	Y	N	角色编号
Rolecode	varchar	10	N	Y	角色码
Rolename	varchar	100	N	Y	角色名称

■ 表9-8　用户角色表（T_S_ROLE_USER）

字　段	类　型	长　度	主　键	是否空	说　明
Id	varchar	36	Y	N	编号
Roleid	varchar	36	N	Y	角色编号
userid	varchar	36	N	Y	用户编号

■ 表9-9　用户功能表（T_S_ROLE_FUNCTION）

字　段	类　型	长　度	主　键	是否空	说　明
Id	varchar	36	Y	N	功能编号
operation	varcahr	100	N	Y	操作
roleid	varchar	36	N	Y	角色编号

9.2　前端 UI 设计

所谓前端 UI 设计指的是用户界面设计（User Interface Design），通常包括平面设计、网页设计以及移动界面设计。其中，网页设计和移动设计，需要学习 Web 界面设计、移动端软件界面设计、HTML5 语言、CSS 样式表、布局技巧与浏览器兼容等前端技术。本系统的 UI 设计主要采用 Easyui 前端框架，结合 HTML、CSS、JavaScript 实现特定界面效果，使用户界面更加大气美观。

1. Easyui 介绍

Easyui 是一种基于 JQuery 的用户界面框架集合。Easyui 为创建现代化、互动性强的应用程序，提供必要的功能。使用 Easyui 时不需要写很多代码，用户只需要通过编写一些简单 HTML 标记，就可以定义用户界面。Easyui 是个完美支持 HTML5 网页的完整框架。使用 Easyui 可以在极大程度上节省前端开发的时间。Easyui 很简单但功能强大，在于提供了一套功能完备的组件的集合，包括强大的数据表格 DataGrid、树状菜单、面板等页面元素。用户可以使用它，或者只是用一些组件，进行组合就可以构建出想要的跨浏览器的网页应用。

Easyui 使用过程和步骤如下：

（1）下载 Easyui 代码，官网地址是 http://www.jeasyui.com/download/index.php，用户根据需要下载不同版本的 Easyui 包，使用 Easyui 时必须要引用下面 4 个 css 和 js：

```
<link href="EasyUI/themes/default/easyui.css" rel="stylesheet" />
<link href="EasyUI/themes/icon.css" rel="stylesheet" />
<script src="EasyUI/jquery.min.js"></script>
<script src="EasyUI/jquery.easyui.min.js"></script>
```

easyui.css 是基本的 css 样式文件，定义了很多网页元素的显示效果，themes 文件夹下会有几种皮肤，用户打开界面时可以切换样式来更换不同的控件风格。icon.css 是图标样式，增加图标按照已有规则创建，jquery.min.js 是 JQuery 的精简版本，因为 Easyui 是对 JQuery 的扩展，所以必须把 JQuery 的库引入。jquery.easyui.min.js 是 Easyui 的精简库，包含了其所有的功能代码。

在开发信息管理系统时，设计后台工作界面时一般上部是 logo 或标题，左部是菜单，下部是版权信息，中间是内容信息，右部是工具框。在 Easyui 中可以使用 Layout 进行布局把这个界面效果实现出来，如图 9-1 所示。

■ 图 9-1　页面布局图

通过图 9-1 可以看到 north、south、west、east 和 center 分别代表五个部分，不需要的部分可以直接删除，简单修改后即可达到页面布局效果。代码片段如下：

```html
<body class="easyui-layout" style="overflow-y: hidden" scroll="no">
    <!-- 顶部 -->
    <div region="north"  border="false"  title=" "
        style="BACKGROUND: #E6E6FA; height: 85px; padding: 1px; overflow: hidden;">
        <table width="100%" border="0" cellpadding="0" cellspacing="0">
            <tr>
                <td align="left" style="vertical-align: text-bottom;">
                    <imgsrc="plug-in/login/images/login.png;"></td>
                <td align="right" nowrap>
                    ...
        </table>
    </div>
    <!-- 顶部结束 -->

    <!-- 左侧 -->
    <div region="west" split="true" href="loginController.do?left"
        title=" 导航菜单 " style="width: 150px; padding: 1px;"></div>
    <!-- 左侧结束 -->

    <!-- 中间 -->
    <div id="mainPanle" region="center" style="overflow: hidden;">
        <div id="maintabs" class="easyui-tabs" fit="true" border="false">
            <div class="easyui-tab" title=" 首页 " href="loginController.do?home"
                style="padding: 2px; overflow: hidden;"></div>
            <c:if test="${map=='1'}">
                <div class="easyui-tab" title=" 地图 "
                    style="padding: 1px; overflow: hidden;">
                <iframe name="myMap" id="myMap" scrolling="no" frameborder="0"
                    src="mapController.do?map" style="width: 100%; height: 99.5%;">
</iframe>
                </div>
            </c:if>
        </div>
    </div>
    <!-- 中间结束 -->

    <!-- 右侧 -->
    <div collapsed="true" region="east" iconCls="icon-reload" title=" 辅助工具 "
        split="true" style="width: 190px;"
        data-options="onCollapse:function(){easyPanelCollapase()},onExpand:
function(){easyPanelExpand()}">
        <div id="tabs" class="easyui-tabs" border="false"
            style="height: 240px">
            <div title=" 日历 " style="padding: 0px; overflow: hidden; color: red;">
                <div id="layout_east_calendar"></div>
            </div>
```

```
        </div>
        <div id="layout_jeecg_onlinePanel"
            data-options="fit:true,border:false" title=" 用户在线列表 ">
            <table id="layout_jeecg_onlineDatagrid"></table>
        </div>
    </div>
    <!-- 右侧结束 -->
    ...
</body>
```

在网页页面中使用 Easyui 的 UI 组件有两种方法：

（1）直接在 HTML 代码中声明组件。用 class 属性指定要调用的 Easyui 组件，如 easyui-dialog 就是指对话框。还有图 9-1 中的页面主体布局也是用这种方法完成的，比较直观，可读性好。

```
<div class="easyui-dialog" style="width:400px;height:200px"
    data-options="title:'My Dialog',collapsible:true,iconCls:'icon-ok',onOpen:
function(){}">
    ...
</div>
```

（2）编写 JavaScript 代码来创建组件。具体使用方法为先在页面中定义一个网页元素（如按钮），并且有标识符（如 id、name 等），然后在 Js 代码中为该元素设置属性和参数。

```
<input id="main" style="width:200px" />
$('# main ').combobox({
    url: ...,
    required: true,
    valueField: 'id',
    textField: 'text'
});
```

除了上面介绍的几种组件，Easyui 还提供了用于创建跨浏览器网页的完整的组件集合，包括功能强大的数据网格 datagrid、树状表格 treegrid、面板 panel、下拉组合框 combo 等。表 9-10 中按类型一一列出其名称和功能。

■ 表 9-10　Easyui 提供的用于创建跨浏览器网页的组件集合

分　类	插　件	
Base（基础）	• Parser 解析器 • Draggable 可拖动 • Resizable 可调整尺寸 • Searchbox 搜索框 • Tooltip 提示框	• Easyloader 加载器 • Droppable 可放置 • Pagination 分页 • Progressbar 进度条
Layout（布局）	• Panel 面板 • Accordion 折叠面板	• Tabs 标签页 / 选项卡 • Layout 布局
Menu（菜单）与 Button（按钮）	• Menu 菜单 • Menubutton 菜单按钮	• Linkbutton 链接按钮 • Splitbutton 分割按钮

续表

分　类	插　件	
Form（表单）	• Form 表单 • Combo 组合 • Combotree 组合树 • Numberbox 数字框 • Datetimebox 日期时间框 • Spinner 微调器 • Timespinner 时间微调器 • textbox 基础文本框	• Validatebox 验证框 • Combobox 组合框 • Combogrid 组合网格 • Datebox 日期框 • Calendar 日历 • Numberspinner 数值微调器 • Slider 滑块 • filebox 文件上传
Window（窗口）	• Window 窗口 • Messager 消息框	• Dialog 对话框
DataGrid（数据网格）与 Tree（树）	• Datagrid 数据网格 • Treegrid 树形网格	• Propertygrid 属性网格 • Tree 树

2. UI 界面设计

UI（User Interface，用户界面）设计很关键，因为 UI 是用户与系统打交道的窗口，用户通过 UI 来了解和使用系统，进而实现业务功能。UI 设计要遵循界面美观大方、功能突出、操作方便等要求。好的 UI 会给用户留下良好的印象，增加用户黏度，提升用户体验。本系统前端是基于 Easyui 框架，Easyui 样式设计清新明快又不失庄严大气，深受广大用户喜欢，因此系统整体风格和设计样式与 Easyui 风格保持一致。页面设计在编写代码之前进行，可以使用 Photoshop、Fireworks 等图像处理软件，也可以使用专业的界面设计工具（如 GUI Design Studio、UIDesigner），先把软件的用户界面内容、布局、风格版式等予以确定。设计的主要页面如下：

1）用户登录页面（见图 9-2）

■ 图 9-2　用户登录界面

2）后台管理主界面（见图 9-3）

3）书籍管理界面（见图 9-4）

4）出版社管理界面（见图 9-5）

■ 图 9-3　后台管理界面

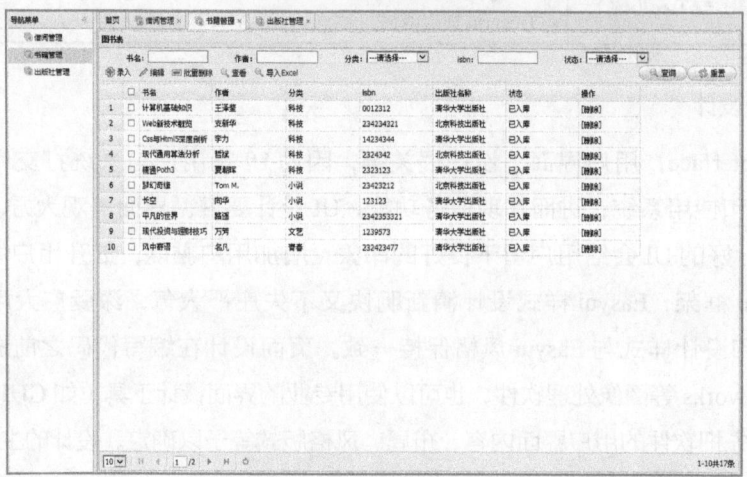

■ 图 9-4　书籍管理界面

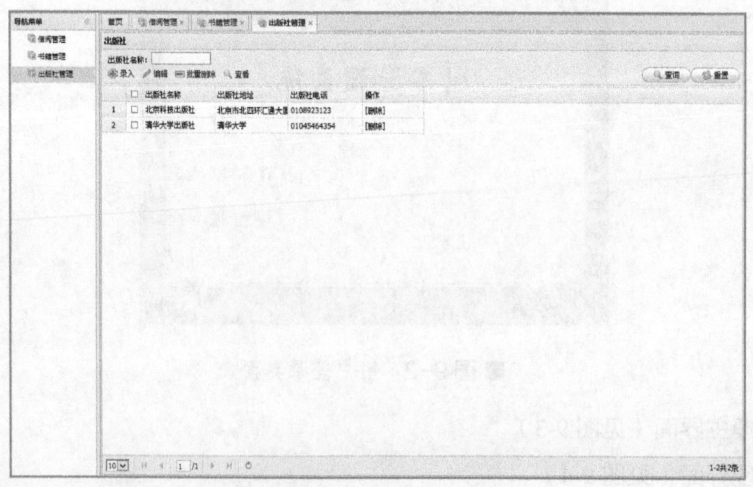

■ 图 9-5　出版社管理界面

5）借阅管理界面（见图 9-6）

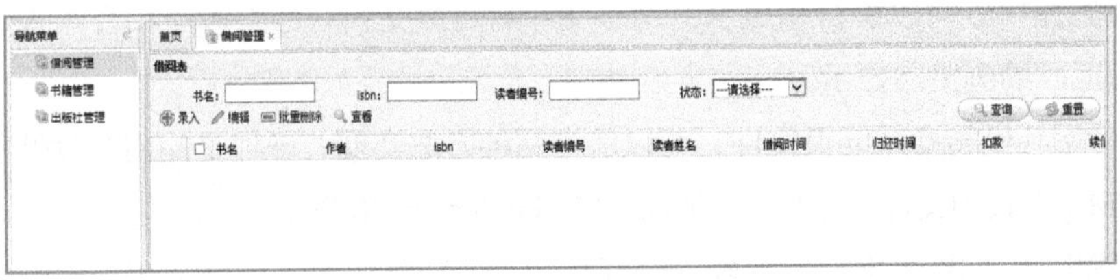

■ 图 9-6　借阅管理界面

6）菜单管理界面（见图 9-7）

■ 图 9-7　菜单管理界面

7）系统管理界面（见图 9-8）

■ 图 9-8　系统管理界面

3. 页面设计

UI 设计完成之后，就看到了整个系统的界面，从整体上和功能上对系统有了一个感性认识。最终得到的只是关于系统的一组图片，下一步还需要对图片进行处理，做成网页格式的页面和文件，这个过程称为页面设计。网页文件的格式分为静态和动态两种。静态就是扩展名为 .htm、.html 等的纯文本文件，文件内容中只包含 HTML 标记语句、层叠样式表 CSS 和 JavaScript 代码片段；动

态文件以 .jsp 为扩展名，里面除了包含静态文件的内容，还可以穿插 Java 语句和程序片段。静态文件在各种浏览器中就可以解析和显示，动态文件需要提交到后台服务器和容器去运行，编译成静态格式代码返回给浏览器显示。

从 UI 设计图片到转换成网页文件，可以使用两种方法实现。一种是使用图片处理工具进行切图，导出 HTML 格式的文件。常用的切图工具有 Photoshop 和 Fireworks。这种方法适用于页面元素比较简单的情况。如果页面元素繁多，交互复杂，后期需要做大量繁杂的样式调整和前端编码工作，如 CSS 样式设计和 JavaScript 效果编码。另外一种方法是结合目前比较流行的前端框架，直接用框架模板和功能模块，拼出设计的效果。这样就避免切图和后期的样式调整。采用框架提供的效果可以极大地提高了开发速度和效率。常用的前端框架有 Easyui、Vue 、Bootstrap 等，感兴趣的同学也可以尝试使用 Vue 、Bootstrap，官方网站都有相应的使用说明。这里使用 Easyui 搭建前端页面。

9.3 建立服务端项目

服务端程序是整个系统的重中之重，系统提供给用户的功能都要在后台中实现，如数据处理、业务逻辑功能等。设计过程遵循软件工程的设计要求，依据 Java EE 框架规范，采用 MVC（Model、View And Controller）模式，把表示逻辑、业务逻辑和后端的数据存储分离，保证各层功能独立，模块内高内聚，模块间低耦合，使系统具有很好的可扩展性和可维护性。按照自顶向下的开发顺序，分别进行概要设计和详细设计各个模块，在逻辑上主要划分为业务逻辑层和持久化层。表示层体现在 UI 设计和实现中，如上一节所示，结合 Easyui 框架来实现前端基本的页面结构。业务逻辑层是业务领域模型的具体化和实现，由若干运行在 Web 容器中的 Java 对象组成，这些组件要尽量设计成可以重复使用的、具有良好移植性的模块。持久化层主要由 DAO 对象与关系型数据库系统交互构成。选择前面章节学习过的框架满足快速开发的目标，采用 Spring 框架负责业务领域和系统领域全部对象的管理，让 Spring MVC 框架充当控制器的角色来完成前端后台的请求、转发和响应工作，用 Hibernate 框架管理数据和对象的持久化操作，业务逻辑独立建模，使用 Java 这种纯面向对象的程序语言编写代码予以实现。这个架构结合方式在软件开发领域也可以称为 SSH。下面在 IDE（集成开发工具）MyEclipse 中建立项目的软件基本框架。

建立 MyEclipse 项目的步骤如下：

步骤 1：启动 MyEclipse，新建 Web 项目，命名为 tsg2，建立项目的文件目录结构，如图 9-9 所示。

步骤 2：导入所需的各种 jar 包，引入 Spring 、Spring

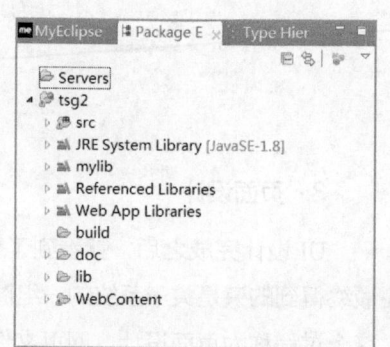

■ 图 9-9 系统的目录结构

MVC、Hibernate、Log4j 等框架的 jar 包，如图 9-10 所示。

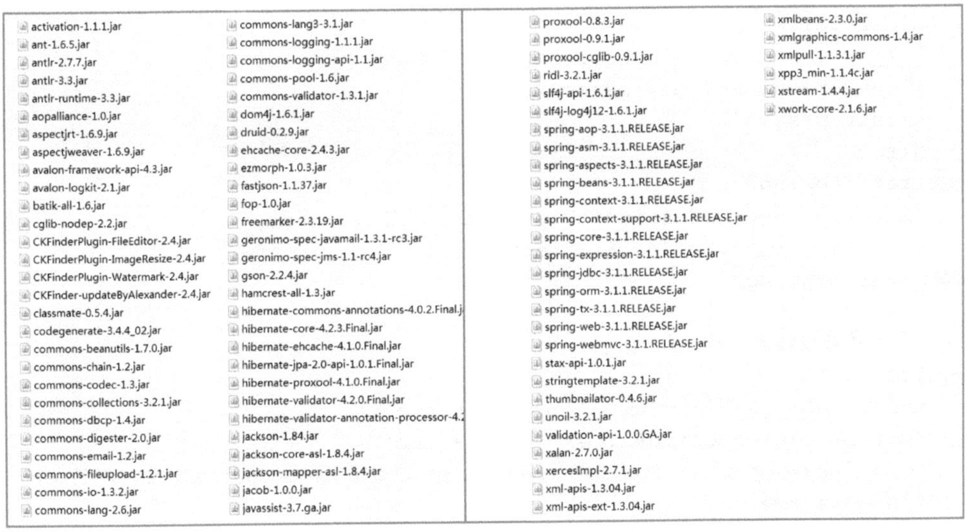

activation-1.1.1.jar	commons-lang3-3.1.jar	proxool-0.8.3.jar	xmlbeans-2.3.0.jar
ant-1.6.5.jar	commons-logging-1.1.1.jar	proxool-0.9.1.jar	xmlgraphics-commons-1.4.jar
antlr-2.7.7.jar	commons-logging-api-1.1.jar	proxool-cglib-0.9.1.jar	xmlpull-1.1.3.1.jar
antlr-3.3.jar	commons-pool-1.6.jar	ridl-3.2.1.jar	xpp3_min-1.1.4c.jar
antlr-runtime-3.3.jar	commons-validator-1.3.1.jar	slf4j-api-1.6.1.jar	xstream-1.4.4.jar
aopalliance-1.0.jar	dom4j-1.6.1.jar	slf4j-log4j12-1.6.1.jar	xwork-core-2.1.6.jar
aspectjrt-1.6.9.jar	druid-0.2.9.jar	spring-aop-3.1.1.RELEASE.jar	
aspectjweaver-1.6.9.jar	ehcache-core-2.4.3.jar	spring-asm-3.1.1.RELEASE.jar	
avalon-framework-api-4.3.jar	ezmorph-1.0.3.jar	spring-aspects-3.1.1.RELEASE.jar	
avalon-logkit-2.1.jar	fastjson-1.1.37.jar	spring-beans-3.1.1.RELEASE.jar	
batik-all-1.6.jar	fop-1.0.jar	spring-context-3.1.1.RELEASE.jar	
cglib-nodep-2.2.jar	freemarker-2.3.19.jar	spring-context-support-3.1.1.RELEASE.jar	
CKFinderPlugin-FileEditor-2.4.jar	geronimo-spec-javamail-1.3.1-rc3.jar	spring-core-3.1.1.RELEASE.jar	
CKFinderPlugin-ImageResize-2.4.jar	geronimo-spec-jms-1.1-rc4.jar	spring-expression-3.1.1.RELEASE.jar	
CKFinderPlugin-Watermark-2.4.jar	gson-2.2.4.jar	spring-jdbc-3.1.1.RELEASE.jar	
CKFinder-updateByAlexander-2.4.jar	hamcrest-all-1.3.jar	spring-orm-3.1.1.RELEASE.jar	
classmate-0.5.4.jar	hibernate-commons-annotations-4.0.2.Final.j	spring-tx-3.1.1.RELEASE.jar	
codegenerate-3.4.4_02.jar	hibernate-core-4.2.3.Final.jar	spring-web-3.1.1.RELEASE.jar	
commons-beanutils-1.7.0.jar	hibernate-ehcache-4.1.0.Final.jar	spring-webmvc-3.1.1.RELEASE.jar	
commons-chain-1.2.jar	hibernate-jpa-2.0-api-1.0.1.Final.jar	stax-api-1.0.1.jar	
commons-codec-1.3.jar	hibernate-proxool-4.1.0.Final.jar	stringtemplate-3.2.1.jar	
commons-collections-3.2.1.jar	hibernate-validator-4.2.0.Final.jar	thumbnailator-0.4.6.jar	
commons-dbcp-1.4.jar	hibernate-validator-annotation-processor-4.2	unoil-3.2.1.jar	
commons-digester-2.0.jar	jackson-1.8.4.jar	validation-api-1.0.0.GA.jar	
commons-email-1.2.jar	jackson-core-asl-1.8.4.jar	xalan-2.7.0.jar	
commons-fileupload-1.2.1.jar	jackson-mapper-asl-1.8.4.jar	xercesImpl-2.7.1.jar	
commons-io-1.3.2.jar	jacob-1.0.0.jar	xml-apis-1.3.04.jar	
commons-lang-2.6.jar	javassist-3.7.ga.jar	xml-apis-ext-1.3.04.jar	

图 9-10　导入的 jar 包

步骤 3：Web 项目的部署首先从配置 web.xml 文件开始，打开该文件，进行修改和编辑。项目的指定名称为 library；配置日志监听器 log4jConfigLocation；指定 Spring 框架的配置文件；配置 Hibernate 的过滤器；为各请求参数统一编码格式为 UTF-8，配置字符过滤器，防止乱码；配置 Spring MVC 中央控制器，等等，其各部分功能和详细注解如下。

```xml
<?xml version="1.0" encoding="UTF-8"?>
<web-app >
  <display-name>library</display-name>

<!-- 指定日志的配置文件和监听器 -->
  <context-param>
    <param-name>log4jConfigLocation</param-name>
    <param-value>classpath:log4j.properties</param-value>
  </context-param>
<listener>
    <listener-class>org.springframework.web.util.Log4jConfigListener</listener-class>
</listener>

<!-- 指定 Sping 框架的配置文件 -->
  <context-param>
    <param-name>contextConfigLocation</param-name>
    <param-value>classpath:spring-*.xml</param-value>
  </context-param>

<!-- 配置 Hibernate 的过滤器 -->
    <filter>
    <filter-name>openSessionInViewFilter</filter-name>
```

```xml
        <filter-class>org.springframework.orm.hibernate4.support.OpenSessionInViewFilter
</filter-class>
        <init-param>
          <param-name>singleSession</param-name>
          <param-value>true</param-value>
        </init-param>
      </filter>
      <filter-mapping>
        <filter-name>openSessionInViewFilter</filter-name>
        <url-pattern>*.do</url-pattern>
      </filter-mapping>

    <!-- 配置字符过滤器，防止乱码 -->
      <filter>
        <description> 字符集过滤器 </description>
        <filter-name>encodingFilter</filter-name>
      <filter-class>org.springframework.web.filter.CharacterEncodingFilter</filter-class>
        <init-param>
          <description> 字符集编码 </description>
          <param-name>encoding</param-name>
          <param-value>UTF-8</param-value>
        </init-param>
      </filter>
      <filter-mapping>
        <filter-name>encodingFilter</filter-name>
        <url-pattern>/*</url-pattern>
      </filter-mapping>

    <!-- 配置统计过滤器 -->

      <filter>
        <filter-name>druidWebStatFilter</filter-name>
        <filter-class>com.alibaba.druid.support.http.WebStatFilter</filter-class>
        <init-param>
          <param-name>exclusions</param-name>
          <param-value>/css/*,/context/*,/plug-in/*,*.js,*.css,*/druid*,/attached/*,
*.jsp</param-value>
        </init-param>
        <init-param>
          <param-name>principalSessionName</param-name>
          <param-value>sessionInfo</param-value>
        </init-param>
        <init-param>
          <param-name>profileEnable</param-name>
          <param-value>true</param-value>
        </init-param>
      </filter>
      <filter-mapping>
```

```xml
        <filter-name>druidWebStatFilter</filter-name>
        <url-pattern>/*</url-pattern>
      </filter-mapping>


   <!-- 配置 spring 监听器 -->
      <listener>
        <description>spring 监听器 </description>
        <listener-class>org.springframework.web.context.ContextLoaderListener
</listener-class>
      </listener>
      <listener>
        <description>Introspector 缓存清除监听器 </description>
        <listener-class>org.springframework.web.util.IntrospectorCleanupListener
</listener-class>
      </listener>
   <!-- 配置 request 监听器 -->
      <listener>
        <description>request 监听器 </description>
        <listener-class>org.springframework.web.context.request.RequestContextListener
</listener-class>
      </listener>
      <listener>
        <description> 系统初始化监听器 </description>
        <listener-class>cn.edu.tianjinwd.web.system.listener.InitListener</listener-class>
      </listener>
   <!-- 配置用户在线状态监听器 -->
      <listener>
        <listener-class>cn.edu.tianjinwd.web.system.listener.OnlineListener</listener-
class>
      </listener>


   <!-- 配置 SpringMVC 中央控制器 -->
      <servlet>
        <description>spring mvc servlet</description>
        <servlet-name>springMvc</servlet-name>
        <servlet-class>org.springframework.web.servlet.DispatcherServlet</servlet-class>
        <init-param>
          <description>spring mvc 配置文件 </description>
          <param-name>contextConfigLocation</param-name>
          <param-value>classpath:spring-mvc.xml</param-value>
        </init-param>
        <load-on-startup>1</load-on-startup>
      </servlet>
      <servlet-mapping>
        <servlet-name>springMvc</servlet-name>
        <url-pattern>*.do</url-pattern>
      </servlet-mapping>
```

```xml
<!-- 配置统计控制器 -->
<servlet>
  <servlet-name>druidStatView</servlet-name>
  <servlet-class>com.alibaba.druid.support.http.StatViewServlet</servlet-class>
</servlet>
<servlet-mapping>
  <servlet-name>springMvc</servlet-name>
  <url-pattern>*.action</url-pattern>
</servlet-mapping>

<!-- 配置 restSpringMVC 中央控制器 -->
<servlet>
  <servlet-name>restSpringMvc</servlet-name>
  <servlet-class>org.springframework.web.servlet.DispatcherServlet</servlet-class>
  <init-param>
    <description>spring mvc 配置文件 </description>
    <param-name>contextConfigLocation</param-name>
    <param-value>classpath:spring-mvc.xml</param-value>
  </init-param>
</servlet>
<servlet-mapping>
  <servlet-name>restSpringMvc</servlet-name>
  <url-pattern>/rest/*</url-pattern>
</servlet-mapping>
<servlet-mapping>
  <servlet-name>druidStatView</servlet-name>
  <url-pattern>/webpage/system/druid/*</url-pattern>
</servlet-mapping>

<!-- 配置登录生成随机码图片控制器 -->
<servlet>
  <servlet-name>RandCodeImage</servlet-name>
  <servlet-class>cn.edu.tianjinwd.web.system.servlet.RandCodeImageServlet
</servlet-class>
</servlet>
<servlet-mapping>
  <servlet-name>RandCodeImage</servlet-name>
  <url-pattern>/randCodeImage</url-pattern>
</servlet-mapping>

<!-- 配置文件上传过滤器  -->
<filter>
  <filter-name>FileUploadFilter</filter-name>
  <filter-class>com.ckfinder.connector.FileUploadFilter</filter-class>
  <init-param>
    <param-name>sessionCookieName</param-name>
    <param-value>jsessionid</param-value>
  </init-param>
```

```
    <init-param>
      <param-name>sessionParameterName</param-name>
      <param-value>JSESSIONID</param-value>
    </init-param>
  </filter>
  <filter-mapping>
    <filter-name>FileUploadFilter</filter-name>
    <url-pattern>/plug-in/ckfinder/core/connector/java/connector.java</url-pattern>
  </filter-mapping>
<!-- 配置文件压缩导出过滤器 -->

  <filter>
    <filter-name>ecsideExport</filter-name>
    <filter-class>cn.edu.tianjinwd.core.aop.GZipFilter</filter-class>
  </filter>
  <filter-mapping>
    <filter-name>ecsideExport</filter-name>
    <url-pattern>*</url-pattern>
  </filter-mapping>

<!-- 配置用户默认的会话时长   -->
  <session-config>
    <session-timeout>30</session-timeout>
  </session-config>

<!-- 配置系统默认欢迎页面   -->
  <welcome-file-list>
    <welcome-file>/webpage/login/login.jsp</welcome-file>
  </welcome-file-list>
</web-app>
```

通过配置 web.xml 文件，相当于为项目规划了一个基本的运行蓝图。下面开始将系统划分的功能模块一一进行细化和用代码去实现。

9.4 用户登录

用户登录模块的功能是完成用户的身份鉴别和页面跳转，具体分为身份认证和权限授予两部分。设计控制器 LoginController 类主要完成登录用户的身份核验。

（1）页面流程，如图 9-11 所示。

（2）LoginController 类的函数功能，如图 9-12 所示。

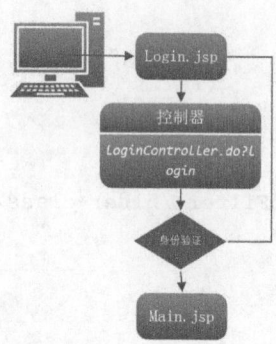

■ 图 9-11　页面流程图　　　　　■ 图 9-12　LoginController 类的功能

下面针对主要的几个关键功能，如用户登录验证和权限分配功能列出代码。

首先用 checkuser() 函数实现登录验证，代码如下：

```
@RequestMapping(params="checkuser")
@ResponseBody
public AjaxJson checkuser(TSUser user, HttpServletRequest req) {
    HttpSession session=ContextHolderUtils.getSession();
    DataSourceContextHolder.setDataSourceType(DataSourceType.dataSource_jeecg);
    AjaxJson j=new AjaxJson();
    // 添加验证码
    String randCode=req.getParameter("randCode");
    if(StringUtils.isEmpty(randCode)) {
        j.setMsg("请输入验证码");
        j.setSuccess(false);
    } else if(!randCode.equalsIgnoreCase(String.valueOf(session.getAttribute
("randCode")))) {
        j.setMsg("验证码错误！");
        j.setSuccess(false);
    } else {
        // 添加验证码
        int users=userService.getList(TSUser.class).size();
        if(users==0) {
            j.setMsg("用户不存在");
            j.setSuccess(false);
        } else {
            TSUser u=userService.checkUserExits(user);
            if(u!=null) {
```

```
                if(0==u.getStatus()) {
                    j.setMsg("您的账户已欠费，金额: "+u.getDebit()+"元，请联系管理员！");
                    j.setSuccess(false);
                } else {
                    message="用户: "+user.getUserName()+"["+u.getTSDepart().getDepartname()
+"]"+"登录成功";
                    Client client=new Client();
                    client.setIp(IpUtil.getIpAddr(req));
                    client.setLogindatetime(new Date());
                    client.setUser(u);
                    ClientManager.getInstance().addClinet(session.getId(), client);
                    // 添加日志
                    systemService.addLog(message, Globals.Log_Type_LOGIN, Globals.
Log_Leavel_INFO);
                }
            } else {
                j.setMsg("用户名或密码错误！");
                j.setSuccess(false);
            }
        }
    }
    // 添加验证码
    return j;
}
```

权限分配功能是与菜单列表相结合实现的，根据用户的身份和拥有的授权，产生一个菜单列表，并根据权值进行排序。getFunctionMap(TSUser user) 函数根据参数 user 提供的信息生成菜单列表，具体功能在 getUserFunction(TSUser user) 中实现。

```
private Map<Integer, List<TSFunction>> getFunctionMap(TSUser user) {
    Map<Integer, List<TSFunction>> functionMap=new HashMap<Integer, List
<TSFunction>>();
    Map<String, TSFunction> loginActionlist=getUserFunction(user);
    if (loginActionlist.size()>0) {
        Collection<TSFunction> allFunctions=loginActionlist.values();
        for (TSFunction function : allFunctions) {
            if (!functionMap.containsKey(function.getFunctionLevel()+0)) {
            functionMap.put(function.getFunctionLevel()+0, new ArrayList
<TSFunction>());
            }
            functionMap.get(function.getFunctionLevel()+0).add(function);
        }
        // 菜单栏排序
        Collection<List<TSFunction>> c = functionMap.values();
        for (List<TSFunction> list : c) {
            Collections.sort(list, new NumberComparator());
        }
    }
```

```
        return functionMap;
    }

    // 获取用户菜单列表
    private Map<String, TSFunction> getUserFunction(TSUser user) {
        HttpSession session=ContextHolderUtils.getSession();
        Client client=ClientManager.getInstance().getClient(session.getId());
        if(client.getFunctions()==null) {
            Map<String, TSFunction> loginActionlist=new HashMap<String, TSFunction>();
            List<TSRoleUser> rUsers=systemService.findByProperty(TSRoleUser.class,
"TSUser.id", user.getId());
            for(TSRoleUser ru : rUsers) {
                TSRole role=ru.getTSRole();
                List<TSRoleFunction> roleFunctionList=systemService.findByProperty
(TSRoleFunction.class, "TSRole.id", role.getId());
                for (TSRoleFunction roleFunction : roleFunctionList) {
                    TSFunction function=roleFunction.getTSFunction();
                    loginActionlist.put(function.getId(), function);
                }
            }
            client.setFunctions(loginActionlist);
        }
        return client.getFunctions();
    }
```

当用户身份合法，验证成功后，跳转到 main 主页面，进入系统。算法流程为：首先，使用
ResourceUtil.getSessionUserName() 获取 session 中的当前登录用户的对象，然后用 systemService.
findByProperty（TSRoleUser.class, "TSUser.id", user.getId()）获取该用户所拥有的全部角色再保存
到 request 对象，以便将这些参数传递给下一个页面使用。

```
    @RequestMapping(params="login")
    public String login(HttpServletRequest request) {
        DataSourceContextHolder.setDataSourceType(DataSourceType.dataSourc);
        TSUser user=ResourceUtil.getSessionUserName();
        String roles="";
        if(user!=null) {
            List<TSRoleUser> rUsers=systemService.findByProperty(TSRoleUser.class, "TSUser.
id", user.getId());
            for(TSRoleUser ru : rUsers) {
                TSRole role=ru.getTSRole();
                roles+=role.getRoleName()+",";
            }
            if(roles.length()>0) {
                roles=roles.substring(0, roles.length()-1);
            }
            request.setAttribute("roleName", roles);
```

```
request.setAttribute("userName", user.getUserName());
request.setAttribute("debit", user.getDebit());
request.getSession().setAttribute("CKFinder_UserRole", "admin");
// 获取菜单列表
rUsers1=rUsers;
request.setAttribute("primaryMenuList", getPrimaryMenu(rUsers));
// 设置主页风格
String indexStyle="shortcut";
Cookie[] cookies=request.getCookies();
for(Cookie cookie : cookies) {
    if(cookie==null||StringUtils.isEmpty(cookie.getName())) {
        continue;
    }
    if(cookie.getName().equalsIgnoreCase("JEECGINDEXSTYLE")) {
        indexStyle=cookie.getValue();
    }
}
if(StringUtils.isNotEmpty(indexStyle)&&indexStyle.equalsIgnoreCase
("bootstrap")) {
    return "main/bootstrap_main";
}
if(StringUtils.isNotEmpty(indexStyle)&&indexStyle.equalsIgnoreCase
("shortcut")) {
    return "main/shortcut_main";
}
if(StringUtils.isNotEmpty(indexStyle)&&indexStyle.equalsIgnoreCase
("sliding")) {
    return "main/sliding_main";
}
return "main/main";
} else {
    return "login/login";
}
}
```

9.5 图书管理

图书管理模块的功能是围绕图书和图书列表这些实体对象进行增加、删除、修改、查询（CRUD）的维护操作，以及外部数据的导入、批量删除和数据统计的操作。

1）页面流程（见图 9-13）

2）图书管理控制器功能结构（见图 9-14）

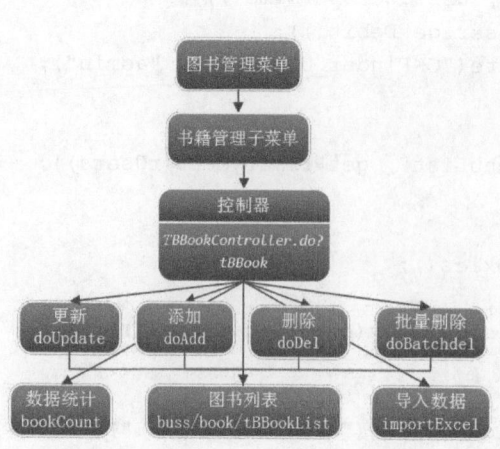

■ 图 9-13 图书管理页面流程

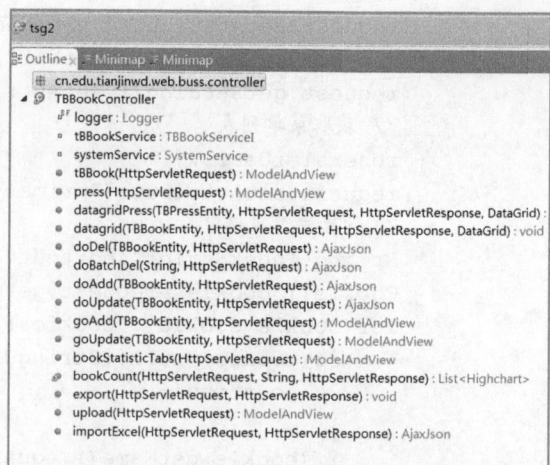

■ 图 9-14 TBBookController 类的功能

3）书籍管理的控制器 TBBookController 类主要代码及实现

（1）TBBookController 类的属性。在 TBBookController 类中主要声明了三个属性对象，分别为日志记录器 logger、书籍管理服务对象 tBBookService 和系统服务对象 systemService，后两个对象由容器负责注入。tBBookService 是对 tBBookServiceI 业务接口的实现，完成主要的业务操作。其底层操作是通过调用 DAO 层对象具体实现的。

```
// 声明该类为控制器的注解
@Controller
// 请求映射的注解
@RequestMapping("/tBBookController")
public class TBBookController extends BaseController {
    // 日志记录器
    private static final Logger logger=Logger.getLogger(TBBookController.class);
    // 使用对象由 spring 容器自动注入
    @Autowired
    private TBBookServiceI tBBookService;
    // 使用对象由 spring 容器自动注入
    @Autowired
    private SystemService systemService;

    ...
}
```

（2）TBBookController 类的主要方法：

```
// 图书列表页面跳转
@RequestMapping(params="tBBook")
public ModelAndView tBBook(HttpServletRequest request) {
    return new ModelAndView("buss/book/tBBookList");
}
// 为页面 datagrid 提供显示数据
```

```
@RequestMapping(params="datagrid")
    public void datagrid(TBBookEntity tBBook, HttpServletRequest request,
HttpServletResponse response, DataGrid dataGrid) {
        CriteriaQuery cq=new CriteriaQuery(TBBookEntity.class, dataGrid);
        // 查询条件组装器
        cn.edu.tianjinwd.core.extend.hqlsearch.HqlGenerateUtil.installHql(cq,
tBBook, request.getParameterMap());
        try {
            // 自定义追加查询条件
        } catch (Exception e) {
            throw new BusinessException(e.getMessage());
        }
        cq.add();
        this.tBBookService.getDataGridReturn(cq, true);
        TagUtil.datagrid(response, dataGrid);
    }

    // 根据 Id 删除书目记录
    @RequestMapping(params="doDel")
    @ResponseBody
    public AjaxJson doDel(TBBookEntity tBBook, HttpServletRequest request) {
        AjaxJson j=new AjaxJson();
        tBBook=systemService.getEntity(TBBookEntity.class, tBBook.getId());
        String message=" 书目删除成功 ";
        try {
            tBBookService.delete(tBBook);
            systemService.addLog(message, Globals.Log_Type_DEL, Globals.Log_Leavel_INFO);
        } catch (Exception e) {
            e.printStackTrace();
            message=" 书目删除失败 ";
            throw new BusinessException(e.getMessage());
        }
        j.setMsg(message);
        return j;
    }

    // 根据 Id 批量删除书目记录
    @RequestMapping(params="doBatchDel")
    @ResponseBody
    public AjaxJson doBatchDel(String ids, HttpServletRequest request) {
        AjaxJson j=new AjaxJson();
        String message=" 书目删除成功 ";
        try {
            for(String id : ids.split(",")) {
                TBBookEntity tBBook=systemService.getEntity(TBBookEntity.class, id);
                tBBookService.delete(tBBook);
                systemService.addLog(message, Globals.Log_Type_DEL, Globals.Log_
Leavel_INFO);
```

```
            }
        } catch (Exception e) {
            e.printStackTrace();
            message=" 图书表删除失败 ";
            throw new BusinessException(e.getMessage());
        }
        j.setMsg(message);
        return j;
    }

    // 添加书目
    @RequestMapping(params="doAdd")
    @ResponseBody
    public AjaxJson doAdd(TBBookEntity tBBook, HttpServletRequest request) {
        AjaxJson j=new AjaxJson();
        String message=" 书目添加成功 ";
        try {
            tBBook.setStatus(Globals.BOOK_RETURN);
            tBBookService.save(tBBook);
            systemService.addLog(message, Globals.Log_Type_INSERT, Globals.Log_
Leavel_INFO);
        } catch (Exception e) {
            e.printStackTrace();
            message=" 书目添加失败 ";
            throw new BusinessException(e.getMessage());
        }
        j.setMsg(message);
        return j;
    }

    // 更新书目信息
    @RequestMapping(params="doUpdate")
    @ResponseBody
    public AjaxJson doUpdate(TBBookEntity tBBook, HttpServletRequest request) {
        AjaxJson j=new AjaxJson();
        String message=" 书目更新成功 ";
        TBBookEntity t=tBBookService.get(TBBookEntity.class, tBBook.getId());
        try {
            MyBeanUtils.copyBeanNotNull2Bean(tBBook, t);
            tBBookService.saveOrUpdate(t);
            systemService.addLog(message, Globals.Log_Type_UPDATE, Globals.Log_
Leavel_INFO);
        } catch (Exception e) {
            e.printStackTrace();
            message=" 书目更新失败 ";
            throw new BusinessException(e.getMessage());
        }
        j.setMsg(message);
```

```
        return j;
    }

    // 报表数据生成
    @RequestMapping(params="bookCount")
    @ResponseBody
    public List<Highchart> bookCount(HttpServletRequest request, String reportType,
HttpServletResponse response) {
        List<Highchart> list=new ArrayList<Highchart>();
        Highchart hc=new Highchart();
        StringBuffer sb=new StringBuffer();
        sb.append("SELECT booktype ,count(booktype) FROM TBBookEntity group by booktype");
        List bookTypeList=systemService.findByQueryString(sb.toString());
        Long count=systemService.getCountForJdbc("SELECT COUNT(1) FROM T_B_book
WHERE 1=1");
        List lt=new ArrayList();
        hc=new Highchart();
        hc.setName(" 书籍种类统计 ");
        hc.setType(reportType);
        Map<String, Object> map;
        String hql="from TSType where typegroupid='"+Globals.TYPEGROUP_ID+"'";
        List<TSType> typeList=systemService.findByQueryString(hql);
        Map<String, String> typeMap=new HashMap<String, String>();
        if(typeList.size()>0) {
            for (TSType type : typeList) {
                typeMap.put(type.getTypecode(), type.getTypename());
            }
        }
        if(bookTypeList.size()>0) {
            for(Object object : bookTypeList) {
                map=new HashMap<String, Object>();
                Object[] obj=(Object[]) object;
                map.put("name", typeMap.get(obj[0]));
                map.put("y", obj[1]);
                Long groupCount=(Long) obj[1];
                Double percentage=0.0;
                if(count!=null && count.intValue()!=0) {
                    percentage=new Double(groupCount) / count;
                }
                map.put("percentage", percentage*100);
                lt.add(map);
            }
        }
        hc.setData(lt);
        list.add(hc);
        return list;
    }
```

9.6 出版社管理

出版社管理模块的功能是围绕出版社和出版社列表这些实体对象进行增加、删除、修改、查询（CRUD）的维护操作，以及批量删除操作。

（1）页面流程，出版社管理的页面流程如图 9-15 所示。

（2）图书管理控制器功能结构（见图 9-16）

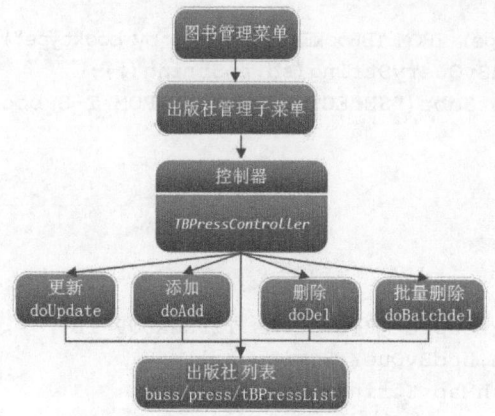

■ 图 9-15 出版社管理的页面流程　　　　　■ 图 9-16 TBPressController 类的功能

（3）出版社管理控制器 **TBPressController** 类主要代码及实现。

```java
@Controller
@RequestMapping("/tBPressController")
public class TBPressController extends BaseController {
    //
    private static final Logger logger=Logger.getLogger(TBPressController.class);

    @Autowired
    private TBPressServiceI tBPressService;
    @Autowired
    private SystemService systemService;

    // 出版社列表，页面跳转
    @RequestMapping(params="tBPress")
    public ModelAndView tBPress(HttpServletRequest request) {
        return new ModelAndView("buss/press/tBPressList");
    }

    @RequestMapping(params="datagrid")
    public void datagrid(TBPressEntity tBPress, HttpServletRequest request,
HttpServletResponse response, DataGrid dataGrid) {
        CriteriaQuery cq=new CriteriaQuery(TBPressEntity.class, dataGrid);
```

```
        // 查询条件组装器
        cn.edu.tianjinwd.core.extend.hqlsearch.HqlGenerateUtil.installHql
(cq, tBPress, request.getParameterMap());
        try {
            // 自定义追加查询条件
        } catch (Exception e) {
            throw new BusinessException(e.getMessage());
        }
        cq.add();
        this.tBPressService.getDataGridReturn(cq, true);
        TagUtil.datagrid(response, dataGrid);
    }


    // 删除出版社
    @RequestMapping(params="doDel")
    @ResponseBody
    public AjaxJson doDel(TBPressEntity tBPress, HttpServletRequest request) {
        AjaxJson j=new AjaxJson();
        tBPress=systemService.getEntity(TBPressEntity.class, tBPress.getId());
        String message=" 出版社删除成功 ";
        try {
            tBPressService.delete(tBPress);
            systemService.addLog(message, Globals.Log_Type_DEL, Globals.Log_
Leavel_INFO);
        } catch (Exception e) {
            e.printStackTrace();
            message=" 出版社删除失败 ";
            throw new BusinessException(e.getMessage());
        }
        j.setMsg(message);
        return j;
    }


    // 批量删除出版社
    @RequestMapping(params="doBatchDel")
    @ResponseBody
    public AjaxJson doBatchDel(String ids, HttpServletRequest request) {
        AjaxJson j=new AjaxJson();
        String message=" 出版社删除成功 ";
        try {
            for(String id : ids.split(",")) {
                TBPressEntity tBPress = systemService.getEntity(TBPressEntity.class, id);
                tBPressService.delete(tBPress);
                systemService.addLog(message, Globals.Log_Type_DEL, Globals.
Log_Leavel_INFO);
            }
        } catch (Exception e) {
            e.printStackTrace();
```

```
                    message=" 出版社删除失败 ";
                    throw new BusinessException(e.getMessage());
                }
                j.setMsg(message);
                return j;
            }


            // 添加出版社
            @RequestMapping(params="doAdd")
            @ResponseBody
            public AjaxJson doAdd(TBPressEntity tBPress, HttpServletRequest request) {
                AjaxJson j=new AjaxJson();
                String message=" 出版社添加成功 ";
                try {
                    tBPressService.save(tBPress);
                    systemService.addLog(message, Globals.Log_Type_INSERT, Globals.
    Log_Leavel_INFO);
                } catch (Exception e) {
                    e.printStackTrace();
                    message=" 出版社添加失败 ";
                    throw new BusinessException(e.getMessage());
                }
                j.setMsg(message);
                return j;
            }


            // 更新出版社
            @RequestMapping(params="doUpdate")
            @ResponseBody
            public AjaxJson doUpdate(TBPressEntity tBPress, HttpServletRequest request) {
                AjaxJson j=new AjaxJson();
                String message=" 出版社更新成功 ";
                TBPressEntity t=tBPressService.get(TBPressEntity.class, tBPress.getId());
                try {
                    MyBeanUtils.copyBeanNotNull2Bean(tBPress, t);
                    tBPressService.saveOrUpdate(t);
                    systemService.addLog(message, Globals.Log_Type_UPDATE, Globals.
    Log_Leavel_INFO);
                } catch (Exception e) {
                    e.printStackTrace();
                    message=" 出版社更新失败 ";
                    throw new BusinessException(e.getMessage());
                }
                j.setMsg(message);
                return j;
            }


            // 出版社新增页面跳转
            @RequestMapping(params="goAdd")
```

```java
public ModelAndView goAdd(TBPressEntity tBPress, HttpServletRequest req) {
    if (StringUtil.isNotEmpty(tBPress.getId())) {
        tBPress=tBPressService.getEntity(TBPressEntity.class, tBPress.getId());
        req.setAttribute("tBPressPage", tBPress);
    }
    return new ModelAndView("buss/press/tBPress-add");
}

// 出版社编辑页面跳转
@RequestMapping(params="goUpdate")
public ModelAndView goUpdate(TBPressEntity tBPress, HttpServletRequest req) {
    if (StringUtil.isNotEmpty(tBPress.getId())) {
        tBPress=tBPressService.getEntity(TBPressEntity.class, tBPress.getId());
        req.setAttribute("tBPressPage", tBPress);
    }
    return new ModelAndView("buss/press/tBPress-update");
}
}
```

用户管理和部门管理这两部分的内容和结构跟上面三部分类似，这里就不一一展开叙述了。

9.7 系统服务——DAO 层

前面讨论了 Java EE 后端开发中常用的分层结构，即业务逻辑层 Service、控制层 Controller、数据访问层 DAO 层和模型层 Model。这几层共同构成了系统的业务结构，系统的业务逻辑是在这几层的分工协作下完成的。其中，模型层 Model 是最核心的，因为业务都是围绕它展开的，但它在程序设计中又是最简单，只是一个 POJO（简单 Java 对象）类，只要包含系统建模时提出的对象属性即可。Controller 是业务层的一部分，也是一个模型对象的代理器，负责接收系统核心控制器 DispatcherServlet（由框架容器 Spring MVC 充当）转过来的请求，取出请求中的参数或者是前端界面中的数据，调用业务逻辑的方法（就是 Service 对象相应的函数），或者将控制转发到下一个 Controller 或者页面。数据访问层 DAO 层作为一个代理层封装了访问数据库的底层代码，负责管理和完成模型对象的数据持久化工作。其他层（如 Service 层）以及各种 Java 对象需要访问数据库时就可以调用 DAO，实现查询数据库生成列表或者单个对象，将需要保存的对象存入数据库或者写入硬盘文件中。

1. DAO 的工作方式

DAO 是数据访问层，属于一种比较底层，提供比较基础的操作，具体对应到某个表、某个实体的增加、删除、修改、查询。DAO 层与数据库交互有三种方式：直接使用 JDBC、Spring JDBC 模板和 ORM 框架。

1）直接使用 JDBC

JDBC 是 Java EE 核心规范之一，前面章节讲过它是一组连接和操作数据库的类库。主要功能有：连接到数据库、创建 SQL 语句、在数据库中执行 SQL 查询、查看和修改数据库中的数据记录等。下面通过实例演示在 Java 程序中如何使用 JDBC 连接 MySQL 数据库。

步骤 1：加载数据库驱动，导入 sql 类包。首先引入数据库驱动架包 mysql-connector-java-5.1.27.jar。在程序中包含数据库编程所需的 JDBC 类。在测试类头部导入 sql 包，即"import java.sql.*;"。

步骤 2：注册 JDBC 驱动程序。需要初始化驱动程序，这样就可以打开与数据库的通信。即"Class.forName("com.mysql.jdbc.Driver");"。

步骤 3：打开连接。使用 DriverManager.getConnection() 方法创建一个 Connection 对象，它代表一个数据库的物理连接。

```
String URL=" jdbc:mysql://localhost:3306/library?useUnicode=true&character
Encoding=UTF-8"
String USER="root";
String PASSWORD="******";
conn=DriverManager.getConnection(URL,USER, PASSWORD);
```

步骤 4：执行查询。使用一个类型为 Statement 或 PreparedStatement 的对象，并提交一个 SQL 语句到数据库执行查询。

```
stmt=conn.createStatement();
String sql;
sql="SELECT * FROM  T_B_Press ";
ResultSet rs=stmt.executeQuery(sql);
```

如果要执行一个 SQL 语句：UPDATE、INSERT 或 DELETE 语句，那么需要下面的代码片段：

```
stmt=conn.createStatement();
String sql;
sql="DELETE FROM T_B_Press ";
ResultSet rs=stmt.executeUpdate(sql);
```

步骤 5：从结果集中提取数据。可以使用适当的 ResultSet.getXxx() 方法来检索数据。

```
while(rs.next()){
    int id=rs.getInt("ID");
    int age=rs.getInt("Pressname ");
    String first=rs.getString("Pressaddr ");
    System.out.print("ID: "+id);
    System.out.print(", Age: "+age);
    System.out.print(", First: "+first);
}
```

步骤 6：释放资源。这一点需要特别注意，对于系统而言，建立和保持数据库连接开销很大，占用很多系统资源（如内存），如果程序中没有及时释放，而又在不断地建立新连接，最终会导致内存泄漏，进而程序崩溃，服务器宕机。所以在使用 JDBC 与数据交互操作数据库中的数据后，应该明确关闭所有的数据库资源，代码如下：

```
rs.close();
stmt.close();
conn.close();
```

2）Spring JDBC 模板

在编程中，使用 JDBC 操作数据库虽然很灵活，但是需要写一堆代码，非常烦琐。为了缓解这个问题，Spring 框架中引入了 JDBC 模板方式。其实就是 Spring 对数据库的操作在 JDBC 上做了深层次的封装，利用 Spring 的依赖注入，可以把 DataSource 注入到 JdbcTemplate 中。spring-jdbc-3.1.1.RELEASE.jar 就是 Jdbc Template 的架包。该类的全名为 org.springframework.jdbc.core.JdbcTemplate。一般还需引入一个包 spring-tx-3.1.1.RELEASE.jar 进行事务和异常控制。JdbcTemplate 主要提供以下五类方法：

- execute 方法：可以用于执行任何 SQL 语句，一般用于执行 DDL 语句；
- update 方法：用于执行新增、修改、删除等语句；
- batchUpdate 方法：用于执行批处理相关语句；
- query 方法及 queryForXXX 方法：用于执行查询相关语句；
- call 方法：用于执行存储过程、函数相关语句。

下面的例子简单说明 query() 的用法。

```
package cn.edu.tianjinwd.test;
import org.springframework.beans.factory.annotation.Autowired;
import org.springframework.jdbc.core.BeanPropertyRowMapper;
import org.springframework.jdbc.core.JdbcTemplate;
import org.springframework.jdbc.core.RowMapper;
import org.springframework.stereotype.Repository;

@Repository
public class PressDAO {
    @Autowired
    private JdbcTemplate jdbcTemplate;
    public User get(int id){
      String sql="select *  from T_B_Press ";
      RowMapper< T_B_Press > rowMapper=new BeanPropertyRowMapper< T_B_Press >
( T_B_Press.class);
      List< T_B_Press > ps= jdbcTemplate.query(sql, rowMapper);
      for (T_B_Press p : ps) {
         System.out.println(p);
      }
      return jdbcTemplate.queryForObject(sql, rowMapper,id);
    }
}
```

3）ORM 框架

对象 - 关系映射称为 ORM（Object-Relational Mapping），目前企业级应用开发环境中的主流开发方法是面向对象的开发，关系数据库是主流的数据存储方案。对象和关系数据是业务实体的两种表现形式，业务实体在内存中表现为对象，在数据库中表现为关系数据。内存中的对象之间存在关联和继承关系，而在数据库中，关系数据无法直接表达多对多关联和继承关系。ORM 框架一般作为二者沟通的桥梁，主要实现程序对象到关系数据库数据的映射。

从上面 1）、2）的例子可以看到，当实现一个操作数据库的应用程序时，要写大量重复性的数据访问层代码，从连接数据库，存储、删除、读取对象信息，而这些代码都是相似的。ORM 封装了 JDBC 代码，操作数据库的原生语句对用户来说是透明的，这样大大减少了重复性代码，实现了程序对象到关系数据库数据的映射。

各种 ORM 框架一般都包含对持久类对象进行 CRUD 操作的 API，如 create()、update()、save()、load()、find()、find_all()、where() 等，也就是将 SQL 查询全部封装成了编程语言中的函数，通过函数的链式组合生成最终的 SQL 语句。通过这种封装避免了不规范、冗余、风格不统一的 SQL 语句，可以避免很多人为 Bug，方便编码风格的统一和后期维护。

常用的 ORM 框架有 Hibernate 和 Mybatis。Hibernate 在第 8 章中介绍过，这是一种全自动的模式，支持 hql 语句，Mybatis 是半自动的模式，需要程序员自己写 SQL 语句，它的特点是小巧灵活，可操作性强。提高开发效率，降低开发成本。开发更加对象化，程序具有可移植。还可以很方便地引入数据缓存之类的附加功能，在处理多表联查、where 条件等复杂查询时，ORM 的语法会变得复杂。

2. DAO 的代码设计

为了最大程度地复用代码，并减少模块之间的耦合性。设计 DAO 层的组织结构，如图 9-17 所示，代码分了 三 个 子 包：cn.edu.tuanjinwd.core.common.DAO（简称 DAO 包）、cn.edu.tuanjinwd.core.common.impl（简称 impl 包）和 cn.edu.tuanjinwd.core.common.DAO.jdbc（简称 DAO.jdbc 包）。

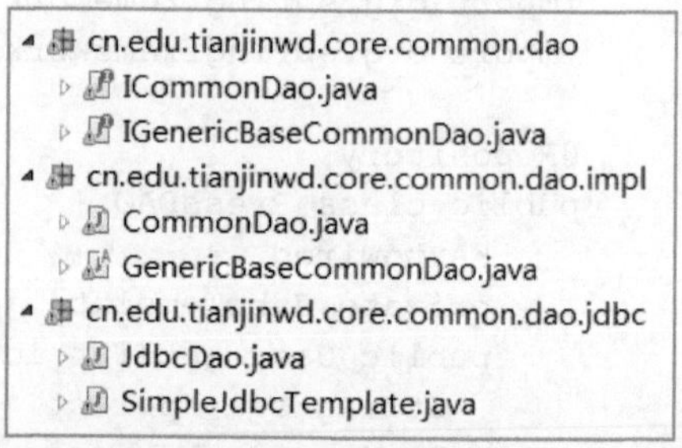

DAO 包中包含的是接口，impl 包中包含的是接口的

■ 图 9-17　DAO 层组织结构

实现，DAO.jdbc 包中包含的是 jdbc 模板方式的实现类。Java 语言提供了接口和继承机制来实现多态。接口支持多重继承（可以同时实现多个接口）。继承只能有一个父类。在程序设计中，当没有关联很紧密的属性而只有功能性的方法时一般放在接口中，有关联很紧密的属性时一般放在父类里（继承机制）。

DAO 包里的接口类，其实是定义了 DAO 的功能。包内部包含的两个接口是继承关系，IGenericaBaseCommonDAO 是父类，ICommonDAO 是子类。IGenericaBaseCommonDAO 定义了最基本的操作功能，主要分为几种功能：获取数据库表，如 getAllDbTableName；完成对象持久化操作，如 save(T entity)、batchSave(List<T> entitys)、delete(T entitie) 等；查询、获取实体对象，如 get(Class<T> entityName, Serializable id)、findByProperty(*)、loadAll(*) 等；返回查询列表；配合页面组件如分页、datagird、tree、combod 等返回 json 格式的数据；还有执行 hql、sql 语句；等等。这些功能非常丰富，可以满足大部分与操作数据库的需要。

```java
// IGenericBaseCommonDAO 接口的定义
public interface IGenericBaseCommonDAO {
    /**
     * 获取所有数据库表
     */
    public List<DBTable> getAllDbTableName();
    public Integer getAllDbTableSize();
    public <T> Serializable save(T entity);
    public <T> void batchSave(List<T> entitys);
    public <T> void saveOrUpdate(T entity);
    /**
     * 删除实体
     */
    public <T> void delete(T entitie);
    /**
     * 根据实体名称和主键获取实体
     */
    public <T> T get(Class<T> entityName, Serializable id);
    /**
     * 根据实体名称获取唯一记录
     */
    public <T> T findUniqueByProperty(Class<T> entityClass, String
propertyName, Object value);
    /**
     * 按属性查找对象列表
     */
    public <T> List<T> findByProperty(Class<T> entityClass, String
propertyName, Object value);
    /**
     * 加载全部实体
     */
    public <T> List<T> loadAll(final Class<T> entityClass);
    /**
     * 根据实体名称和主键获取实体
     */
    public <T> T getEntity(Class entityName, Serializable id);
    public <T> void deleteEntityById(Class entityName, Serializable id);
    /**
     * 删除实体集合
     */
    public <T> void deleteAllEntitie(Collection<T> entities);
```

```
/**
 * 更新指定的实体
 */
public <T> void updateEntitie(T pojo);
public <T> void updateEntityById(Class entityName, Serializable id);
/**
 * 通过 hql 查询语句查找对象
 */
public <T> List<T> findByQueryString(String hql);
/**
 * 通过 hql 查询唯一对象
 */
public <T> T singleResult(String hql);
/**
 * 根据 SQL 更新
 */
public int updateBySqlString(String sql);
/**
 * 根据 SQL 查找 List
 */
public <T> List<T> findListbySql(String query);
/**
 * 通过属性名称获取实体，带排序
 */
public <T> List<T> findByPropertyisOrder(Class<T> entityClass, String
propertyName, Object value, boolean isAsc);
/**
 * cq 方式分页
 */
public PageList getPageList(final CriteriaQuery cq, final boolean isOffset);
/**
 * 通过 cq 获取全部实体
 */
public <T> List<T> getListByCriteriaQuery(final CriteriaQuery cq, Boolean
ispage);
/**
 * hqlQuery 方式分页
 */
 public PageList getPageList(final HqlQuery hqlQuery, final boolean
needParameter);
/**
 * sqlQuery 方式分页
 */
public PageList getPageListBySql(final HqlQuery hqlQuery, final boolean
needParameter);
public Session getSession();
public List findByExample(final String entityName, final Object
exampleEntity);
```

```
    /**
     * 通过 hql 查询语句查找 HashMap 对象
     */
    public Map<Object, Object> getHashMapbyQuery(String query);
    /**
     * 返回 jquery datatables 模型
     */
     public DataTableReturn getDataTableReturn(final CriteriaQuery cq, final
boolean isOffset);
    /**
     * 返回 easyui datagrid 模型
     */
     public DataGridReturn getDataGridReturn(final CriteriaQuery cq, final
boolean isOffset);
    /**
     * 执行 SQL
     */
    public Integer executeSql(String sql, List<Object> param);
    /**
     * 执行 SQL
     */
    public Integer executeSql(String sql, Object... param);
    /**
     * 执行 SQL, 使用 :name 占位符
     */
    public Integer executeSql(String sql, Map<String, Object> param);
    /**
     * 执行 SQL, 使用 :name 占位符, 并返回插入的主键值
     */
     public Object executeSqlReturnKey(String sql, Map<String, Object> param);
    /**
     * 通过 JDBC 查找对象集合, 使用指定的检索标准检索数据, 返回数据
     */
    public List<Map<String, Object>> findForJdbc(String sql, Object... objs);
    /**
     * 通过 JDBC 查找对象集合, 使用指定的检索标准检索数据, 返回数据
     */
    public Map<String, Object> findOneForJdbc(String sql, Object... objs);
    /**
     * 通过 JDBC 查找对象集合, 带分页。使用指定的检索标准检索数据并分页, 返回数据
     */
     public List<Map<String, Object>> findForJdbc(String sql, int page, int rows);
    /**
     * 通过 JDBC 查找对象集合, 带分页。使用指定的检索标准检索数据并分页, 返回数据
     */
     public <T> List<T> findObjForJdbc(String sql, int page, int rows,
Class<T> clazz);
    /**
```

```
  * 使用指定的检索标准检索数据并分页，返回数据 - 采用预处理方式
  */
 public List<Map<String, Object>> findForJdbcParam(String sql, int page,
int rows, Object... objs);
  /**
  * 使用指定的检索标准检索数据并分页，返回数据 For JDBC
  */
 public Long getCountForJdbc(String sql);
  /**
  * 使用指定的检索标准检索数据并分页，返回数据 For JDBC- 采用预处理方式
  *
  */
 public Long getCountForJdbcParam(String sql, Object[] objs);
  /**
  * 通过 hql 查询语句查找对象
  */
 public <T> List<T> findHql(String hql, Object... param);
  /**
  * 执行 hql 语句操作更新
  */
 public Integer executeHql(String hql);
 public <T> List<T> pageList(DetachedCriteria dc, int firstResult, int maxResult);
 public <T> List<T> findByDetached(DetachedCriteria dc);
}
```

子类 ICommonDAO 除了继承父类的功能，还进一步扩展，增加了更多的与实际业务逻辑相
关的功能，如用户相关的账户密码初始化、检查用户是否存在、文件上传预览、生成 XML 文件、
返回 Json 数据。

```
public interface ICommonDAO extends IGenericBaseCommonDAO {
  /**
  * admin 账户密码初始化
  */
 public void pwdInit(TSUser user, String newPwd);
  /**
  * 检查用户是否存在
  */
 public TSUser getUserByUserIdAndUserNameExits(TSUser user);
 public String getUserRole(TSUser user);
  /**
  * 文件上传
  */
 public <T> T uploadFile(UploadFile uploadFile);
  /**
  * 文件上传或预览
  */
 public HttpServletResponse viewOrDownloadFile(UploadFile uploadFile);

 public Map<Object, Object> getDataSourceMap(Template template);
```

```
    /**
     * 生成 XML 文件
     */
    public HttpServletResponse createXml(ImportFile importFile);
    /**
     * 解析 XML 文件
     */
    public void parserXml(String fileName);
    public List<ComboTree> comTree(List<TSDepart> all, ComboTree comboTree);
    /**
     * 根据模型生成 JSON
     */
    public List<ComboTree> ComboTree(List all, ComboTreeModel comboTreeModel,
List in);
    public List<TreeGrid> treegrid(List all, TreeGridModel treeGridModel);
}
```

impl 包里的类是对应接口的实现类 GenericBaseCommonDAO、CommonDAO。这二者是对 DAO 包接口的真正代码实现。GenericBaseCommonDAO 是一个 DAO 层泛型基类，采用泛型参数 使 DAO 具有广泛的适应性，也有从容处理各种类型的实体对象。里面定义了一个 sessionFactory 属性，这是 Hibernate 框架的会话工厂对象，实际依赖 Hibernate 框架完成具体的对象持久化和操 作数据库的功能。这个对象是由 spring 容器自动注入的，不需要自行定义和获取。关键代码如下：

```
@SuppressWarnings("hiding")
public abstract class GenericBaseCommonDAO<T, PK extends Serializable>
implements IGenericBaseCommonDAO {
    /**
     * 注入一个 sessionFactory 属性，并注入到父类 (HibernateDAOSupport)
     **/
    @Autowired
    @Qualifier("sessionFactory")
    private SessionFactory sessionFactory;
    /**
     * 获取所有数据表
     */
    public List<DBTable> getAllDbTableName() {
        List<DBTable> resultList=new ArrayList<DBTable>();
        SessionFactory factory=getSession().getSessionFactory();
        Map<String, ClassMetadata> metaMap=factory.getAllClassMetadata();
        for (String key : (Set<String>) metaMap.keySet()) {
            DBTable dbTable=new DBTable();
            AbstractEntityPersister classMetadata=(AbstractEntityPersister)
metaMap.get(key);
            dbTable.setTableName(classMetadata.getTableName());
            dbTable.setEntityName(classMetadata.getEntityName());
            Class<?> c;
            try {
```

```
                c=Class.forName(key);
                JeecgEntityTitle t=c.getAnnotation(JeecgEntityTitle.class);
                dbTable.setTableTitle(t!=null ? t.name() : "");
            } catch (ClassNotFoundException e) {
                e.printStackTrace();
            }
            resultList.add(dbTable);
        }
        return resultList;
    }
    /**
     * 获取所有数据表
     */
    public Integer getAllDbTableSize() {
        SessionFactory factory=getSession().getSessionFactory();
        Map<String, ClassMetadata> metaMap=factory.getAllClassMetadata();
        return metaMap.size();
    }
    /**
     * 根据实体名称获取唯一记录
     */
    public <T> T findUniqueByProperty(Class<T> entityClass, String
propertyName, Object value) {
        Assert.hasText(propertyName);
        return (T) createCriteria(entityClass, Restrictions.eq(propertyName,
value)).uniqueResult();
    }
    /**
     * 按属性查找对象列表
     */
    public <T> List<T> findByProperty(Class<T> entityClass, String
propertyName, Object value) {
        Assert.hasText(propertyName);
        return (List<T>) createCriteria(entityClass, Restrictions.eq
(propertyName, value)).list();
    }
    /**
     * 根据传入的实体持久化对象
     */
    public <T> Serializable save(T entity) {
        try {
            Serializable id=getSession().save(entity);
            getSession().flush();
            if (logger.isDebugEnabled()) {
                logger.debug("保存实体成功,"+entity.getClass().getName());
            }
            return id;
        } catch (RuntimeException e) {
```

```
            logger.error(" 保存实体异常 ", e);
            throw e;
        }


    }
...
```

CommonDAO 是对 ICommonDAO 接口的实现，其中实现的方法（如文件上传、列表生成等算法）需要用心体会和学习。代码如下：

```
@Repository
public class CommonDAO extends GenericBaseCommonDAO implements ICommonDAO,
IGenericBaseCommonDAO {
    /**
     * 检查用户是否存在
     */
    public TSUser getUserByUserIdAndUserNameExits(TSUser user) {
        String password=PasswordUtil.encrypt(user.getUserName(), user.getPassword(),
 PasswordUtil.getStaticSalt());
        String query="from TSUser u where u.userName=:username and u.password
=:passowrd";
        Query queryObject=getSession().createQuery(query);
        queryObject.setParameter("username", user.getUserName());
        queryObject.setParameter("passowrd", password);
        List<TSUser> users=queryObject.list();
        if (users!=null&&users.size()>0) {
            return users.get(0);
        }
        return null;
    }
    /**
     * 账户初始化
     */
    public void pwdInit(TSUser user, String newPwd) {
        String query="from TSUser u where u.userName=:username ";
        Query queryObject=getSession().createQuery(query);
        queryObject.setParameter("username", user.getUserName());
        List<TSUser> users=queryObject.list();
        if (null!=users&&users.size()>0) {
            user=users.get(0);
            String pwd=PasswordUtil.encrypt(user.getUserName(), newPwd, Pas
swordUtil.getStaticSalt());
            user.setPassword(pwd);
            save(user);
        }
    }
...
    /**
     * 文件上传
```

```
        */
    @SuppressWarnings("unchecked")
    public Object uploadFile(UploadFile uploadFile) {
        Object object=uploadFile.getObject();
        if (uploadFile.getFileKey()!=null) {
            updateEntitie(object);
        } else {
            try {
                uploadFile.getMultipartRequest().setCharacterEncoding("UTF-8");
                MultipartHttpServletRequest multipartRequest=uploadFile.getMult
ipartRequest();

                ReflectHelper reflectHelper=new ReflectHelper(uploadFile.getObject());
                String uploadbasepath=uploadFile.getBasePath();// 文件上传根目录
                if(uploadbasepath==null) {
                    uploadbasepath=ResourceUtil.getConfigByName("uploadpath");
                }
                Map<String, MultipartFile> fileMap=multipartRequest.getFileMap();
                // 文件数据库保存路径
                String path=uploadbasepath+"/";          // 文件保存在硬盘的相对路径
                String realPath=uploadFile.getMultipartRequest().getSession().
getServletContext().getRealPath("/")+"/"+path;         // 文件的硬盘真实路径
                File file=new File(realPath);
                if (!file.exists()) {
                    file.mkdirs();                       // 创建根目录
                }
                if (uploadFile.getCusPath()!=null) {
                    realPath+=uploadFile.getCusPath()+"/";
                    path+=uploadFile.getCusPath()+"/";
                    file=new File(realPath);
                    if (!file.exists()) {
                        file.mkdirs();                   // 创建文件自定义子目录
                    }
                } else {
                    realPath+=DataUtils.getDataString(DataUtils.yyyyMMdd)+"/";
                    path+=DataUtils.getDataString(DataUtils.yyyyMMdd)+"/";
                    file=new File(realPath);
                    if (!file.exists()) {
                        file.mkdir();                    // 创建文件时间子目录
                    }
                }
                String entityName=uploadFile.getObject().getClass().getSimpleName();
                // 设置文件上传路径
                if (entityName.equals("TSTemplate")) {
                    realPath=uploadFile.getMultipartRequest().getSession().
getServletContext().getRealPath("/")+ResourceUtil.getConfigByName("templatepa
th")+"/";

                    path=ResourceUtil.getConfigByName("templatepath")+"/";
                } else if (entityName.equals("TSIcon")) {
```

```
                    realPath=uploadFile.getMultipartRequest().getSession().
getServletContext().getRealPath("/")+uploadFile.getCusPath()+"/";
                    path=uploadFile.getCusPath()+"/";
            }
            String fileName="";
            String swfName="";
            for (Map.Entry<String, MultipartFile> entity : fileMap.entrySet()) {
                MultipartFile mf=entity.getValue();      // 获取上传文件对象
                fileName=mf.getOriginalFilename();        // 获取文件名
                swfName=PinyinUtil .getPinYinHeadChar(oConvertUtils.
replaceBlank(FileUtils.getFilePrefix(fileName)));       // 取文件名首字母作为 SWF 文件名
                String extend=FileUtils.getExtend(fileName);    // 获取文件扩展名
                String myfilename="";
                String noextfilename="";                   // 不带扩展名
                if (uploadFile.isRename()) {
                noextfilename=DataUtils.getDataString(DataUtils.yyyymmddhhmmss)
+StringUtil.random(8);                                  // 自定义文件名称
                    myfilename=noextfilename+"."+extend;   // 自定义文件名称
                } else {
                    myfilename=fileName;
                }
                String savePath=realPath+myfilename;       // 文件保存全路径
                String fileprefixName=FileUtils.getFilePrefix(fileName);
                if(uploadFile.getTitleField()!=null) {
                    reflectHelper.setMethodValue(uploadFile.getTitleField(),
fileprefixName);                          // 态调用 set 方法给文件对象标题赋值
                }
                if(uploadFile.getExtend()!=null) {
                    // 动态调用 set 方法给文件对象内容赋值
                    reflectHelper.setMethodValue(uploadFile.getExtend(),
extend);
                }
                if(uploadFile.getByteField()!=null) {
                    // 二进制文件保存在数据库中
                    reflectHelper.setMethodValue(uploadFile.getByteField(),
StreamUtils.InputStreamTOByte(mf.getInputStream()));
                }
                File savefile=new File(savePath);
                if(uploadFile.getRealPath() != null) {
                    // 设置文件数据库的物理路径
                    reflectHelper.setMethodValue(uploadFile.getRealPath(),
path+myfilename);
                }
                saveOrUpdate(object);
                // 文件复制到指定硬盘目录
                FileCopyUtils.copy(mf.getBytes(), savefile);
                if (uploadFile.getSwfpath() != null) {
                    // 转 SWF
                    reflectHelper.setMethodValue(uploadFile.getSwfpath(),
```

```
path+FileUtils.getFilePrefix(myfilename)+".swf");
                            SwfToolsUtil.convert2SWF(savePath);
                }

                }
        } catch (Exception e1) {
        }
    }
    return object;
}
...
```

定义好的 DAO 层的结构是通过 spring-mvc-hibernate.xml 配置文件中声明的注解方式加入到系统中的，由 Spring 容器统一管理。Service 层也是用同样的方式加入系统。

```
<!-- 自动扫描 DAO 和 service 包（自动注入）-->
<context:component-scan base-package="cn.edu.tianjinwd.core.common.DAO.*" />
<context:component-scan base-package="cn.edu.tianjinwd.core.common.service.*" />
```

DAO 层调用 Hibernate 框架完成具体对数据库的操作，把 Hibernate 的配置也放在该文件中，包括数据库连接属性、数据源声明、JDBC、事务管理等。

```
<!-- 引入属性文件 -->
    <context:property-placeholder location="classpath:dbconfig.properties" />
    <!-- 配置数据源 1 -->
        <bean  name="dataSource_jeecg"  class="com.alibaba.druid.pool.
DruidDataSource"
            init-method="init" destroy-method="close">
            <property name="url" value="${jdbc.url.jeecg}" />
            <property name="username" value="${jdbc.username.jeecg}" />
            <property name="password" value="${jdbc.password.jeecg}" />
            <!-- 初始化连接大小 -->
            <property name="initialSize" value="0" />
            <!-- 连接池最大使用连接数量 -->
            <property name="maxActive" value="20" />
            <!-- 连接池最大空闲 -->
            <property name="maxIdle" value="20" />
            <!-- 连接池最小空闲 -->
            <property name="minIdle" value="5" />
            <!-- 获取连接最大等待时间 -->
            <property name="maxWait" value="60000" />
            <!-- <property name="poolPreparedStatements" value="true" /> <property
name="maxPoolPreparedStatementPerConnectionSize" value="33" /> -->
            <property name="validationQuery" value="${validationQuery.sqlserver}" />
            <property name="testOnBorrow" value="false" />
            <property name="testOnReturn" value="false" />
            <property name="testWhileIdle" value="true" />

            <!-- 配置间隔多久才进行一次检测，检测需要关闭的空闲连接，单位是毫秒 -->
            <property name="timeBetweenEvictionRunsMillis" value="60000" />
```

```xml
        <!-- 配置一个连接在池中最小生存的时间, 单位是毫秒 -->
        <property name="minEvictableIdleTimeMillis" value="25200000" />

        <!-- 打开 removeAbandoned 功能 -->
        <property name="removeAbandoned" value="true" />
        <!-- 1800 秒, 也就是 30 分钟 -->
        <property name="removeAbandonedTimeout" value="1800" />
        <!-- 关闭 abanded 连接时输出错误日志 -->
        <property name="logAbandoned" value="true" />

        <!-- 开启 Druid 的监控统计功能 -->
        <property name="filters" value="stat" />
        <!--<property name="filters" value="mergeStat" /> -->
        <!-- Oracle 连接用于获取字段注释 -->
        <property name="connectProperties">
            <props>
                <prop key="remarksReporting">true</prop>
            </props>
        </property>
    </bean>

    <!-- 数据源集合 -->
    <bean id="dataSource"
        class="cn.edu.tianjinwd.core.extend.datasource.DynamicDataSource">
        <property name="targetDataSources">
            <map key-type="cn.edu.tianjinwd.core.extend.datasource.DataSourceType">
                <entry key="dataSource_jeecg" value-ref="dataSource_jeecg" />
                <!-- <entry key="mapdataSource" value-ref="mapdataSource" /> -->
            </map>
        </property>
        <property name="defaultTargetDataSource" ref="dataSource_jeecg" />
    </bean>
    <bean id="sessionFactory"
        class="org.springframework.orm.hibernate4.LocalSessionFactoryBean">
        <property name="dataSource" ref="dataSource" />
        <property name="entityInterceptor" ref="hiberAspect" />
        <property name="hibernateProperties">
            <props>
                <!--<prop key="hibernate.hbm2ddl.auto">${hibernate.hbm2ddl.
auto}</prop> -->
                <prop key="hibernate.dialect">${hibernate.dialect}</prop>
                <prop key="hibernate.hbm2ddl.auto">${hibernate.hbm2ddl.auto}</prop>
                <prop key="hibernate.show_sql">false</prop>
                <prop key="hibernate.format_sql">true</prop>
                <prop key="hibernate.temp.use_jdbc_metadata_defaults">false</prop>
            </props>
```

```
        </property>
        <!-- 注解方式配置 -->
        <property name="packagesToScan">
            <list>
                <value>cn.edu.tianjinwd.web.system.pojo.*</value>
                <value>cn.edu.tianjinwd.web.buss.entity.*</value>
            </list>
        </property>
    </bean>
    <!-- JDBC 配置 -->
    <bean id="jdbcTemplate" class="org.springframework.jdbc.core.JdbcTemplate">
        <property name="dataSource">
            <ref bean="dataSource" />
        </property>
    </bean>
    <!-- JDBC 配置 -->
    <bean id="namedParameterJdbcTemplate"
class="org.springframework.jdbc.core.namedparam.NamedParameterJdbcTemplate">
        <constructor-arg ref="dataSource" />
    </bean>
    <!-- 配置事务管理器，在 *ServiceImpl 里写 @Transactional 就可以启用事务管理 -->
    <bean name="transactionManager"
class="org.springframework.orm.hibernate4.HibernateTransactionManager">
        <property name="sessionFactory" ref="sessionFactory"></property>
    </bean>
    <tx:annotation-driven transaction-manager="transactionManager" />
```

9.8 业务逻辑实现——Service 层

按照分层设计的原则，业务逻辑实现代码放在 Service 层，又称服务层。该层也分为接口和实现两部分。Service 接口类也是定义了功能，Service 实现类进行具体的业务操作。如果只用类定义 Service 就会缺少灵活性。如果应用中需要提供不同的具体操作时，只需要面向接口编程，用不同的类实现即可，而不用重复地定义类编程规范。接口化的编程为的就是将功能和实现隔离开，然而调用者只关心接口不关心实现，也就是"高内聚，低耦合"的思想。这同 DAO 层设计思路相似。

业务对象在建模时就进行了分析，抽象出其属性，并且在数据库中做了定义（数据表和字段）。在 Java 程序代码中，使用 Hibernate 自动生成了其 Java 业务类和对象。需要注意的是，业务对象不仅有属性，还有最重要的功能（方法或行为），这个功能并不是放在业务类的方法中，而是抽象出来放在 Service 类中。每个业务对象设置一个对应的 Service 类。增加、删除、修改、查询操作是每一个业务对象具有的基本功能，均放在 Service 里去执行，如 tBPressService.

delete(tBPress)：删除出版社的操作交给了 tBPressService 对象调用 delete() 方法完成。

设计 Service 层时，为了最大限度地实现代码的复用性和灵活性，将业务对象的基本和通用功能提取出来放在 common 包中，各自独有的功能放在 buss 包中，也就是将通用功能和专有功能予以分开放置，类的结构如图 9-18 所示。

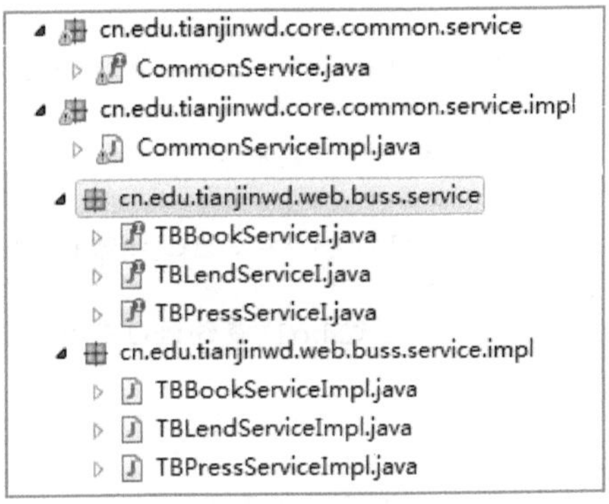

cn.edu.tianjinwd.core.common.service
　CommonService.java
cn.edu.tianjinwd.core.common.service.impl
　CommonServiceImpl.java
cn.edu.tianjinwd.web.buss.service
　TBBookServiceI.java
　TBLendServiceI.java
　TBPressServiceI.java
cn.edu.tianjinwd.web.buss.service.impl
　TBBookServiceImpl.java
　TBLendServiceImpl.java
　TBPressServiceImpl.java

■ 图 9-18 类的结构

```java
public interface CommonService {
    /**
     * 获取所有数据库表
     */
    public List<DBTable> getAllDbTableName();
    public Integer getAllDbTableSize();
    public <T> Serializable save(T entity);
    public <T> void saveOrUpdate(T entity);
    public <T> void delete(T entity);
    public <T> void batchSave(List<T> entitys);
    /**
     * 根据实体名称和主键获取实体
     */
    public <T> T get(Class<T> class1, Serializable id);
    /**
     * 根据实体名称和主键获取实体
     */
    public <T> T getEntity(Class entityName, Serializable id);
    /**
     * 根据实体名称、字段名称和字段值获取唯一记录
     */
    public <T> T findUniqueByProperty(Class<T> entityClass, String propertyName,
Object value);
    /**
     * 按属性查找对象列表
     */
    public <T> List<T> findByProperty(Class<T> entityClass, String
propertyName, Object value);
    /**
     * 加载全部实体
     */
    public <T> List<T> loadAll(final Class<T> entityClass);
    /**
     * 删除实体主键
     */
    public <T> void deleteEntityById(Class entityName, Serializable id);
    /**
     * 删除实体集合
```

```
    */
    public <T> void deleteAllEntitie(Collection<T> entities);
    /**
     * 更新指定的实体
     */
    public <T> void updateEntitie(T pojo);
    /**
     * 通过 hql 查询语句查找对象
     */
    public <T> List<T> findByQueryString(String hql);
    /**
     * 根据 SQL 更新
     */
    public int updateBySqlString(String sql);
    /**
     * 根据 SQL 查找 List
     */
    public <T> List<T> findListbySql(String query);
    /**
     * 通过属性名称获取实体，带排序
     */
    public <T> List<T> findByPropertyisOrder(Class<T> entityClass, String
propertyName, Object value, boolean isAsc);
    public <T> List<T> getList(Class clas);
    public <T> T singleResult(String hql);
    /**
     * cq 方式分页
     */
    public PageList getPageList(final CriteriaQuery cq, final boolean isOffset);
    /**
     * 返回 DataTableReturn 模型
     */
    public DataTableReturn getDataTableReturn(final CriteriaQuery cq, final
boolean isOffset);
    /**
     * 返回 easyui datagrid 模型
     */
    public DataGridReturn getDataGridReturn(final CriteriaQuery cq, final
boolean isOffset);
    public PageList getPageList(final HqlQuery hqlQuery, final boolean
needParameter);
    /**
     * sqlQuery 方式分页
     */
    public PageList getPageListBySql(final HqlQuery hqlQuery, final boolean
isToEntity);
    public Session getSession();
    public List findByExample(final String entityName, final Object
```

```
exampleEntity);
        /**
         * 通过 cq 获取全部实体
         */
        public <T> List<T> getListByCriteriaQuery(final CriteriaQuery cq, Boolean ispage);
        /**
         * 文件上传
         */
        public <T> T uploadFile(UploadFile uploadFile);
        public HttpServletResponse viewOrDownloadFile(UploadFile uploadFile);
        public HttpServletResponse createXml(ImportFile importFile);
...
```

在程序代码中看到CommonService定义了很多常用的功能,如获取数据库对象,生成数据列表,文件上传预览等,如果同 CommonDAO 中的功能相比,很相似,但是二者不是同一个概念,意义不一样,两者之间存在对应方法的调用关系,CommonServiceImpl 中的代码如下:

```
@Service("commonService")
@Transactional
public class CommonServiceImpl implements CommonService {
    public ICommonDAO commonDAO = null;
    /**
     * 获取所有数据库表
     */
    public List<DBTable> getAllDbTableName() {
        return commonDAO.getAllDbTableName();
    }
    public Integer getAllDbTableSize() {
        return commonDAO.getAllDbTableSize();
    }
    @Resource
    public void setCommonDAO(ICommonDAO commonDAO) {
        this.commonDAO = commonDAO;
    }
    public <T> Serializable save(T entity) {
        return commonDAO.save(entity);
    }
    public <T> void saveOrUpdate(T entity) {
        commonDAO.saveOrUpdate(entity);
    }
    public <T> void delete(T entity) {
        commonDAO.delete(entity);
    }
    /**
     * 删除实体集合
     */
    public <T> void deleteAllEntitie(Collection<T> entities) {
        commonDAO.deleteAllEntitie(entities);
```

```
    }
    /**
     * 根据实体名称获取对象
     */
    public <T> T get(Class<T> class1, Serializable id) {
        return commonDAO.get(class1, id);
    }
    /**
     * 根据实体名称返回全部对象
     */
    public <T> List<T> getList(Class clas) {
        return commonDAO.loadAll(clas);
    }
    /**
     * 根据实体名称获取对象
     */
    public <T> T getEntity(Class entityName, Serializable id) {
        return commonDAO.getEntity(entityName, id);
    }
    /**
     * 根据实体名称、字段名称和字段值获取唯一记录
     */
    public <T> T findUniqueByProperty(Class<T> entityClass, String
propertyName, Object value) {
        return commonDAO.findUniqueByProperty(entityClass, propertyName, value);
    }
    /**
     * 按属性查找对象列表
     */
    public <T> List<T> findByProperty(Class<T> entityClass, String
propertyName, Object value) {
        return commonDAO.findByProperty(entityClass, propertyName, value);
    }
    /**
     * 加载全部实体
     */
    public <T> List<T> loadAll(final Class<T> entityClass) {
        return commonDAO.loadAll(entityClass);
    }
    public <T> T singleResult(String hql) {
        return commonDAO.singleResult(hql);
    }
    /**
     * 删除实体主键 ID, 删除对象
     */
    public <T> void deleteEntityById(Class entityName, Serializable id) {
        commonDAO.deleteEntityById(entityName, id);
    }
```

```
/**
 * 更新指定的实体
 */
public <T> void updateEntitie(T pojo) {
    commonDAO.updateEntitie(pojo);
}
```
...

CommonServiceImpl 实现了 CommonService 中的功能，但是每个方法不必再去具体实现，而是全部委托给属性对象 commonDAO，调用其方法去实现，也就是调用 commonDAO 对象为自己服务。这也体现了 Service 层对 DAO 层的调用。

在具体的业务 Service 中，也分为接口定义和功能实现，接口类首先继承了 CommonService 的通用方法，扩展增加了一些对象持久化的专用方法和增强 SQL 操作方法，代码如下：

```
public interface TBBookServiceI extends CommonService {
    public <T> void delete(T entity);
    public <T> Serializable save(T entity);
    public <T> void saveOrUpdate(T entity);
    /**
     * 默认按钮 -sql 增强 - 新增操作
     */
    public boolean doAddSql(TBBookEntity t);
    /**
     * 默认按钮 -sql 增强 - 更新操作
     */
    public boolean doUpdateSql(TBBookEntity t);
    /**
     * 默认按钮 -sql 增强 - 删除操作
     */
    public boolean doDelSql(TBBookEntity t);
}
```

CommonServiceImpl 将接口中的功能予以实现。

```
@Service("tBBookService")
@Transactional
public class TBBookServiceImpl extends CommonServiceImpl implements
TBBookServiceI {
    public <T> void delete(T entity) {
        super.delete(entity);
        // 执行删除操作配置的 sql 增强
        this.doDelSql((TBBookEntity) entity);
    }
    public <T> Serializable save(T entity) {
        Serializable t=super.save(entity);
        // 执行新增操作配置的 sql 增强
        this.doAddSql((TBBookEntity) entity);
        return t;
```

```
    }
    public <T> void saveOrUpdate(T entity) {
        super.saveOrUpdate(entity);
        // 执行更新操作配置的 sql 增强
        this.doUpdateSql((TBBookEntity) entity);
    }
    /**
     * 默认按钮 sql 增强 - 新增操作
     */
    public boolean doAddSql(TBBookEntity t) {
        return true;
    }
    /**
     * 默认按钮 sql 增强 - 更新操作
     */
    public boolean doUpdateSql(TBBookEntity t) {
        return true;
    }
    /**
     * 默认按钮 - sql 增强 - 删除操作
     */
    public boolean doDelSql(TBBookEntity t) {
        return true;
    }
    /**
     * 替换 sql 中的变量
     */
    public String replaceVal(String sql, TBBookEntity t) {
        sql=sql.replace("#{id}", String.valueOf(t.getId()));
        sql=sql.replace("#{bookname}", String.valueOf(t.getBookname()));
        sql=sql.replace("#{author}", String.valueOf(t.getAuthor()));
        sql=sql.replace("#{booktype}", String.valueOf(t.getBooktype()));
        sql=sql.replace("#{isbn}", String.valueOf(t.getIsbn()));
        sql=sql.replace("#{pressname}", String.valueOf(t.getPressname()));
        sql=sql.replace("#{status}", String.valueOf(t.getStatus()));
        sql=sql.replace("#{UUID}", UUID.randomUUID().toString());
        return sql;
    }
}
```

其他业务对象设计原理类似，可以自己设计和完成功能实现。

9.9 控制器设计——Controller

前面介绍了 Spring 和 Spring MVC 框架的相关概念和运行原理，现在把它们运用到项目中。
首先。要把二者必要的 jar 包加入到 tsg2 项目中；然后确定责任和分工，Spring 负责管理所有的系统和业务对象的创建、引用注入、销毁等全生命周期管理，Spring MVC 充当系统运行的控制器，负责传递和转发请求，显示返回结果等。

　　控制器负责接收来自用户的请求，并调用后台服务（Service 层或者 DAO 层）来处理业务逻辑。后台服务处理完成后，返回的结果或者数据还要在视图层显示。控制器接收这些数据并且准备模型在视图层展示。根据返回对象的不同，常用的控制器有三种写法，通过下面的实例逐一说明。

```java
@Controller
@RequestMapping("/user")
public class userController {
    // 方式一：结果为返回 String 字符串
    @RequestMapping("testa")
    public String list(Map<String, Object> map){
        // 数据存储结构——存放哈希对象的列表
        List<Map<String, Object>> userList=new ArrayList<Map<String, Object>>();
        for (int i=0; i<10; i++) {
            // 循环构建存储对象 map<K, V>
            Map<String, Object> map1=new HashMap<String, Object>();
            map.put("name", "user"+i);
            map.put("age", i);
            map.put("dept", " 流通部 "+i);
            // 将 map 对象存储在 userList 数组中
            userList.add(map);
        }
        map.put("elList", userList);
        // 返回视图
        return "system/userList";
    }


    // 方式二：结果为返回 ModelAndView 对象
    @RequestMapping("testb")
    public ModelAndView list2(Model model){
        // 创建一个视图对象
        ModelAndView view=new ModelAndView();
        // 数据存储结构——存放哈希对象的列表
        List<Map<String, Object>> userList=new ArrayList<Map<String, Object>>();
        for(int i=0; i<5; i++) {
            // 循环构建存储对象 map<K, V>
            Map<String, Object> map=new HashMap<String, Object>();
            map.put("name", "user"+i);
            map.put("age", i);
```

```
        map.put("dept", "流通部"+i);
        userList.add(map);
    }
    // 绑定数据
    model.addAttribute("userList", userList);
    // 设置视图
    view.setViewName("system/userList");

    return view;
}


// 方式三：返回对象为 AJAX 请求的 json 格式数据
// 接收参数：@RequestParam(value="username", required=true, defaultValue=
"hello") String username
@RequestMapping(value="/testc", method=RequestMethod.POST)
@ResponseBody
public Map<String, Object> list3(HttpServletRequest request, @RequestParam
(value="username", required=true, defaultValue="hello") String username){
    Map<String, Object> map=new HashMap<>();
    // 数据存储结构——存放哈希对象的列表
    List<Map<String, Object>> userList=new ArrayList<Map<String, Object>>();
    for (int i=0; i<5; i++) {
        // 循环构建存储对象 map<K, V>
        Map<String, Object> map1=new HashMap<String, Object>();
        map1.put("name", "user"+i);
        map1.put("age", i);
        map1.put("dept", "流通部"+i);
        userList.add(map1);
    }
    map.put("userList", userList);
    return map;
}
}
```

9.10 工具包

在程序开发中，经常会发现有许多功能（如文件操作、Json 转换等）在很多代码中都会用到，这些功能具有一定的通用性和普遍性，为此可以把它们单独拿出来做成工具类和函数，这也是提高代码复用性的一个思路和手段。工具包名为 util，内含工具类列表如图 9-19 所示。

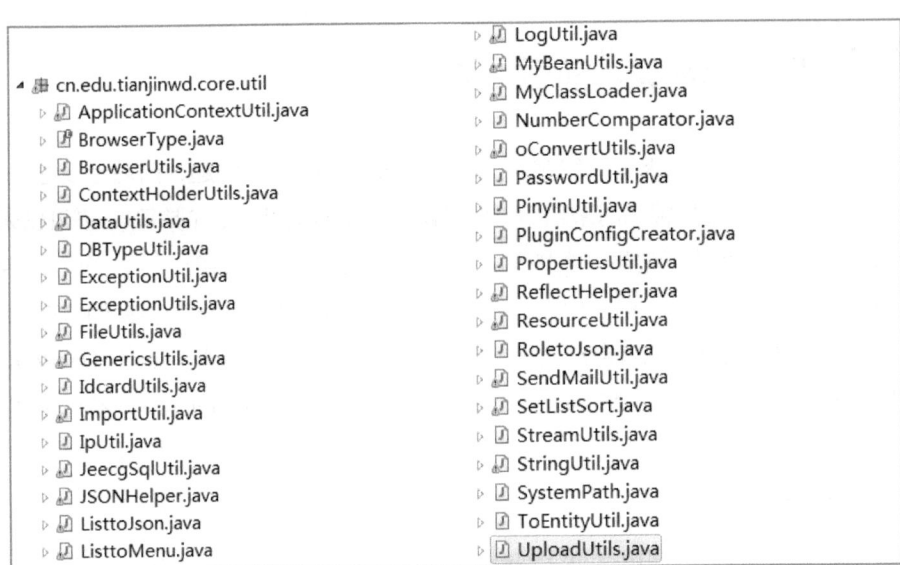

■ **图 9-19**　util 工具包中的工具类列表

ApplicationContextUtil 类中包含了一个 ApplicationContext 对象。ApplicationContext 是 spring 中较高级的容器，也是 BeanFactory 的扩展和增强，它作为容器管理着配置文件中定义的每个 bean。要从容器中获取对象，必须先找到 ApplicationContext 对象，调用这个工具类，就可以很方便地取出容器中的任何对象。ApplicationContext 是一个接口，它的实现类一般有 3 个，如下所示。根据需要选择任一实现类，一般前两种方式用得比较多。

（1）FileSystemXmlApplicationContext：容器从 XML 文件中加载已被定义的 bean，需要提供给构造器 XML 文件的完整路径。

（2）ClassPathXmlApplicationContext：容器从 XML 文件中加载已被定义的 bean，不需要提供 XML 文件的完整路径，只需正确配置 CLASSPATH 环境变量即可，因为容器会从 CLASSPATH 中搜索 bean 的配置文件。

（3）WebXmlApplicationContext：容器会在一个 Web 应用程序的范围内加载被定义在 XML 文件中的 bean。

- BrowserUtils 定义了判断当前客户端所使用的浏览器类型和版本的相关工具；
- ContextHolderUtils 定义了在 Spring MVC 环境下获取 request 和 session 的方法；
- DataUtils 定义了处理日期和时间的方法；
- FileUtils 定义了针对文件的操作方法，如获取文件的后缀、判断文件是否为图片等；
- JSONHelper 定义了 Json 和 Java 对象相互转换的一系列方法；
- ListtoMenu 定义了 List 类型的 Java 对象和 Menu 的转换、生成方法。

上述分析了一些重要的常用工具类。

9.11 Tag 标签类、前后台交互

早期的 JSP 文件中混杂着大量的程序代码，这种方式存在很多问题，前后台没办法分离，显示层和控制层存在耦合，程序报错时跟踪和定位错误代码也费时费力，尤其程序逻辑比较复杂时，对于开发和维护工作而言简直就是一场灾难。为了避免这些情况，目前，业内约定，JSP 文件内部禁止夹杂 <% %> 之类的 Java 程序代码。如果前端需要动态地显示一些后台的数据和内容，可以使用 Tag 标签（框架提供的或者自定义的）、javaScript 代码（js 脚本）或者 JQuery 脚本（js 脚本的进一步封装）。另外，前后台交互时，传递数据使用的格式为 Json。下面着重讲述标签的原理和使用方法。

1. Tag 标签介绍

标签是一种 XML 元素，使用在 JSP 页面文件中，又可以看成是一个工具，通过标签可以使 JSP 网页变得简洁并且易于维护，并且实现了代码的复用，减少了开发的工作量。使用中需要注意标签的名称和属性都是大小写敏感的。标签库是由一系列标签构成的集合，这些标签功能相似、逻辑上互相有关联。标签库描述文件是一个 XML 文件，扩展名为 .tld，这个文件定义了标签库中类和 JSP 中对标签引用的映射关系。它是一个配置文件，和 web.xml 是类似的。标签处理类是一个 Java 类，这个类继承了 TagSupport 或者实现了 Tag 接口，通过这个类可以实现自定义标签的具体功能。

在项目中创建和使用一个标签的基本步骤如下：

（1）创建标签的处理类。

（2）创建标签库描述文件。

（3）在 JSP 文件中引入标签库。

（4）运行 JSP 文件显示出效果。

对于 Web 容器（如 Tomcat）而言自，解析 JSP 标签的处理过程如下：

（1）扫描 JSP 文件中是否引入标签库。

（2）在 JSP 中找到使用的标签。

（3）根据标签的前缀，获得声明 taglib 的 uri 属性值。

（4）根据 uri 属性在标签描述文件（xxx.tld）中找到对应的元素。

（5）从 .tld 文件中找到与 tagname 对应的元素。

（6）从元素中获得元素值。

（7）Web 容器根据元素值创建相应的标签处理类的实例。

（8）调用这个实例的 doStartTag()、doEndTag() 方法完成相应的处理。

（9）标签处理结果嵌入到 JSP 文件中并返回给浏览器。

下面通过一个实例演示标签 Tag 的用法。

首先在项目中新建一个类 TagTest，代码为：

```
package cn.edu.tianjinwd.test;
import javax.servlet.jsp.JspException;
import javax.servlet.jsp.tagext.TagSupport;
public class TagTest extends TagSupport {
    // 传入参数
    private String per;
    @Override
    public int doStartTag() throws JspException {
        if ("1".equals(per)) {
            //TagSupport.SKIP_BODY 返回则表示不显示标签体内的内容
            return TagSupport.SKIP_BODY;
        }
        //TagSupport.EVAL_BODY_INCLUDE 返回则表示需要显示标签体内的内容
        return TagSupport.EVAL_BODY_INCLUDE;
    }
    public String getPer() {
        return per;
    }
    public void setPer(String per) {
        this.per=per;
    }
}
```

然后在 WEB-INF 目录下创建标签描述文件 TldTest.tld，代码如下：

```
<?xml version="1.0" encoding="UTF-8" ?>
<!DOCTYPE taglib PUBLIC "-//Sun Microsystems, Inc.//DTD JSP Tag Library 1.2//EN"
        "http://java.sun.com/dtd/web-jsptaglibrary_1_2.dtd">
<taglib>
    <tlib-version>1.0</tlib-version>
    <jsp-version>1.2</jsp-version>
    <short-name>Test</short-name>
    <uri>/TldTest</uri>
    <!-- 配置成 tld 文件的目录，xxx 为 tld 文件的文件名 -->
    <description>Tag Library</description>
    <!-- 标签的描述 -->
    <tag>
        <name>Test</name>
        <!-- 标签的名称 -->
        <tag-class>cn.edu.tianjinwd.test.TagTest</tag-class> <!-- 实现的类 -->
        <body-content>JSP</body-content>
        <!--empty 表示标签体内容可以为空，jsp 则表示标签体内放置 jsp 页面元素 -->
        <attribute>
        <!-- 传入参数 -->
            <name>per</name>
```

```
        <!-- 参数名称 -->
        <required>true</required>
        <!-- 是否必传 -->
        <rtexprvalue>false</rtexprvalue>
        <!-- 是否可用 jsp 表达式 -->
      </attribute>
    </tag>
</taglib>
```

再创建 JSP 文件 tagtest.jsp，来调用标签 Tag 文件，tagtest.jsp 页面代码如下：

```
<%@ page language="java" import="java.util.*" pageEncoding="UTF-8"%>
<%@ taglib prefix="T" uri="/TldTest"%>
<!DOCTYPE HTML PUBLIC "-//W3C//DTD HTML 4.01 Transitional//EN">
<html>
  <body>
  <T:Test par="2">
  <div> 参数为 2，这块内容显示出来。</div>
  </T:Test>
  <T:Test par="1">
  <div> 参数为 1，这块内容不显示。</div>
  </T:Test>
  </body>
</html>
```

保存部署程序，在浏览器中运行结果如图 9-20 所示。

■ 图 9-20　运行结果

2. Tag 标签在项目中的应用

在本项目中，因为前端使用 Easyui 框架，故标签中都是围绕 Easyui 的控件和属性进行封装，这样前台显示出来的内容均含有 Easyui 风格。下面从定义标签描述文件 easyui.tld 入手进行分析，文件放置在 WEB-INF/tld 目录下。

```
<?xml version="1.0" encoding="UTF-8"?>
<!DOCTYPE taglib PUBLIC "-//Sun Microsystems, Inc.
//DTD JSP Tag Library 1.2//EN"  "http://java.sun.com/dtd/web-
jsptaglibrary_1_2.dtd">
<taglib>
    <tlib-version>1.0</tlib-version>
    <jsp-version>1.2</jsp-version>
    <short-name>t</short-name>
```

```
<uri>/easyui-tags</uri>
<display-name>" 自定义标签 "</display-name>
<tag>
    <name>base</name>
    <tag-class> cn.edu.tianjinwd.tag.core.easyui.BaseTag</tag-class>
    <body-content>jsp</body-content>
    <description> 父类标签生成 JS CSS</description>
    <attribute>
        <name>type</name>
        <required>true</required>
        <rtexprvalue>true</rtexprvalue>
        <description> 加载类型 </description>
    </attribute>
</tag>
```

　　文件的开头部分定义了一个名为 base 的标签，该标签的主要功能是为当前的 JSP 页面加载用到的 js 组件类库。比如，当前文件要用 jquery 和 easyui 组件时，代码只要写：<t:base type="jquery,easyui"></t:base> 即可（加载多个组件库时依次把名称写上，中间用逗号隔开即可）。避免了手动加载其类库文件，同时如果后续要升级组件版本，只需要修改一处就行，这体现了良好的代码复用性。该标签对应的类为 **BaseTag**，在 **doEndTag()** 方法中定义了具体实现，就是根据 **type** 参数中的组件名称，完成具体的组件库文件加载。

```
public class BaseTag extends TagSupport {
    private static final long serialVersionUID=1L;
    protected String type="default";// 加载类型
    public void setType(String type) {
        this.type=type;
    }
    public int doStartTag() throws JspException {
        return EVAL_PAGE;
    }
    public int doEndTag() throws JspException {
        try {
            JspWriter out=this.pageContext.getOut();
            StringBuffer sb=new StringBuffer();

            String types[]=type.split(",");
            if (oConvertUtils.isIn("jquery", types)) {
                sb.append("<script type=\"text/javascript\" src=\"plug-in/
jquery/jquery-1.8.3.js\"></script>");
            }
            if (oConvertUtils.isIn("ckeditor", types)) {
                sb.append("<script type=\"text/javascript\" src=\"plug-in/
ckeditor/ckeditor.js\"></script>");
                sb.append("<script type=\"text/javascript\" src=\"plug-in/
tools/ckeditorTool.js\"></script>");
            }
```

```
                    if (oConvertUtils.isIn("ckfinder", types)) {
                        sb.append("<script type=\"text/javascript\" src=\"plug-in/
ckfinder/ckfinder.js\"></script>");
                        sb.append("<script type=\"text/javascript\" src=\"plug-in/
tools/ckfinderTool.js\"></script>");
                    }
                    ...
                    out.print(sb.toString());
                } catch (IOException e) {
                    e.printStackTrace();
                }
                return EVAL_PAGE;
        }
    }
```

easyui.tld 文件后面的内容都是定义具体的 easyui 组件的实现类和详细参数，如数据表格组件（控件）datagird，这是一个很常用的工具，显示数据列表，并且带有操作功能如增加、删除、修改、查询、分页等。

```
<tag>
        <name>datagrid</name>
        <tag-class> cn.edu.tianjinwd.tag.core.easyui.DataGridTag</tag-class>
        <body-content>jsp</body-content>
        <description> 数据列表 </description>
        <attribute>
            <name>name</name>
            <required>true</required>
            <rtexprvalue>true</rtexprvalue>
            <description> 列表 TABLE 标示 </description>
        </attribute>
        <attribute>
            <name>treegrid</name>
            <rtexprvalue>true</rtexprvalue>
            <description> 是否是树形列表，值为 true 或者 false</description>
        </attribute>
        <attribute>
            <name>actionUrl</name>
            <required>true</required>
            <rtexprvalue>true</rtexprvalue>
            <description> 分页提交的路径 </description>
        </attribute>
        <attribute>
            <name>pagination</name>
            <rtexprvalue>true</rtexprvalue>
            <description> 是否分页 true,false</description>
        </attribute>
        <attribute>
            <name>title</name>
```

```
            <rtexprvalue>true</rtexprvalue>
            <description> 表格标题 </description>
        </attribute>
        <attribute>
            <name>idField</name>
            <rtexprvalue>true</rtexprvalue>
            <description> 主键字段 </description>
        </attribute>
        <attribute>
            <name>width</name>
            <rtexprvalue>true</rtexprvalue>
            <description> 表格宽度 </description>
        </attribute>
        <attribute>
            <name>height</name>
            <rtexprvalue>true</rtexprvalue>
            <description> 表格高度 </description>
        </attribute>
...
```

DataGridTag 为标签的实现类，对 datagird 组件和属性进行了完整的封装，每个类属性对应组件的一个属性。

```
public class DataGridTag extends TagSupport {
    protected String fields="";                    // 显示字段
    protected String searchFields="";              // 查询字段：添加对区间查询的支持
    protected String name;                         // 表格标示
    protected String title;                        // 表格标示
    protected String idField="id";                 // 主键字段
    protected boolean treegrid=false;              // 是否是树形列表
    protected List<DataGridUrl> urlList=new ArrayList<DataGridUrl>();
                                                   // 列表操作显示
    protected List<DataGridUrl> toolBarList=new ArrayList<DataGridUrl>();
                                                   // 工具条列表
    protected List<DataGridColumn> columnList=new ArrayList DataGridColumn>();
                                                   // 列表操作显示
    protected List<ColumnValue> columnValueList=new ArrayList<ColumnValue>();
                                                   // 值替换集合
    protected List<ColumnValue> columnStyleList=new ArrayList<ColumnValue>();
                                                   // 颜色替换集合
    public Map<String, Object> map;                // 封装查询条件
    private String actionUrl;                       // 分页提交路径
    public int allCount;
    public int curPageNo;
    public int pageSize=10;
    public boolean pagination=true;                // 是否显示分页
    private String width;
    private String height;
    private boolean checkbox=false;                // 是否显示复选框
```

```
private boolean showPageList=true;      // 定义是否显示页面列表
private boolean openFirstNode=false;    // 是不是展开第一个节点
private boolean fit=true;               // 是否允许表格自动缩放,以适应父容器
private boolean fitColumns=true;        // 当为true时,允许列自动缩放以适应父容器
private String sortName;                // 定义的列进行排序
private String sortOrder="asc";         // 定义列的排序顺序,只能是"递增"或"降序"
private boolean showRefresh=true;       // 定义是否显示刷新按钮
private boolean showText=true;          // 定义是否显示刷新按钮
private String style="easyui";          // 列表样式easyui、datatables
private String onLoadSuccess;           // 数据加载完成调用方法
private String onClick;                 // 单击事件调用方法
private String onDblClick;              // 双击事件调用方法
private String queryMode="single";      // 查询模式
private String entityName;              // 对应的实体对象
private String rowStyler;               // rowStyler函数
private String extendParams;            // 扩展参数
private boolean autoLoadData=true;      // 列表是否自动加载数据
```

同时其方法负责 datagird 的初始化、参数赋值、操作定义、数据的获取、显示、修改等功能。实现了 TagSupport 类的 doStartTag() 和 doEndTag() 方法,其中在 doEndTag() 方法中分别调用 end() 和 datatables() 方法完成两种格式的表格显示。跟踪 end() 方法即可看到 datagird 组件的全部内容。

```
public int doEndTag() throws JspException {
    try {
        JspWriter out=this.pageContext.getOut();
        if (style.equals("easyui")) {
            out.print(end().toString());
        } else {
            out.print(datatables().toString());
            out.flush();
        }
    } catch (IOException e) {
        e.printStackTrace();
    }
    return EVAL_PAGE;
}
```

标签文件中还定义了其他组件,如 ComboBox(下拉框)、ComboTree(下拉树)、Menu(菜单)、Tab(标签页)、Upload(上传文件组件)、Ckfinder(文件管理组件)、Ckeditor(文本编辑器)、Autocomplete(文本自动提示组件)等。对照源码可以分析其具体实现过程。这些组件是常用的,也是搭建系统前端页面必不可少的元素,初学者必须会用而且要熟练掌握,才能在开发实际项目时得心应手。

3. 前端与后台之间的数据传输

在典型的 Web 应用系统中,前端一般提供用户交互界面、显示操作结果,早期由基于 HTML 的网页负责完成。随着时间的推移,用户对界面美观、操作方便等提出越来越高的要求,为了解

决这些问题，CSS 和 JavaScript 技术应运而生。前面章节介绍过 CSS 技术主要是美化和渲染页面元素。JavaScript 常用来为网页添加各式各样的动态功能，其作用越来越重要，很多前端框架都是在 JavaScript 基础上演变和进化而来，如 JQuery、easyui、extjs 等。这些前端框架已经成为开发者使用的基础工具。因此，在掌握了基础知识之后，要研究和熟练掌握这些框架，才能使快速开发成为现实。

本图书管理系统，选择 Java 平台，主要使用 JSON 传递数据，XML 主要用于配置文件。从前端传递数据或参数一般使用静态的方法，比如带参数的 url 链接，或者将跳转地址绑定到按钮、图片等页面元素上，或者使用提交表单的方式。数据从后台传到前端，就是把前端请求的内容或者后台处理完的结果返回给前端，而且要以特定的格式显示出来。为了处理上的方便，一般把这些数据进行封装或者打包，然后再传递。设计接口返回的数据格式时，常用的数据格式有 XML、JSON 等。

1）JSON 概述

JSON（JavaScript Object Notation）是一种轻量级的数据存储格式，语法简单，易于阅读和编写，也易于机器解析和生成。JSON 采用完全独立于语言的文本格式，这些特性使 JSON 成为理想的数据交换语言。JSON 文件是按树状结构组织，而 JSON 只包含 6 种数据类型：null——表示为 null；boolean——表示为 true 或 false；number——一般的浮点数表示方式；string——字符串类型，表示为 "..."；object——对象，即"名称 / 值"对的集合，表示为 { "name":"John"，"age":"24" }；array——数组，即对象的集合，表示为 [{"id":"name" : "ming"},{"id":2，"name" : "hong"}]。

2）JSON 在项目中的应用

在程序中要从 JSON 格式提取数据，需要完成 3 个步骤：把 JSON 文本解析为一个树状数据结构；提供接口访问该数据结构；把数据结构转换成 JSON 文本。在实际项目中也可以使用第三方的 JSON 库解析 JSON 文本，如 Fastjson、JSON.simple、GSON、Jackson 和 JSONP 等。

下面以图书管理模块为例结合 Fastjson 讲解 JSON 的用法。首先定义一个 JSP 页面 tBBookList.jsp 作为图书列表的显示页面，内容如下：

```
<%@ page language="java" contentType="text/html; charset=UTF-8"
pageEncoding="UTF-8"%>
<%@include file="/context/mytags.jsp"%>
<t:base type="jquery,easyui,tools,DatePicker"></t:base>
<div class="easyui-layout" fit="true">
  <div region="center" style="padding:1px;">
    <t:datagrid name="tBBookList" checkbox="true" fitColumns="false" title="图书表"
actionUrl="tBBookController.do?datagrid" idField="id" fit="true" queryMode="group">
      <t:dgCol title="主键" field="id" hidden="false" queryMode="single" width=
"120"></t:dgCol>
      <t:dgCol title="书名" field="bookname" hidden="true" query="true" queryMode=
"single" width="120"></t:dgCol>
        <t:dgCol title="作者" field="author" hidden="true" query="true" queryMode=
```

```
"single"  width="120"></t:dgCol>
        <t:dgCol title="分类"  field="booktype" dictionary="bookType" hidden= "true"
query="true" queryMode="single"  width="120"></t:dgCol>
        <t:dgCol title="isbn"  field="isbn"  hidden="true" query="true" queryMode=
"single"  width="120"></t:dgCol>
        <t:dgCol title="出版社名称"  field="pressname"  hidden="true"  queryMode=
"single" width="120"></t:dgCol>
        <t:dgCol title="状态"  field="status" dictionary="bookstatus"  hidden=
"true" query="true" queryMode="single"  width="120"></t:dgCol>
        <t:dgCol title="操作" field="opt" width="100"></t:dgCol>
        <t:dgDelOpt title="删除" url="tBBookController.do?doDel&id={id}" operationCode=
"bookDel"/>
        <t:dgToolBar title="录入" icon="icon-add" url="tBBookController.do?goAdd"
funname="add" operationCode="bookAdd"></t:dgToolBar>
        <t:dgToolBar title="编辑" icon="icon-edit" url="tBBookController.do?goUpdate"
funname="update" operationCode="bookUp"></t:dgToolBar>
        <t:dgToolBar title="批量删除"  icon="icon-remove" url="tBBookController.
do?doBatchDel" funname="deleteALLSelect" operationCode="bookBatchDel"></
t:dgToolBar>
        <t:dgToolBar title="查看" icon="icon-search" url="tBBookController.do?goUpdate"
funname="detail"></t:dgToolBar>
        <t:dgToolBar title="导入Excel" icon="icon-search" onclick="bookListImportXls()">
</t:dgToolBar>
    </t:datagrid>
    </div>
    </div>
<script type="text/javascript">
function bookListImportXls() {
    openuploadwin('Excel导入', 'tBBookController.do?upload', "tBBookList");
}
</script>
```

在 JSP 页面中引入了 jquery、easyui、tools、DatePicker 等通用 Tag 标签，定义了 easyui
风格的数据表格 tBBookList，作为展示图书列表的容器。表格数据的来源由属性 actionUrl=
"tBBookController.do?datagrid" 指明。再看控制器 tBBookController 中的方法 datagird()，代
码如下：

```
public void datagrid(TBBookEntity tBBook,HttpServletRequest request,
HttpServletResponse response, DataGrid dataGrid) {
    CriteriaQuery cq=new CriteriaQuery(TBBookEntity.class, dataGrid);
    // 查询条件组装器
    cn.edu.tianjinwd.core.extend.hqlsearch.HqlGenerateUtil.installHql(cq,
tBBook, request.getParameterMap());
    try{
    // 自定义追加查询条件
    }catch (Exception e) {
        throw new BusinessException(e.getMessage());
    }
```

```
        cq.add();
        this.tBBookService.getDataGridReturn(cq, true);
        TagUtil.datagrid(response, dataGrid);
    }
```

工具类 TagUtil 的方法 datagrid(response, dataGrid) 将图书数据输出到了 JSP 页面的 gird 容器中。

```
public static void datagrid(HttpServletResponse response,DataGrid dg) {
    response.setContentType("application/json");
    response.setHeader("Cache-Control", "no-store");
    JSONObject object = TagUtil.getJson(dg);
    try {
        PrintWriter pw=response.getWriter();
        pw.write(object.toString());
        pw.flush();
    } catch (IOException e) {
        e.printStackTrace();
    }
}
```

方法 getJson(dg) 将准备好的列表数据进行了 JSON 格式化，引用的是 Fastjson 类库，代码如下：

```
import com.alibaba.fastjson.JSONObject;
...
private static JSONObject getJson(DataGrid dg) {
    JSONObject jObject = null;
    try {
        if(!StringUtil.isEmpty(dg.getFooter())){
            jObject=JSONObject.parseObject(listtojson(dg.getField().split(","),
dg.getTotal(), dg.getResults(),dg.getFooter().split(",")));
        }else{
            jObject=JSONObject.parseObject(listtojson(dg.getField().split(","),
dg.getTotal(), dg.getResults(),null));
        }
    } catch (Exception e) {
        e.printStackTrace();
    }
    return jObject;
}
```

方法 listtojson() 具体将表格中各个字段和数据，拼接成 easyui 格式的 JSON 数据。

```
private static String listtojson(String[] fields, int total, List<?> list,
String[] footers) throws Exception {
    Object[] values=new Object[fields.length];
    StringBuffer jsonTemp=new StringBuffer();
    jsonTemp.append("{\"total\":"+total+",\"rows\":[");
    int i;
    String fieldName;
    for (int j=0; j<list.size(); ++j) {
        jsonTemp.append("{\"state\":\"closed\",");
```

```
            for (i=0; i<fields.length; ++i) {
                fieldName=fields[i].toString();
                if (list.get(j) instanceof Map)
                    values[i]=((Map<?, ?>) list.get(j)).get(fieldName);
                else {
                    values[i]=fieldNametoValues(fieldName, list.get(j));
                }
                jsonTemp.append("\""+fieldName+"\""+":\""+String.valueOf(values[i].
replace("\"", "\\\"")+"\"");
                if (i!=fields.length-1) {
                    jsonTemp.append(",");
                }
            }
            if (j!=list.size()-1)
                jsonTemp.append("},");
            else {
                jsonTemp.append("}");
            }
        }
        jsonTemp.append("]");
        if (footers!=null) {
            jsonTemp.append(",");
            jsonTemp.append("\"footer\":[");
            jsonTemp.append("{");
            jsonTemp.append("\"name\":\" 合计 \",");
            for (String footer : footers) {
                String footerFiled = footer.split(":")[0];
                Object value=null;
                if (footer.split(":").length==2)
                    value=footer.split(":")[1];
                else {
                    value=getTotalValue(footerFiled, list);
                }
                jsonTemp.append("\""+footerFiled+"\":\""+value+"\",");
            }
            if (jsonTemp.lastIndexOf(",")==jsonTemp.length()) {
                jsonTemp=jsonTemp.deleteCharAt(jsonTemp.length());
            }
            jsonTemp.append("}");
            jsonTemp.append("]");
        }
        jsonTemp.append("}");
        return jsonTemp.toString();
    }
```

上机实践与练习

1. 对照图书管理系统源码，分析和跟踪代码，描述登录过程、用户管理、图书管理、借阅管理各功能模块的实现过程。

2. 按照书中对代码的分析，充分理解并且仿照图书管理模块，实现一个读者管理模块，包含添加、修改、删除、编辑读者信息的功能。

3. 在图书管理系统的基础上，增加一个信息发布模块，在后台可以添加、修改、删除、编辑图文信息，首页可以显示出来。

参考文献

[1] 郑娅峰，张永强. 网页设计与开发：HTML、CSS、JavaScript 实例教程 [M]. 3 版. 北京：清华大学出版社，2016.

[2] 耿祥义，张跃平. JSP 程序设计 [M]. 2 版. 北京：清华大学出版社，2015.

[3] 王晓军，田中雨，刘跃军，等. JSP 程序开发 [M]. 北京：清华大学出版社，2012.

[4] 郭克华，奎晓燕. Java Web 程序设计 [M]. 2 版. 北京：清华大学出版社，2016.

[5] 王春明，史胜辉. Java Web 技术及应用教程 [M]. 北京：清华大学出版社，2014.

[6] 杨田宏，刘海学，那勇. JSP 设计与开发案例教程 [M]. 北京：北京大学出版社，2014.

[7] 明日科技. Java Web 从入门到精通 [M]. 北京：清华大学出版社，2012.

[8] ECKEL B，陈昊鹏. Java 编程思想 [M]. 4 版. 北京：机械工业出版社，2007.

[9] HORSTMANN C S. Java 核心技术 卷 I：基础知识 [M]. 10 版. 北京：机械工业出版社，2016.

[10] 张海藩. 软件工程导论 [M]. 6 版. 北京：清华大学出版社，2013.

[11] 陈雄华，林开雄. Spring3.X 企业应用开发实战 [M]. 北京：电子工业出版社，2012.

[12] FREEMAN E. O' Reilly：Head First 设计模式（中文版）[M]. 北京：中国电力出版社，2007.

[13] 李刚. 疯狂 Java 讲义 [M]. 4 版. 北京：电子工业出版社，2018.

[14] 李刚. 轻量级 Java EE 企业应用实战：Struts 2+Spring 5+Hibernate 4[M]. 5 版. 北京：电子工业出版社，2018.

[15] 缪勇，施俊，李新锋. Struts2+Spring3+Hibernate 框架技术精讲与整合案例 [M]. 北京：清华大学出版社，2015.

[16] 朱要光. Spring MVC+MyBatis 开发从入门到项目实战 [M]. 北京：电子工业出版社，2018.

[17] 王波. jQuery EasyUI 开发指南 [M]. 北京：人民邮电出版社，2015.